341

AF828051

Merve
Verlag

Henning Schmidgen

Die Helmholtz-Kurven
Auf der Spur der verlorenen Zeit

Merve Verlag Berlin

Originalausgabe

Redaktorat: Gustav Roßler

© 2009 Merve Verlag Berlin
Printed in Germany
Druck- und Bindearbeiten: Dressler, Berlin
Umschlagentwurf: Jochen Stankowski, Dresden
ISBN 978-3-88396-279-5
www.merve.de

Inhalt

Einleitung

Penser le temps,
c'est encadrer la vie.
Bachelard

Am Anfang stehen zwei Bilder. Beide sind Mitte des 19. Jahrhunderts entstanden, beide tragen sie die Signatur »Helmholtz«, und bei beiden handelt es sich um Bewegungs- ebenso wie Zeitbilder. Der erste Blick auf sie ist purer Anachronismus. Man scheint es mit querliegenden Filmstreifen zu tun zu haben, mit in die Breite gezogenen Negativen von Schwarz/Weiß-Photographien. Um 1850 lag ein solcher Gebrauch von Zelluloid aber noch in weiter Ferne. Erst in den 1880er Jahren avancierte der neue Kunststoff zum durchsichtigen Träger für photographische Bilder. Dennoch geht es schon bei den zwei Folien, von denen hier die Rede ist, um Kinematographie. Sorgsam sind sie auf zwei weißen Kartons montiert worden. Auf diese Weise werden in ihren dunklen Rechtecken Kratzer und Flecken sichtbar, als ob man sie von hinten mit einer Nadel bearbeitet hätte. Das erste Bild zeigt drei geschwungene Linien, die übereinander angeordnet sind. Sie erinnern an Meereswellen, die langsam flacher werden. Das zweite Bild führt vom Strand hinaus auf die hohe See. Man meint, eine Dünung zu erkennen, ebenfalls auf drei Etagen verteilt. Anders als die geschwungenen Linien auf dem ersten Bild sind diese langen Bögen doppelt gezeichnet. In aller Ruhe laufen sie dreifach parallel, mit winzigen Zwischenräumen. Zwei Bilder mit deutlichen Unterschieden also, die aber dennoch dasselbe Phänomen zeigen. Jeder Betrachter hat es buchstäblich schon am eigenen Leibe erfahren: das Zucken eines Muskels. Aber kaum jemand hat es je in dieser Form gesehen, schon gar nicht Mitte des 19. Jahrhunderts. In der Tat war eine ebenso komplizierte wie fragile Zeichenmaschine erforderlich, um dieses Registrieren von Bewegung zustande zu bringen, ein heterogenes und prekäres Gefüge, bestehend aus Froschmuskeln und -nerven, Batterien, einer rotierenden Röhre, einem Stift und einer Rußschicht sowie einer Vielzahl von anderen Komponenten. Mit der Materialität dieser Maschine sind die Linien und Bögen, die auf den kleinen Folien registriert worden sind, so eng verbunden wie ein Abziehbild mit seinem Träger. Sie kleben regelrecht an ihr. Zum einen ist die Maschine nämlich für die sinnfällige Differenz zwischen den Bildern verantwortlich. Dass die Aufzeichnung desselben Prozesses im einen Fall zur steilen Welle wird, im anderen aber zu flacher Dünung, ist auf die unterschiedliche Geschwindigkeit zurückzuführen, mit der die Bewegung des Muskels registriert wurde. Zum anderen sind diese Bewegungsbilder eben deswegen aber auch Zeitbilder. Bezieht man die Größe der registrierten Linien und Bögen auf Dimension und Drehleistung der Maschine zurück, kann die genaue Dauer erschlossen werden, während der die Zeichnung erfolgte – oder nicht erfolgte. Denn auch hier ist das, was unsichtbar ist, genauso bedeutsam wie das, was als sichtbar erscheint. Auf dem ersten Bild fallen Bewegungswelle und Ruhestrand anfänglich in eins, zeichnen eine einzige, gemeinsame Spur. Der Muskel in der Maschine wurde zwar gereizt, dachte aber sozusagen einen Augenblick lang gar nicht daran, zu zucken oder zu zeichnen. Auf dem zweiten Bild, dem der Dünung, kommt es dagegen auf die dunkle Lücke zwischen den parallel laufenden Bögen an. Sie entspricht dem Abstand zwischen unterschiedlichen Stellen, an denen der Nerv bei zwei aufeinanderfolgenden Versuchen gereizt wurde, um den Muskel zucken zu lassen. Je weiter die Nervenstelle von diesem Muskel entfernt, desto größer die leere Dunkelheit zwischen den Bögen. Dieser Dunkelheit entspricht aber die Zeit, die im Nerv gewissermaßen verloren gegangen ist.

Die Entstehung der beiden Bilder fällt in das Jahr 1851. Damit handelt es sich um zwei der frühesten Zeugnisse des *Picturing Time*, das nach Marta Braun besonders im letzten Drittel des 19. Jahrhunderts für die experimentellen Lebenswissenschaften charakteristisch war. Den berühmten Bewegungsstudien von Etienne-Jules Marey greift Helmholtz also weit voraus. Aber das ist nicht das Entscheidende. Mit einer Schärfe, die sich bis heute erhalten hat, markieren die Kurven, die auf diesen

Bildern festgehalten sind, den Eintritt in ein neues Zeitalter der quantifizierenden Erfassung organischer Körper. Um 1850 wanderte die Vermessung der Welt aus der Weite der Landschaft und des Erdballs zusehends in die Regionen des Labors. Zugleich verschob sich ihr Schwerpunkt vom Räumlichen ins Zeitliche, wechselte also von der bestehenden Bio-/Geographie zu einer sich dann rasch entfaltenden Chronographie über. In zunehmendem Maße erfasste die Vermessung dabei auch die Innenwelt der Körper, ging buchstäblich unter die Haut. Im selben Moment verwandelte sich auch das, was Vermessen eigentlich hieß. Um 1800, zu den Glanzzeiten Alexander von Humboldts mochte es noch genügt haben, die Nadel eines Messinstruments zu beobachten, um davon überzeugt zu sein, damit auch »ins Innere der Welt« zu sehen.[1] Zwei Forschergenerationen später war diese Ordnung der Repräsentation ad acta gelegt. Helmholtz und andere Physiologen hatten sie durch ein Regime des Experimentierens ersetzt, das im Vergleich als radikal modern erscheint. In diesem Regime wurde das, was gemessen wurde, erst durch die Messung hervorgebracht – letztlich also auch die Trennung von Innen und Außen. Tatsächlich handelte es sich für die aufstrebenden Experimentatoren nicht länger darum, das Bekannte, Greifbare oder zumindest Erreichbare genau und immer genauer zu vermessen. Stattdessen unternahmen sie es, durch Messungen im, am und auf dem Körper des Lebens das Unbekannte zu erschließen, das verborgene Innenleben in gewisser Weise auch zu produzieren. Das war keine bloße Physiologie mehr, sondern ebenso sehr eine Organische Physik und vielleicht sogar eine »Physiotechnik«, wie man in Anlehnung an Bachelard sagen könnte. Aus der vergleichsweise konkreten Tätigkeit des Vermessens wurde jedenfalls ein deutlich abstrakteres Messen, das nicht mehr den Schrecken der Dinge bannte, sondern etwas ganz anderes tat.

---

[1] Daniel Kehlmann, *Die Vermessung der Welt*, Reinbek bei Hamburg 2005, S. 272. Zu dieser suggestiven Darstellung siehe Ottmar Ette, *Alexander von Humboldt und die Globalisierung. Das Mobile des Wissens*, Frankfurt am Main / Leipzig 2009, S. 302-318.

Es brachte neue Dinge zum Vorschein: erschreckende, aber auch nicht erschreckende, unerwartete ebenso wie absehbare, prägnante einerseits, formlose andererseits. Seither gilt, dass Laborphänomene die strikten Zeitgenossen ihrer Messung sind und die Geschichte dieser Phänomene dementsprechend als Geschichte ihrer Messung zu schreiben ist.[2]

Es ist dieser Umbruch zu einer Moderne der Messung, der sich an den Helmholtz-Kurven niederschlägt. 1847 war das Arbeiten mit Wellenschreibern, sogenannten Kymographen, in die experimentelle Physiologie eingeführt worden. Ziel dieser technischen Innovation war es gewesen, Lebensphänomene wie den Blutkreislauf oder die Atmung in ihrer Eigendynamik abzubilden, um sie besser betrachten und untersuchen zu können. Keine fünf Jahre später ging es nicht mehr darum, mit der Muskelkontraktion nur eine weitere Lebenserscheinung in der *langage des phénomènes eux-mêmes* wiederzugeben (wie es um 1870 mit Blick auf die »graphische Methode« heißen sollte). Nicht mehr die Form der Kurvenzeichnung, die für Marey so »ergreifend« war, sondern die mit ihr vor Augen gestellte Möglichkeit, eine sonst weitgehend abstrakt bleibende Zeitlichkeit innerhalb des lebendigen Körpers zu fassen und präzise zu bestimmen, stand nun im Vordergrund der Experimentiertätigkeit. Und deswegen sind es zwei Bilder, die hier am Eingang postiert sind: das erste von ihnen steht noch für das traditionelle Wissenschaftserfordernis, die Resultate von genauen Vermessungen mitzuteilen, das zweite aber für die avantgardistische Notwendigkeit, auch das zur Darstellung zu bringen, was überhaupt Gegenstand der Messung war.

---

2 Gaston Bachelard, *La dialectique de la durée*, Paris 1936, S. 76. Aus Sicht der Wissenschaftsgeschichte siehe dazu Thomas Kuhn, »Die Funktion des Messens in der Entwicklung der physikalischen Wissenschaften«, in ders., *Die Entstehung des Neuen. Studien zur Struktur der Wissenschaftsgeschichte*, übers. von Hermann Vetter, hrsg. von Lorenz Krüger, Frankfurt am Main 1977, S. 254-307, sowie das teilweise ikonoklastische Kapitel „Messung“ in Ian Hacking, *Einführung in die Philosophie der Naturwissenschaften*, übers. von Joachim Schulte, Stuttgart 1996, S. 384-405.

Das Diagramm eines Experiments

Die Helmholtz-Kurven eröffnen einen überaus aufschlussreichen Zugang zur frühen Praxis der experimentellen Lebenswissenschaften. Sie zeigen diese Praxis noch im handwerklichen Stadium, sozusagen vor dem Aufkommen der Großen Industrie. Mitte des 19. Jahrhunderts gab es noch keine Laboratorien für physiologische Forschung im modernen Sinn, und Versuchsaufbauten mussten oft im umständlichen Rückgriff auf Instrumente und Verfahren aus anderen Bereichen zusammengebastelt werden. Auch das Zusammentragen von physiologischen Daten war noch kein fabrikmäßiges Gewerbe, sondern in der Regel eine Angelegenheit individueller Hand- und Augenarbeit. Fachzeitschriften für Physiologie existierten durchaus, doch Textgattungen wie etwa das Abstract waren noch unbekannt. Neben dem Englischen fächerte sich die Wissenschaftssprache noch ins Lateinische, Deutsche, Französische und Italienische auf, und anstelle des Komitees einer einzigen Stiftung mit Sitz in Schweden waren es miteinander konkurrierende nationale Wissenschaftsakademien, die sich der Auswahl und Bewertung herausragender Leistungen widmeten. Dennoch, auch unabhängig von diesem nach und nach entstehenden Betrieb gab es für die Zeitgenossen schon bald keinen Zweifel mehr daran, dass es sich bei der Untersuchung, die im Hintergrund der Kurven stand – die von Helmholtz vorgenommene Bestimmung der Fortpflanzungsgeschwindigkeit von Reizungen im Nerv – um eine »classische Arbeit« handelte. Für die Vorgehensweise der modernen Lebenswissenschaften galt diese Arbeit als exemplarisch, und die mit ihr gesetzten methodischen Standards wurden schnell als maßgeblich anerkannt. Folgerichtig hat die Arbeit von Helmholtz ihren festen Platz in den *standard accounts* der Disziplinengeschichte gefunden, als Pionierleistung der im Entstehen begriffenen Experimentalphysiologie und -psychologie. 1969 ist der Physiologe Charles Marx sogar soweit gegangen, in den Zeitmessungen von Helmholtz die ersten neuen Daten überhaupt zu sehen, die seit der Antike zur Neurobiologie beigetragen worden sind.

Etwas nüchterner betrachtet die neuere Wissenschaftsgeschichte die Durchführung dieser Messungen als eines *der* Experimente der modernen (Lebens-)Wissenschaften. So haben vor allem Frederic L. Holmes und Kathryn Olesko argumentiert, dass die psychophysiologischen Zeitexperimente von Helmholtz, aus deren Zusammenhang die Kurven hervorgegangen sind, in ihrer historischen Bedeutung mit Lavoisiers Untersuchungen zur Zusammensetzung der Luft, den Mendel'schen Kreuzungsexperimenten und dem Meselson-Stahl-Versuch zur semikonservativen Replikation von DNA vergleichbar seien. Nach Holmes und Olesko hat Helmholtz durch seine Forschungsarbeit ein allgemeines »Bild der Präzision« entworfen, das für die experimentellen Lebenswissenschaften des 19. und frühen 20. Jahrhunderts prägend war. Zugleich hat er eine besondere Art der experimentellen Praxis etabliert, die sich bis weit in das 20. Jahrhundert hinein für Psychologie, Neurobiologie und Hirnforschung als wegweisend erweisen sollte. Von Franciscus Donders und Willhelm Wundt über Keith Lucas und Hans Berger bis hin zu John Stroud und Benjamin Libet: sie alle haben versucht, durch Kurvenzeichnungen und Zeitmessungen Licht in die dunklen Kammern und Röhren zu bringen, in denen Tag für Tag unser Denken, Fühlen und Handeln entsteht.[3]

In seinen Kino-Büchern hat Gilles Deleuze die Jahre um 1900 als eine »historische Krise der Psychologie« beschrieben. Wie Deleuze erklärt, war diese Krise im Kern ein prekär gewordenes Verhältnis von Bild und Bewegung. Aufgrund von »gesellschaftlichen und wissenschaftlichen Einflüssen«, die beispielhaft im Aufkommen des Kinos kulminierten, sei die traditionelle Dualität von bewegungslosen Bildern einerseits und bild-

---

3 Kathryn M. Olesko und Frederic L. Holmes, »Experiment, Quantification, and Discovery. Helmholtz's Early Physiological Researches, 1843-1850«, in *Hermann von Helmholtz and the Foundations of Nineteenth-Century Science*, hrsg. von David Cahan, Berkeley u.a. 1993, S. 50-108, sowie Frederic L. Holmes und Kathryn M. Olesko, »The Images of Precision. Helmholtz and the Graphical Method in Physiology«, in *The Values of Precision*, hrsg. von M. Norton Wise, Princeton 1994, S. 198-221.

losen Bewegungen andererseits unhaltbar geworden. Um die Jahrhundertwende seien immer mehr Bewegungen ins bewusste Erleben und immer mehr Bilder in die materielle Welt eingedrungen. Die Folge waren neuartige Probleme: »Wie ließe sich eine Erklärung dafür finden, daß die Bewegungen plötzlich ein Bild erzeugen – wie in der Wahrnehmung – oder daß das Bild eine Bewegung hervorbringt – wie in der willensbestimmten Handlung?« Deleuze zufolge kommt Bergson das Verdienst zu, auf diese Problemstellungen mit einer neuen Konzeption des Gehirns geantwortet zu haben. Bergson ließ Bild und Bewegung zusammenfallen, so dass das Gehirn zu einem *Intervall* wurde, zu einem Aufschub innerhalb einer Welt universeller Veränderlichkeit: »das Gehirn war lediglich noch ein Abstand, eine Leerstelle, nichts weiter als eine solche Leere zwischen Reiz und Reaktion.«[4]

Im folgenden soll verdeutlicht werden, dass es Physiologen wie Helmholtz waren, die diesem bemerkenswert leeren Begriff des Gehirns seit Mitte des 19. Jahrhunderts Vorschub geleistet haben – nicht so sehr durch eine Theorie, eine Philosophie, als vielmehr durch eine experimentelle Praxis. Tatsächlich markieren die Helmholtz-Kurven den Anfang einer weitverzweigten Abstammungslinie von psychophysiologischen Forschungsmaschinen, mit denen in wechselnden Kontexten und im Rückgriff auf unterschiedlichste Instrumente und Verfahren der Abstand zwischen Stimulation und Kontraktion, das Intervall zwischen Reiz und Reaktion, die Diskontinuität zwischen Empfindung und

---

4 Siehe Gilles Deleuze, *Das Bewegungs-Bild. Kino 1*, übers. von Ulrich Christians und Ulrike Bokelmann, Frankfurt am Main 1997, S. 84-97, sowie Deleuze, *Das Zeit-Bild. Kino 2*, übers. von Klaus Englert, Frankfurt am Main 1997, S. 271-273, und Henri Bergson, *Materie und Gedächtnis. Eine Abhandlung über die Beziehung zwischen Körper und Geist*, übers. von Julius Frankenberger, Hamburg 1991 (frz. Orig. 1896), S. 14. Zum Motiv des Zwischenraums in diesem Sinn siehe auch Joseph Vogl, *Über das Zaudern*, Zürich / Berlin 2007, sowie insgesamt Bernhard J. Dotzler und Henning Schmidgen (Hrsg.), *Parasiten und Sirenen. Zwischenräume als Orte der materiellen Wissensproduktion*, Bielefeld 2008.

Bewegung erkundet und erschlossen wurde. Die genaue und verlässliche Abgrenzung dieser Zwischenräume war eine entscheidende Voraussetzung für die Durchführung von Untersuchungen, mit denen die Funktionsweise von Gehirn und Nervensystem zergliedert werden konnte, lange bevor Computertomographien und PET-Scans versprachen, den Geist bei der Arbeit zu zeigen. Alles was für die physiologische Analyse nötig schien, waren variierende und subtrahierende Vergleiche zwischen den »Einnahmen« und »Ausgaben« eines Organismus – ähnlich wie in der schon vergleichsweise gut etablierten organischen Chemie der 1840er und 1850er Jahre. Mit Hilfe von Kurzzeitmessungen konnte somit wissenschaftliches Wissen über die Funktionsweise von Gehirn und Nervensystem gewonnen werden »auch ohne Kenntniß des Apparats«,[5] also auch ohne gesichertes Wissen um Neuronen und Synapsen. Genau in diesem *black boxing* bestand die Produktivität des analytischen Experimentierens im Grenzbereich von Physiologie und Psychologie, von Natur- und Humanwissenschaft. Das ist aber nur ein Teil des Arguments, das hier mit Blick auf Deleuze und Bergson entfaltet wird. Wenn Bergson nämlich das Gehirn als eine Art von Telefonzentrale beschreibt, deren wesentliche Aufgabe darin besteht, »die Verbindung herzustellen – oder aufzuschieben«,[6] dann spielt er, gewollt oder ungewollt, auch auf den Sachverhalt an, dass die fraglichen wissenschaftlichen Praktiken ohne die in den 1830er Jahren beginnende Industrialisierung der Kommunikation undenkbar gewesen wären. Vor dem Telefon ist es der Telegraph, der die für das »Aufschieben« entscheidenden Infrastrukturen bereitstellt. Es ist dieser konkrete Zusammenhang zwischen der Physiologie, den entstehenden Netz-

---

5 Justus von Liebig, *Chemische Briefe*, 3. umgearb. u. verm. Aufl., Heidelberg 1851, S. 349. Zum analytischen Experimentieren siehe Frederic L. Holmes, »The Intake-Output Method of Quantification in Physiology«, *Historical Studies in the Physical and Biological Sciences* 17 (1987): 235-270, sowie John V. Pickstone, *Ways of Knowing. A New History of Science, Technology and Medicine*, Chicago 2001, S. 83-134.

6 Bergson, *Materie und Gedächtnis,* S. 14.

werken der Information und den Experimentieranordnungen, der Konnex also von Hirn, Zeit und Maschine, der im Mittelpunkt des vorliegenden Buches steht.

Die Helmholtz-Kurven beschreiben jedoch nicht nur den Anfang einer Forschungsfolge. Sie stehen auch für ein Ziel, ein Ende. Zumindest aus Helmholtz' Sicht markieren sie den vorläufig endgültigen Abschluss eines Prozesses, den er 1848 in Potsdam mit der Konstruktion einer »Froschzeichenmaschine« begonnen und im Jahr darauf in Königsberg mit Hilfe von Galvanometer und Fernrohr wieder aufgenommen, vorangetrieben und fortgeführt hatte, um ihn 1851 am selben Ort auf maschinelle Kurvenzeichnungen zurückkommen zu lassen. Schon an dieser Verlaufsform, die ihrerseits an eine Kurve erinnert, kann abgelesen werden, dass Helmholtz mit seinen Zeitexperimenten weder eine definitive Antwort auf eine gut gestellte Frage gegeben hat, noch auf systematische und planmäßige Weise zu einer »Entdeckung« geführt wurde. Man möchte sagen: im Gegenteil. Zum einen stellt sich sein Vorgehen im Experiment als eine oft überraschende Reihung von Vorwärts-, Rückwärts- und Seitwärtsbewegungen dar, in der sich Fragestellungen und Forschungsgegenstände verändern; zum anderen wartet am offenen Ende dieses Fort- und Weiterschreitens nicht einfach ein neuer wissenschaftliche Sachverhalt, sondern die Einsicht in eine wissenschaftliche *und* technische Machbarkeit. Tatsächlich entwerfen die Versuchsaufbauten von Helmholtz durch ihre sich wandelnde Materialität und Semiotizität ein Schema oder Diagramm des Experimentierens, das eine Lösung von wissenschaftlichen Problemen anzeigte, die konkret erst noch zu stellen waren – und es immer noch sind.

Ein Diagramm zu entwerfen ist aber etwas anderes als ein Territorium zu umgrenzen. Die Zeitexperimente von Helmholtz definieren in der Tat kein fest umschriebenes Forschungsgebiet. Vielmehr weisen sie Gegensätze oder Extrempunkte aus, zwischen denen sich auch spätere Maschinen der psychophysiologischen Zeitforschung bewegen sollten. Zunächst in wissenschaftlicher Hinsicht: Die Untersuchungen von Helmholtz oszillieren zwischen Biologie und Physik, zwischen Tierphysiologie und Humanpsychologie, zwischen der Erforschung der Muskelbewegung und der Reizung von Nerven, motorischen einerseits, sensiblen andererseits, um sich schließlich auch den zerebralen Prozessen zuzuwenden. Dementsprechend verändern sich die biologischen Komponenten seiner Experimente: zum einen Muskelpräparate und Nerv-Muskelpräparate vom Frosch, zum anderen aber ganze Menschen, Männer ebenso wie Frauen. Auch in semiotischer Hinsicht beschreiben seine Versuche Polaritäten. Denn die Kurven sind nur das eine Produkt der Maschinenarbeit von Helmholtz, das andere sind Messwerte, also Zahlen, Zahlen, Zahlen. Während die indexikalischen Zeichen (die Kurven) vor allem im Dienst des Explorierens und Visualisierens standen, waren die symbolischen Zeichen (die Zahlen) dem Ideal der Genauigkeit verpflichtet: der präzisen Messung von Zeit. *Image and Logic,* Bild und Zahl erscheinen hier also noch nicht als getrennte Traditionen in der Laborarbeit von physikalischen Großwissenschaftlern, sondern als eng aufeinander bezogene Aspekte eines einzigen experimentellen Prozesses im entstehenden Bereich der Physiologie. Und schließlich bewegten sich die Versuche von Helmholtz auch zwischen kulturellen Polaritäten: Sie fanden an den Rändern des Forschungsbetriebs statt, in Potsdam und in Königsberg, doch über das in sie eingehende und von ihnen hervorgebrachte Wissen reichten sie bis in die Ballungsräume wissenschaftlicher und technischer Aktivitäten hinein, nach Berlin ebenso wie nach Paris.

Ziel dieses Buches ist es, gewissermaßen durch die mit den Kurven umschriebene Öffnung hindurch diese experimentelle Praxis in ihrer inneren Gespanntheit und Dynamik zu rekonstruieren. Das dabei verfolgte Argument lautet, dass die Konstitution dieser Praxis von den widerstrebenden Temporalisierungstendenzen des 19. Jahrhunderts nicht zu trennen ist. Das 19. Jahrhundert ist oft als Zeitalter der Beschleunigung und der Geschwindigkeit beschrieben worden, als das Jahrhundert, in dem die romantische Gelassenheit im Umgang mit Zeit ebenso wie der politische Kalender der Französischen Revolution durch ein stärker objektiviertes, lineares und dynamisches Zeitbewusstsein ersetzt wurde. Wolfgang Schivelbusch und Stephen Kern, aber auch Paul Virilio und Peter Weibel haben gezeigt, wie das Aufkommen bzw. die Verbreitung von Dampfschiffen, Eisenbahnen, Telegraphen, Zeitungen und Zeitschriften sowie der zunehmende Einsatz von Kraft- und Werkzeugmaschinen in der industriellen Produktion zu tiefgreifenden Veränderungen in der Erfahrung von Zeit führten: einerseits im Sinne ihrer Intensivierung und Dynamisierung, andererseits als Schrumpfung des Raumes und als Entfremdung des Menschen von sich selbst. Die Zeitexperimente von Helmholtz waren mit diesen Beschleunigungsprozessen zunächst in technischer Hinsicht verknüpft. Die Forschungsmaschinen, die er zwischen 1848 und 1851 entwickelte, um die Aktivität von Muskeln und Nerven zu untersuchen, schlossen gleich an zwei der exemplarischen Dynamisierungstechnologien des 19. Jahrhunderts an: die Dampfmaschine und den Telegraphen. Über die Verbindung zur Dampfmaschine war man sich schon in den 1850er Jahren im Klaren. Zumindest für andere Experimentalphysiologen lag auf der Hand, dass die Kurvenmethode dem Verfahren der Indikatordiagramme nachempfunden war, mit dem seit James Watt und John Southern die im Zylinder einer Dampfmaschine geleistete Arbeit registriert werden konnte. Die neuere wissenschaftshistorische Forschung hat dieser Verbindung ihre volle Bedeutung verliehen. Vor allem Robert Brain und Norton Wise haben gezeigt, dass die psychophysiologische Zeitforschung von Helmholtz in einem technischen und ökonomischen Kontext stattfand, der von (Dampf-) Maschinenglauben ebenso wie von Antikensehnsucht geprägt war und in dem zeichnerisches Können, gymnastische Übung und konstruktiver Wille ein urban-harmonisches Ganzes bilden sollten.[7]

Im Anschluss an diesen Befund wird hier argumentiert, dass die Helmholtz-Kurven zwar durchaus auf eine äußere Umgebung des Technisch-Ökonomischen, aber in einer stärker ver-

---

7 Robert M. Brain und M. Norton Wise, »Muscles and Engines. Indicator Diagrams and Helmholtz's Graphical Methods«, in *Universalgenie Helmholtz. Rückblick nach 100 Jahren*, hrsg. von Lorenz Krüger, Berlin 1994, S. 124-145.

mittelten Weise auch auf ein inneres Milieu des Experimentierens verweisen. Demzufolge sind die Kurven kaum losgelöst von den Präzisionsmessungen zu betrachten, die Helmholtz zuvor mit Hilfe eines anderen Verfahrens, der sogenannten Pouillet-Methode, durchgeführt hatte. Dieses Verfahren steht aber mit dem Elektromagnetismus und insbesondere der Telegraphie in Verbindung, nicht mit *steam engines* und anderen Kraftmaschinen. In bezug auf Helmholtz' spätere Studien zur physiologischen Optik und Akustik hat vor allem Timothy Lenoir die Bedeutung der Medientechnologien für die experimentelle Praxis des Physiologen hervorgehoben.[8] Mit Blick auf die Helmholtz'schen Zeitexperimente wird dies hier wieder aufgenommen, besonders durch Hinweis darauf, dass es neben Physikern wie Claude Pouillet die Pioniere der Telegraphentechnik waren – beispielsweise Louis Breguet (ein Enkel von Abraham Louis Breguet, dem bis heute berühmten Uhrmacher aus Neuenburg), Charles Wheatstone und Werner Siemens –, die um 1840 damit begonnen haben, den Elektromagnetismus auf das Problem der präzisen Messung und der quasi instantanen Mitteilung von Zeit anzuwenden. Zwei potentielle Nutzungsfelder dieser Anwendungen wurden dabei immer wieder umrissen: zum einen die Messung der Fluggeschwindigkeit von Projektilen, zum anderen die zentrale Steuerung ganzer Netzwerke oder Systeme von Uhren. Helmholtz griff durch seine Zeitmessungen diese Technologien und Projekte auf und erschloss für sie zugleich ein weiteres Nutzungsfeld, indem er sie an die Zwecke der physiologischen Laborforschung anpasste. Diskursiver Anknüpfungspunkt waren besonders die entsprechenden Vorträge und Veröffentlichungen von Siemens, materieller und semiotischer Anknüpfungspunkt war hingegen der elektrische Telegraph, den Carl Friedrich Gauß und Wilhelm Weber in den frühen 1830er Jahren in Göt-

---

8 Timothy Lenoir, »Farbensehen, Tonempfindung und der Telegraph. Helmholtz und die Materialität der Kommunikation«, in *Die Experimentalisierung des Lebens. Experimentalsysteme in den biologischen Wissenschaften 1850-1950*, hrsg. von Hans-Jörg Rheinberger und Michael Hagner, Berlin 1993, S. 50-73.

tingen entwickelt hatten. Die Funktionsweise dieses Telegraphen griff das Prinzip der Drehwaage auf, das auch den erdmagnetischen Messungen von Gauß und Weber zugrunde lag. Im täglichen Betrieb diente der Telegraph unter anderem zur Synchronisation der Uhren in den beiden Beobachtungsstationen des Magnetischen Vereins in Göttingen. Er bildete also gleichsam die technisch basierte Keim- und Kernzelle des internationalen Netzwerks von Wissenschaftlern, das Gauß und Weber von 1836 an zu etablieren begannen. Zugleich bildete dieser Telegraph das am nächsten liegende Modell für den Helmholtz'schen Chronometer, der ebenfalls im Sinne einer Drehwaage aufgefasst und entsprechend präzise gehandhabt werden konnte. Allerdings griff Helmholtz nicht nur am Experimentiertisch, sondern auch in seinen Schriften auf die Telegraphie zurück. Im Rückgriff auf die Technik des elektrischen Telegraphen veranschaulichte er das Zusammenspiel von Hirn, Nerven und Muskeln als ein Versenden und Empfangen von Botschaften innerhalb des Körpers. Spätestens hier wird deutlich, dass der in Frage stehende Experimentalprozess nicht nur einer Moderne der Arbeit und Energie verpflichtet ist, sondern ebenso sehr auf eine Moderne der Kommunikation und Kontrolle verweist.

Noch in anderer Hinsicht verkoppelten sich die Zeitexperimente von Helmholtz mit den Beschleunigungsprozessen des 19. Jahrhunderts: durch die Formate, die er für die Verschriftlichung und Veröffentlichung seiner zahlen- und kurvenförmigen Ergebnisse wählte. Seit Beginn des 18. Jahrhunderts war das wissenschaftliche Zeitschriftenwesen kontinuierlich in Wachstum begriffen, aber erst das erste Drittel des 19. Jahrhunderts verzeichnete einen rapiden Anstieg in der Zahl von Referateblättern und Jahresberichten, mit der die Verständigung unter einer zunehmenden Zahl von Wissenschaftlern vereinfacht und insofern auch beschleunigt wurde. In den 1840er Jahren wurden auch die experimentellen Lebenswissenschaften von dieser publizistischen Dynamisierung erfasst. Seit jener Zeit wuchs die Zahl der physiologischen »Entdeckungen«, die in wissenschaftlichen Zeitschriften und Mitteilungsblättern von Gelehrtengesellschaften (Akademien etc.) veröffentlicht wurden, im Vergleich zu entsprechenden Mitteilungen in Monographien fortwährend an.[9] Ganz offensichtlich war Helmholtz bestrebt, diese im Entstehen begriffene Infrastruktur für die Kommunikation seiner eigenen Forschungsergebnisse effizient zu nutzen. So lancierte er im Januar 1850 zunächst Kurzmitteilungen und vorläufige Berichte, in denen er erste Resultate seiner Zeitmessungen aufführte. Einige Monate später ließ er dann Zeitschriftenaufsätze folgen, die ausführliche Versuchsprotokolle enthielten. Die Vorabveröffentlichung der kurzen Artikel war weit gestreut. Sie erfolgte in den Mitteilungsblättern wissenschaftlicher Akademien und parallel dazu in einschlägigen Fachzeitschriften, oft als textidentische Doppelt- und Dreifachveröffentlichung. In Übersetzung erscheinen diese vorläufigen Berichte auch in ausländischen Periodika, vor allem in Frankreich. Angesichts dieser besonders in den Jahren 1850/51 dicht aufeinanderfolgenden Publikationen (siehe dazu Tabelle 1 sowie die ausführliche Zeittafel am Schluss des vorliegenden Buches) entsteht der Eindruck, dass die extrem kurzen Zeiten, die Helmholtz gemessen hatte, auch eine möglichst rasche Art der Kommunikation nahegelegt haben. Dass es dabei tatsächlich um Fragen der wissenschaftlichen Priorität ging, die sich zudem keineswegs nur im deutschsprachigen Kontext stellten, wird im Folgenden noch genauer zu zeigen sein. Damit erscheint auch ein klassisches Thema der Wissenschaftssoziologie in neuem Licht. Die Zuerkennung von Priorität hat nicht nur etwas mit der Verteilung von symbolischem Kapital zu tun, sondern auch mit einer Ökonomie der

---

[9] Siehe Christian Bonah, *Les sciences physiologiques en Europe. Analyses comparées du XIXe siècle*, Paris 1995. Zur Rolle von Zeitschriftenpublikationen in den Lebenswissenschaften des 19. Jahrhunderts siehe auch James A. Secord, *Victorian Sensation. The Extraordinary Publication, Reception, and Secret Authorship of »Vestiges of the Natural History of Creation«*, Chicago 2000. Siehe ferner Skúli Sigurdsson, »Journals and the Passage of Time«, *Hochschule Ost* 6/3-4 (1997): 9-20, und Christof Windgätter, »ZeitSchriften. Von einer Revolution der Experimentalkultur im 19. Jahrhundert«, in *Zeitkritische Medien,* hrsg. von Axel Volmar, Berlin 2009, S. 81-104.

Zeit – und der Geschichte.[10] Angesichts einer von Dampfmaschinen und Telegraphen orchestrierten Beschleunigung scheint es in der Tat kein Zufall zu sein, dass die zunehmende Publikation von Aufsätzen in wissenschaftlichen Zeitschriften auch zu konkreten wissenschaftshistorischen Projekten führte, die im engeren Umfeld von Helmholtz schon bald über schlichte »Gedächtnisreden« und »Litteraturgeschichten« hinausgingen. Poggendorff veranschaulichte Daten zu Personen und Entdeckungen in der Geschichte der Wissenschaften beispielsweise durch die graphische Darstellung von »Lebenslinien«.[11]

Tabelle 1: Chronologische Übersicht über die Veröffentlichungen von Helmholtz zu seinen psychophysiologischen Zeitexperimenten zwischen 1850 und 1852

Januar 1850. Vorläufiger Bericht über die Fortpflanzungs-Geschwindigkeit der Nervenreizung (im Folgenden zitiert als »Vorläufiger Bericht«)

Februar 1850. Note sur la vitesse de propagation de l'agent nerveux dans les nerfs rachidiens (»Note«)

Juni 1850. Messungen über den zeitlichen Verlauf der Zuckung animalischer Muskeln und die Fortpflanzungsgeschwindigkeit der Reizung in den Nerven (»Messungen«)

Dezember 1850. Ueber die Methoden, kleinste Zeittheile zu messen, und ihre Anwendung für physiologische Zwecke (»Ueber die Methoden«)

---

[10] Für die klassische Soziologieperspektive auf dieses Problem siehe Robert K. Merton, »The Reward System of Science (1957)«, in ders., *On Social Structure and Science*, hrsg. von Piotr Sztompka, Chicago 1996, S. 286-304. Aktuelle Perspektiven werden entwickelt in Mario Biagioli und Peter Galison (Hrsg.), *Scientific Authorship. Credit and Intellectual Property in Science*, New York 2003.

[11] Siehe die bemerkenswerten Schaubilder in Johann Christian Poggendorff, *Lebenslinien zur Geschichte der exacten Wissenschaften seit Wiederherstellung derselben*, Berlin 1853.

September 1851. Deuxième Note sur la vitesse de propagation de l'agent nerveux (»Deuxiéme Note«)

April (?) 1852. Messungen über Fortpflanzungsgeschwindigkeit der Reizung in den Nerven (Zweite Reihe) (»Messungen [Zweite Reihe]«)

Slowing down

So vertraut nun das Bild der beschleunigten Moderne scheint, das 19. Jahrhundert kann auch als Zeitalter der Verzögerung und Langsamkeit betrachtet werden. Folgt man Walter Benjamin, dann waren die rasch wachsenden Metropolen dieser Epoche jedenfalls nicht nur Orte der hektischen Betriebsamkeit, sondern auch ausgedehnte Landschaften, in denen Flaneure durch Warenpassagen wandelten, um dort ihre Schildkröten spazieren zu führen.[12] In diesen Landschaften hat die Konjunktur von Museen, Archiven und Bibliotheken dazu beigetragen, das ohnehin lange 19. Jahrhundert auch zu einem Jahrhundert der Sammlung und der Erhaltung zu machen. Es ist also kein Zufall, dass neben dem Telegraphen und der Dampfmaschine die Photographie als eine Schlüsseltechnologie des Zeitalters fungierte. Auch sie und vor allem sie schien es zu erlauben, die stark beschleunigte Zeit zumindest momentan anzuhalten und im Bild zu fixieren – auch wenn das Momentane dabei noch eine ausgedehnte Zeitspanne von mehreren Minuten oder gar Stunden sein konnte. Dem Stillstellungsversprechen der Photographie hat das keinen Abbruch getan. In den Jahren nach 1830 fand es nicht nur in Malerei und bildender Kunst vielfältigen Widerhall, sondern auch in den zu dieser Zeit vermehrt unternommenen Versuchen, die Geschwindigkeit des Schalls, der Elektrizität und des Lichts ›festzustellen‹. Wie Jonathan Crary verdeutlicht hat, sind die Prozesse der Wahrnehmung in der kulturellen Moderne aber noch auf andere Weise fixiert und in

[12] Walter Benjamin, *Charles Baudelaire. Ein Lyriker im Zeitalter des Hochkapitalismus*, Frankfurt am Main 1974, S. 52.

der Schwebe gehalten worden: durch Stereoskope, Panoramen und sorgsam inszenierte Spektakel, die konzentrierte Blicke und geschärfte Aufmerksamkeiten erforderten.[13] Auch die Zeitexperimente von Helmholtz operierten im Sinne einer Verzögerungsvorrichtung – einerseits weil sie mit den Kurven auch nach heutigen Begriffen zu regelrechten Schnappschüssen von physiologischen Prozessen führten (die aufgezeichneten Kontraktionen hatten eine Gesamtdauer von durchschnittlich 1/2 Sekunde), andererseits weil der Experimentator den Ablauf und die Ergebnisse seiner wiederholten Versuche ständig im Auge behalten musste. Der Vergleich mit der Photographie scheint sogar besonders treffend, da die Helmholtz'schen Experimente durch ihre Materialität einen bestimmten Rahmen, einen bestimmten Ausschnitt von Realität definierten.[14] Durch das Zusammenfügen und Gegeneinanderstellen von Instrumenten, Aufzeichnungsgeräten und menschlichen wie nicht-menschlichen Organismen umrissen seine Versuchsaufbauten einen Raum des Einfangens, Darstellens und Messens für psychophysiologische Prozesse mit extrem hoher Velozität. Innerhalb dieses Raum haben sie aber wiederum eine eigene Temporalität, eine spezifische »Laborzeit« ausgeprägt.[15] Sie lässt sich als eine *künstlich*

---

[13] Jonathan Crary, *Aufmerksamkeit. Wahrnehmung und moderne Kultur*, übers. von Heinz Jatho, Frankfurt am Main 2002. Zur Momentaufnahme in der Photographie siehe *Le temps d'un mouvement. Aventures et mésaventures de l'instant photographique*, Ausstellungskatalog, Paris 1986, François Albera, Marta Braun und André Gaudreault (Hrsg.), *Arrêt sur image. Fragmentation du temps/Stop Motion. Fragmentation of Time*, Lausanne 2002, sowie Phillip Prodger, *Time Stands Still. Muybridge and the Instantaneous Photography Movement*, New York 2003.

[14] Zum Ausschnitt in der Photographie siehe Rosalind Krauss, *Das Photographische. Eine Theorie der Abstände*, München 1998, S. 127-137. Zum Rahmen in der Kunst siehe Georg Simmel, »Der Bildrahmen – Ein ästhetischer Versuch« [1902], in ders., *Gesamtausgabe*, Bd. 7, hrsg. von Rüdiger Kramme, Angela Rammstedt und Otthein Rammstedt, Frankfurt am Main 1995, S. 101-108.

[15] Helga Nowotny, *Eigenzeit. Entstehung und Strukturierung eines Zeitgefühls*, Frankfurt am Main 1993, S. 81. Bemerkenswerte Ansätze zu

hergestellte Gegenwart beschreiben, die durch die gleichzeitige Anwesenheit oder Verfügbarkeit sowie die Funktionstüchtigkeit aller Komponenten des Experiments gekennzeichnet ist, hier: der Frösche oder der Versuchspersonen, der Energiequellen, der rotierenden oder stillstehenden Aufzeichnungsflächen...

In der Forschungspraxis war diese Präsenz jedoch weit davon entfernt, eine bloß momentane zu sein. Tatsächlich ist die Gegenwart der Helmholtz'schen Untersuchungen eine stets unvollendete, über sich hinausweisende geblieben – kein stillstehendes oder stillgestelltes Bild, sondern eine Aufeinanderfolge von sich verändernden Bildern. Nachhaltig bestimmend für die Gegenwart dieser Untersuchungen war, wie bereits angedeutet, ein ergebnis- und letztlich auch gegenstandsoffener Prozess des Wiederholens und Differenzierens, ein Vor und Zurück mit unkalkulierbaren Umwegen, aber auch aberwitzigen Abkürzungen, das gewiss nicht immer zu dem Ziel geführt hat, das anfangs einmal ins Auge gefasst worden war.[16] Einer in diesem Sinne selektiven Repetition scheint Helmholtz als *Theoretiker* zwar denkbar fernzustehen. Durch seine Theorie von der »Erhaltung der Kraft« fungiert er als prominenter Vertreter einer mechanistischen Version der ewigen Wiederkehr. Als *Praktiker* des physiologischen Experiments kann er jedoch auch anders verortet werden, nämlich durchaus an der Seite von Kierkegaard, Nietzsche und Péguy, die von Deleuze als die innovativsten »Meister der Wiederholung« im 19. Jahrhundert porträtiert worden sind. Wie diese Philosophen ist auch der Experimentator in Königsberg bestrebt, durch seine Arbeiten »eine Bewegung zu erzeugen, die den Geist außerhalb jeglicher Re-

---

einer Zeit- und Rhythmusanalyse der wissenschaftlichen Praxis finden sich in Bachelard, *La dialectique de la durée*, S. 64-79.

16 Zur Charakterisierung des Experimentalprozesses als Gegenspiel von Differenz und Wiederholung siehe Hans-Jörg Rheinberger, *Experimentalsysteme und epistemische Dinge. Eine Geschichte der Proteinsynthese im Reagenzglas*, Frankfurt am Main 2006, S. 88-101 (mit Bezug auf Deleuze), sowie Frederic Lawrence Holmes, *Investigative Pathways. Patterns and Stages in the Careers of Experimental Scientists*, New Haven / London 2004, S. xvi und S. 93-102.

präsentation zu erregen vermag«.[17] Tatsächlich erinnert der Forschungsprozess, in den ihn seine Zeitexperimente verwickelt haben, oft an eine Begegnung mit dem Individuellen, an eine driftende Reproduktion des Diversen. Problemstellungen erhalten sich nicht, sondern werden auf kaum vorhersehbare Weise verlagert und verändert. Mit großer Mühe zusammengebaute Versuchsaufbauten werden plötzlich neu ausgestattet, umgerüstet oder einmal mehr durch ältere ersetzt – bis zu dem Punkt, wo die Frage angebracht scheint, ob es sich noch um dasselbe Experiment handelt oder längst ein anderes begonnen hat. Im Rückblick hat Helmholtz solche Laborerfahrungen als »Irrfahrten« bezeichnet und sich mit einem Bergsteiger verglichen, »der ohne den Weg zu kennen, langsam und mühselig hinaufklimmt, oft umkehren muss, weil er nicht weiter kann, bald durch Überlegung, bald durch Zufall neue Wegspuren entdeckt, die ihn wieder ein Stück vorwärts leiten, und endlich, wenn er sein Ziel erreicht, zu seiner Beschämung einen königlichen Weg findet, auf dem er hätte herauffahren können, wenn er gescheit genug gewesen wäre den richtigen Anfang zu finden.«[18] Dementsprechend geht es im Folgenden darum, die Langsamkeit und Mühseligkeit des Fortschreitens im Experiment sowie die eingeschlagenen Umwege und zufälligen Bahnungen der Recherche im Labor zur Geltung bringen.

Wegen der Schnitte und Überblendungen, die dabei zu beobachten sein werden, liegt es nahe, trotz des Eingangs abgewehrten Anachronismus nicht die Photographie, sondern die Kinematographie, mithin den Kinofilm als Analogie für den in Frage stehenden Prozess zu beanspruchen. In den Zeitexperimenten von Helmholtz werden ja nicht nur Bewegungsabläufe aufgezeichnet, also eine Kinematographie im buchstäblichen

---

17 Gilles Deleuze, *Differenz und Wiederholung*, übers. von Joseph Vogl, München 1992, S. 24.

18 Hermann von Helmholtz, »[Rede]«, in *Ansprachen und Reden gehalten bei der am 2. November 1891 zu Ehren von Hermann von Helmholtz veranstalteten Feier*, Berlin 1892, S. 46-59, auf S. 54. Siehe dazu auch Holmes, *Investigative Pathways*, S. xvii.

Sinn praktiziert. Zugleich können diese Abläufe wie beim Film in nahezu beliebige Segmente aufgeteilt werden. Genau darin liegt das Potential dieser Art des analytischen Experimentierens. Zudem sind es einfache, reproduzierbare Sequenzen, die für das Einfangen, Darstellen und Messen der physiologischen Abläufe essentiell sind, beispielsweise Kontraktionen eines Nerv-Muskelpräparats vom Unterschenkel eines Froschs oder Hand- bzw. Mundbewegungen von Versuchspersonen, die an unterschiedlichen Hautstellen gereizt werden. Und es ist die häufige Wiederholung und Differenzierung solcher Sequenzen, die für die Aufzeichnung der Kurven und die Durchführung von Messungen notwendig sind, sowie ihr vorgängiges Einrichten, sozusagen das *mise en scène*, das die Helmholtz'schen Zeitexperimente zu einer vergleichsweise langsamen Praxis werden lässt: durch die mühsame Herstellung und Erprobung von Instrumenten, das Präparieren von Muskeln und Nerven, das Trainieren von Versuchspersonen, das Kalibrieren der Instrumente, das Kopieren von Kurven und das Notieren von Messwerten sowie das Kalkulieren der aufgezeichneten Ergebnisse, aber auch durch den Umgang mit Störungen, die von außen oder von innen in den Rahmen des Experiments eingreifen. Von dieser Warte aus betrachtet, erscheinen seine Experimente als materielle Gegenstücke zu jenem Ethos der »geduldigen Plackerei«, das die Wissenschaftler in der zweiten Hälfte des 19. Jahrhunderts angesichts eines sich scheinbar maßlos beschleunigenden Fortschritts ausbildeten. Keine fest montierte *Verlangsamung auf Glas*, sondern eine sich langsam entwickelnde auf Messing und Stahl, Muskeln und Nerven, Papier und Elektrizität.[19]

---

[19] Zur »geduldigen Plackerei« siehe Lorraine Daston und Peter Galison, *Objektivität*, übers. von Christa Krüger, Frankfurt am Main 2007, S. 223-228. Zum ontologischen Verhältnis von Wissenschaft und Film siehe Henri Bergson, *Schöpferische Entwicklung*, übers. von Gertrud Kantorowicz, Jena 1912 (frz. Orig. 1907), S. 276-371. Auch Horst Bredekamps Auseinandersetzung mit Galileis Bildern verweist auf dieses Verhältnis. Bereits Bergson bezieht sich auf Galileo. Insofern scheint es kein Zufall zu sein, dass das Teleskop auch in

Mit den Mitteln der Beschleunigung eine Entschleunigung bewerkstelligen – das wäre in Kurzform also der Mechanismus, durch den die Helmholtz-Kurven zu epochalen Bildern werden, und zwar in einem doppelten Sinn. Einerseits markieren sie den Eintritt in eine neue Epoche der quantifizierenden Erfassung und Durchdringung des Lebens. Andererseits machen sie eine Ausschaltung und Aufhaltung im scheinbar kontinuierlichen Fluss des psychophysiologischen Lebens sichtbar, zeigen also nichts anderes als eine Epoché.

Auch bei diesen Bildern kommt es aber auf den Titel an, der für sie gewählt wird, und der ist nun in der Tat bemerkenswert. Er lautet »temps perdu«, verlorene Zeit. Eben dies ist die Bezeichnung, die bei Helmholtz zumindest für einen Teil des von ihm aufgezeichneten Bewegungsprozesses eingeführt wird. Vor allem im französischsprachigen Kontext sollte er schnell aufgenommen und weiter verbreitet werden: in Physiologie-Handbüchern und physiologischen Wörterbüchern sowie in den zunehmend populär werdenden Schriften von Marey, um schließlich im seinerseits epochemachenden Werk von Marcel Proust wieder aufzutauchen.

Proust verfügte über enge Kontakte zur medizinisch-biologischen Szene in Paris. Sein Vater, Achille-Adrien Proust, war Arzt und Epidemiologe, kooperierte zeitweilig sogar mit Marey. An seinen literarischen Werken und Übersetzungen lässt sich eine Vertrautheit mit Labortechniken wie Sphygmographie und Chronophotographie ablesen. Außerdem sollte der anfängliche Titel der *Recherche* ebenfalls einen wissenschaftlichen Fachbegriff für kurzzeitige Unterbrechungen aufgreifen, der bei den physiologischen Graphikern der Marey-Schule gängig war: »Les intermittences du cœur«.[20]

Bredekamps Studie als das Medium einer ästhetischen und epistemischen Beschleunigung und Segmentierung fungiert. Siehe Horst Bredekamp, *Galilei der Künstler. Der Mond, die Sonne, die Hand*, 2. korr. Aufl., Berlin 2009, besonders S. 337-340.

[20] Siehe zum Beispiel Charles François-Franck, »Recherches sur les intermittences du pouls, et sur les troubles cardiaques qui les déterminent«, *Physiologie Expérimentale. Travaux du laboratoire de M.*

Legt man diese Abstammungslinie zugrunde, lassen sich noch weitere Konvergenzen zwischen den Zeit-Recherchen von Helmholtz und Proust aufweisen – so zum Beispiel die formale Bedeutung der Photographie, die Kritik an der Leistungsfähigkeit der menschlichen Sinnesorgane, das vor diesem Hintergrund verfolgte Projekt, eine Art Fernrohr für die genaue Wahrnehmung von Zeit zu bauen, sodann die sorgfältige Abschirmung von Zeitexperimentatoren und Versuchspersonen von der Außenwelt, die Rolle von Zeitungen, Telegrammen und anderen Formen rapider Kommunikation sowie schließlich die Beziehung der Zeichen zur Wahrheit und, infolgedessen, der Wahrheit zur Zeit.[21]

Helmholtz ist bei seiner Recherche von der *temps perdu* weder ausgegangen noch bei ihr stehen geblieben. Öfter als von »verlorener Zeit« hat er von »Zwischenzeit« gesprochen. Damit bezeichnete er anfänglich das Phänomen der Muskelkontraktionsverzögerung, fahndet im Weiteren aber am Leitfaden dieses Begriffs auch nach anderen Unterbrechungen und Rissen im Prozess des psychophysiologischen Lebens. Auf der diskursiven Ebene macht er sich damit nicht nur einen alltäglichen Sprachgebrauch zunutze, sondern spielt auch auf jene Zeit an, die in einem Drama zwischen zwei Aufzügen verstreicht, dem *entr'acte*, während dem die Zuschauer nichts von einer Handlung auf der Bühne sehen. Der Muskel bewegt sich unmittelbar

---

Marey 3 (1877): 63-95, bes. auf S. 79 (»intermittence du cœur«). Zum Zusammenhang Helmholtz / Proust siehe allgemein Anson Rabinbach, *Motor Mensch. Kraft, Ermüdung und die Ursprünge der Moderne*, übers. von Erik Michael Vogt, Wien 2001, S. 110-115, sowie besonders Thomas Schestag, »Wiedergefunden: ›du temps perdu‹«, *Kritische Beiträge* 4 (1998): 73-94, und Marco Piccolino, »A ›Lost Time‹ Between Science and Literature. The ›*temps perdu*‹ from Hermann von Helmholtz to Marcel Proust«, *Audiological Medicine*, 1 (2003): 261-270. Zur Frage der (Chrono-)Photographie siehe Brassaï, *Proust und die Liebe zur Photographie,* übers. von Max Looser, Frankfurt am Main 2001.

21 Gregor Schiemann, *Wahrheitsgewißheitsverlust. Hermann von Helmholtz' Mechanismus im Aufbruch der Moderne*, Darmstadt 1997, S. 238-246.

nach seiner Reizung nicht, zeichnet keine Kurve, heißt das aber auch, dass nichts passiert?[22]

Möglicherweise ist in der Aufnahme dieser Wendung aber auch eine Reminiszenz an die *Farbenlehre* von Goethe zu erkennen, mit der Helmholtz gut vertraut war. In deren historischem Teil fungiert »Zwischenzeit« nämlich als Name für die »Lücke«, die sich in der Geschichte der Farbenlehre zwischen Antike und Renaissance auftut, jene »stillen dunklen Zeiten«, in denen »das Inkalkulable, das Inkommensurable der Weltgeschichte« liegt.[23] Helmholtz war sich darüber im klaren, dass auch die physiologische Diskontinuität zwischen einer Stimulation und einer Kontraktion, das Intervall zwischen dem Eintreffen einer Botschaft im Gehirn und ihrer Weiterleitung zu den Muskeln nicht kalkuliert, nicht berechnet werden konnte. Aber eine Vermessung dieser Zwischenzeit, das führten seine Untersuchungen eindrücklich vor, war möglich, ja wünschenswert, denn auch dies konnte eine Zeit sein, in der sich der Mensch als »unbekannt mit sich selbst« erwies. Tatsächlich wandte sich Helmholtz parallel zu seiner Arbeit mit Froschpräparaten dem zu, was er auf prägnante Weise seine »Menschenzeitmessungen« nannte.

Dadurch haben sich seine Experimente allerdings einem zusätzlichen Darstellungsproblem ausgesetzt. Die Frage war jetzt nicht mehr nur, wie komplexe Phänomene und nüchterne Zahlen in anschauliche Kurven umgesetzt werden konnten. Nun ging es auch darum, die Stelle und den Status der physiologischen Forschungsergebnisse in der Menschenerfahrung zu bestimmen. Die Tatsache der nervösen und zerebralen Zwischenzeiten nimmt dabei fast einen poetischen Charakter an, und wahrscheinlich nähert Helmholtz sich hier am deutlichsten

---

[22] Zum *entr'acte* und der leeren Zeit des Ereignisses siehe Bernard Groethuysen, »De quelques aspects du temps. Notes pour une phénoménologie du Récit«, *Recherches philosophiques* 5 (1935-1936): 139-195, bes. S. 187-188.

[23] Johann Wolfgang Goethe, Zur *Farbenlehre,* hrsg. von Manfred Wenzel, Frankfurt am Main 1991 (Orig. 1810), S. 611-637, auf S. 611-613.

an die später von Proust eingenommene Position des avantgardistischen Schriftstellers an, der, um sein Publikum zu erreichen, es überfordern muss. So wenig Zweifel aus Sicht des Physiologen nämlich daran bestehen konnten, dass die Fortpflanzung von Reizungen in Nerven und Hirn mit einer vergleichsweise geringen Geschwindigkeit vonstatten geht, so offensichtlich war für ihn auch, dass dieser Sachverhalt weder dem Gemeinsinn noch dem gesunden Menschenverstand, weder der Introspektion noch der Rekollektion zugänglich war. »Wir haben nie etwas der Art an uns selbst wahrgenommen«, muss er an einer Stelle einräumen. Dennoch insistiert Helmholtz auf der fundamentalen Rolle, die die Zwischenzeiten im menschlichen Erleben und Verhalten spielen. Wenn es diese in der von ihm präzise bestimmten Kurzform nämlich nicht geben würde, dann würde das »Selbstbewußtsein weit hinter der Gegenwart herhinken«. Bis heute hat sich diese laborbedingte Zeitspaltung des modernen Subjekts als ebenso interessant wie irritierend erwiesen.

Helmholtz und die »graphische Methode«

Die graphische Methode ist eines der einschlägigen Kapitel in der Geschichte der modernen Lebenswissenschaften. Seit Sigfried Giedions suggestiver Nebeneinanderstellung von physiologischen und künstlerischen Bewegungsstudien – hier die Gebrüder Weber und Marey, dort Marcel Duchamp und Kandinsky – haben sich Wissenschafts- und Kunsthistoriker immer wieder mit jenen Spuren, Schriften und Notationen auseinandergesetzt, die in den physiologischen Laboratorien des 19. Jahrhunderts hervorgebracht wurden, um die vitalen Funktionen organischer Individuen genauer untersuchen und die »Herrschaft der Mechanisierung« weiter vorantreiben zu können.[24] Wenn mit der vorliegenden Studie auf die Geschichte die-

[24] Sigfried Giedion, *Die Herrschaft der Mechanisierung. Ein Beitrag zur anonymen Geschichte*, hrsg. von Henning Ritter, Frankfurt am Main 1987 (engl. Orig. 1948), S. 45-49, sowie zuletzt Hubertus von Ame-

ser Spuren zurückgekommen wird, dann nicht allein, um erneut ihre barocke Ästhetik herauszustellen. Vielmehr soll verdeutlicht werden, dass die Geschichte dieser Linien- und Kurvenzeichnungen fester Bestandteil der Geschichte einer Moderne ist, für die das Problem der kulturellen, technischen und medialen Synchronisierung eine zentrale Rolle spielt. Norbert Elias zufolge ist die Vergleichzeitigung eines der schlagenden Merkmale der sozialen Moderne: »Mit zunehmender Urbanisierung und Kommerzialisierung wurde es ein immer dringlicheres Erfordernis, die steigende Zahl menschlicher Tätigkeiten zu synchronisieren und über einen gleichmäßig fortlaufenden Zeitraster als gemeinsamen Bezugsrahmen für alle menschlichen Tätigkeiten zu verfügen.«[25] Wenn im folgenden, gleichsam durch die Dichte der untersuchten Dokumente und Instrumente hindurch, auf solche Notwendigkeiten der sozialen Organisation abgehoben wird, dann geschieht das auch im Anschluss an neuere Studien, die sich explizit als Beiträge zu einer Kultur- und Mediengeschichte der graphischen Methode verstehen.[26] Von solchen Studien unterscheidet sich das vorliegende Buch allerdings insofern, als es auf ein konkretes Beispiel abstellt: zwei Bilder von 1851, auf

---

lunxen, Dieter Appelt und Peter Weibel (Hrsg.), *Notation. Kalkül und Form in den Künsten*, Ausstellungskatalog, Berlin/Karlsruhe 2008. Weitere Literaturhinweise dazu finden sich am Schluss des vorliegenden Buches.

25 Norbert Elias, *Über die Zeit. Arbeiten zur Wissenssoziologie II*, hrsg. von Michael Schröter, Frankfurt am Main 1984, S. 21.

26 Cornelius Borck, *Hirnströme. Eine Kulturgeschichte der Elektroenzephalographie*, Göttingen 2005, Stefan Rieger, *Schall und Rauch. Eine Mediengeschichte der Kurve*, Frankfurt am Main 2009, sowie Sabine Mainberger, *Experiment Linie. Künste und ihre Wissenschaften um 1900*, Berlin 2009. Zu medialen und semiotischen Praktiken in den Wissenschaften allgemein siehe Timothy Lenoir (Hrsg.), *Inscribing Science. Scientific Texts and the Materialities of Communication*, Stanford, CA 1998, Bernhard Siegert, *Passage des Digitalen. Zeichenpraktiken der neuzeitlichen Wissenschaften 1500-1900*, Berlin 2003, sowie Michael Franz, Wolfgang Schäffner, Bernhard Siegert und Robert Stockhammer (Hrsg.), *Electric Laokoon. Zeichen und Medien, von der Lochkarte zur Grammatologie*, Berlin 2007.

denen insgesamt sechs Kurven zu sehen sind. Mit dieser Fokussierung verbindet sich ein methodologisches Argument. Diese Arbeit möchte nicht nur als eine Studie zur Kultur- und Sozialgeschichte der Wissenschaftsobjekte, sondern auch als Beitrag zu einer historischen »Epistemologie des Details« gelesen werden.[27] Sie geht von *einem* Ding aus und versucht, diesem im Latourschen Sinne zu folgen, in den Raum seiner Entstehung ebenso wie in die Zeit seiner Verbreitung. Zumindest streckenweise wird dabei mit hoher Auflösung gearbeitet. Tatsächlich lässt sich die Untersuchung auf eine Detailliertheit der technischen, bildlichen und textlichen Quellen und ihrer jeweiligen Übersetzungen, Umsetzungen und Versetzungen ein, die überraschen wird. Wir sind es gewohnt, künstlerische und literarische Werke immer wieder aus großer Nähe zu betrachten, vor allem wenn es sich um moderne Klassiker wie etwa Duchamp oder Kafka handelt. Texte und Bilder der Wissenschaft haben nur vereinzelt ähnliche Aufmerksamkeit erfahren, und wenn dies geschah, dann typischerweise im Format der großen Abhandlungen, der wegweisenden Bücher. Im Folgenden werden dagegen kurze Mitteilungen, Berichte und Aufsätze im Vordergrund stehen. Insofern versteht sich die vorliegende Studie auch als Plädoyer dafür, kleinere Wissenschaftstexte und -bilder mit mehr Geduld und Geschichtswissen zu betrachten und zu lesen.

Angesichts der Bedeutung der Helmholtz'schen Zeitexperimente für die Geschichte der modernen Lebenswissenschaften ist es nicht erstaunlich, dass eine Vielzahl von Darstellungen und Untersuchungen vorliegen: von Edwin G. Boring über Hebbel E. Hoff und Leslie A. Geddes bis hin zu Wilhelm Blasius, von Richard Kremer und Timothy Lenoir über Kathryn Olesko und Frederic L. Holmes bis hin zu Robert Brain, M. Norton Wise, Soraya de Chadarevian, Claude Debru, Stanley Finger und Nicholas Wade. Wie bei Holmes und Olesko geht es im folgenden zunächst darum, den *investigative pathway* zu rekonstruieren, der Helmholtz von seiner anfänglichen Beschäftigung mit der Frage

---

27 Rheinberger, *Experimentalsysteme und epistemische Dinge,* S. 175.

der Muskelaktivität über Präzisionszeitmessungen und Kurvenaufzeichnungen zum Problem der Nerventätigkeit führte. Neben den dafür einschlägigen Aufsatzveröffentlichungen von Helmholtz wird für die Rekonstruktion dieser »Untersuchungsbahn« allerdings ein aktualisierter Korpus von Labornotizen, Manuskripten und Bildern herangezogen. So ermöglicht es der Rückgriff auf die erhaltenen Kurvenzeichnungen, den Prozess ihrer Verfertigung und schrittweisen Um- bzw. Übersetzung in gedruckte Form erstmals in allen Einzelheiten nachzuvollziehen. Dabei wird nicht nur deutlich, wie stark die Bedeutung dieser Kurven von den Interpretationen und Interventionen Helmholtz' abhingen. Zugleich zeigt sich, dass mit diesen Kurven auf Vermittlungsschwierigkeiten reagiert worden ist, mit denen die ersten, auf die Mitteilung von Zahlen konzentrierten Berichte des Zeitforschers zu kämpfen hatten – selbst in der informierten Fachöffentlichkeit. Ein weiteres Ergebnis dieser Studie bezieht sich auf die Bedeutung der von Helmholtz durchgeführten Menschenzeitmessungen. Es erweist sich, dass auch diese anfänglich dem Bemühen geschuldet waren, die vergleichsweise abstrakten Messungen am Nerv-Muskelpräparat vom Frosch zu konkretisieren. Zugleich markieren die »Menschenversuche«[28] von Helmholtz ein Ereignis, das für die nachfolgende Forschung im Grenzbereich von Physiologie und Psychologie Signalcharakter haben sollte. Die *publizierten* Äußerungen von Helmholtz über die Zeituntersuchungen am Menschen waren zwar spärlich. Wie eine von Klaus Klauß vor einigen Jahren neu aufgefundene Mitteilung an die Physikalische Gesellschaft zu Berlin verdeutlicht, sah Helmholtz ihre systematische Bedeutung aber schon 1850 als beträchtlich an. Tatsächlich sind es eben diese Menschenzeitmessungen, die von einer Vielzahl anderer Experimentatoren später wieder aufgegriffen werden sollten, u.a. von Adolph Hirsch, Rudolf Schelske, Franciscus Donders und Sig-

---

[28] Helmholtz an du Bois-Reymond, 11. April 1851, in *Dokumente einer Freundschaft. Der Briefwechsel zwischen Hermann von Helmholtz und Emil du Bois-Reymond 1846-1894*, hrsg. von Christa Kirsten et al., Berlin 1986, S. 111.

mund Exner.[29] Das von Holmes und Olesko zwar erwähnte, aber nicht ausgewertete Labornotizbuch aus dem Jahr 1850 erlaubt es schließlich, die wissenschaftliche Rolle von Olga Helmholtz genauer zu charakterisieren. Zwar ist bekannt, dass die Ehefrau von Helmholtz bei dessen Zeitexperimenten als »Gehülfe« fungierte. Im Folgenden wird aber gezeigt, dass diese Tätigkeit konkret das Erstellen von Reinschriften der zur Veröffentlichung bestimmten Texte sowie das Assistieren und Protokollieren im Untersuchungsraum umfasste. Bei den Menschenzeitmessungen nahm Olga Helmholtz auch als Versuchsperson aktiv an den Versuchen ihres Mannes teil und führte entsprechende Experimente schließlich eigenständig aus.[30]

Wie die Studien von Robert Brain und Norton Wise ist die vorliegende Arbeit bestrebt, die experimentelle Tätigkeit von Helmholtz in kulturelle und soziale Zusammenhänge zu rücken, um das immer noch verbreitete Bild vom weitgehend isoliert arbeitenden Forschergenie zu relativieren. Unabhängig von seinem früheren Ko-Autor hat Wise in jüngeren Arbeiten die Kurvenmethode von Helmholtz in diesem Sinne auf die Kunst- und Technikgeschichte des gründerzeitlichen Berlins bezogen.[31] Für

---

29 Klaus Klauß, »Die erste Mitteilung von H. Helmholtz an die Physikalische Gesellschaft über die Fortpflanzungsgeschwindigkeit der Reizung in den sensiblen Nerven des Menschen«, *NTM* (N.S.), 2 (1994): 89-96, sowie Henning Schmidgen, »Die Geschwindigkeit von Gedanken und Gefühlen. Die Entwicklung psychophysiologischer Zeitmessungen, 1850-1865«, *NTM* (N.S.) 12 (2004): 100-115.

30 Zu Olga Helmholtz siehe Maria Osietzki, »Körpermaschinen und Dampfmaschinen. Vom Wandel der Physiologie und des Körpers unter dem Einfluß von Industrialisierung und Thermodynamik«, in Philipp Sarasin und Jakob Tanner (Hrsg.), *Physiologie und industrielle Gesellschaft*, Frankfurt am Main 1998, S. 313-346. Zu Forscherpaaren allgemein siehe Helena Mary Pycior, Nancy G. Slack und Pnina G. Abir-Am (Hrsg.), *Creative Couples in the Sciences*, New Brunswick 1996.

31 M. Norton Wise, »What Can Local Circulation Explain? The Case of Helmholtz's Frog-Drawing-Machine in Berlin«, *Journal for the History of Science and Technology* 1 (2007): 15-73, und ders., *Neo-Classical*

die Pouillet-Methode, die Helmholtz in seinen Zeitexperimenten ebenfalls anwandte, steht eine vergleichbare Kontextualisierung bisher aus.[32] Diese Lücke soll hier geschlossen werden, um die Kultur und Technik der Zeitexperimente von Helmholtz an dieser Stelle noch genauer in den Blick zu bekommen. Besonders herausgestellt wird dabei, wie stark das Verfahren von Pouillet in der Fusionierung von elektrischer Telegraphie und Uhrenmechanik verankert ist, die für die Geschichte der Zeit und der Vergleichzeitigung im 19. Jahrhundert weitreichende Konsequenzen hatte.[33] Dieses Vorgehen führt auch dazu, dass unter Kontext hier nicht mehr einfach nur Berlin verstanden wird. Im Unterschied zu früheren Arbeiten ist die kulturelle und technische Umgebung, in der die Helmholtz'schen Experimente im folgenden angesiedelt werden, eine geographisch weiter verteilte. Neben Berlin und Königsberg wird vor allem Paris, besonders in Gestalt der Académie des Sciences, zu einem der zentralen Verhandlungsorte der Zeitexperimente von Helmholtz. Dementsprechend treten auch historische Akteure auf den Plan, deren entscheidende Bedeutung für diese Experimente oft nicht gese-

---

Aesthetics of Art and Science. Hermann Helmholtz and the Frog-Drawing Machine, Uppsala 2008.

32 Siehe allerdings das fabelhafte Kapitel von Peter Berz, »Ein dromologisches Spitzenereignis: der Schuß«, in ders., *08/15. Ein Standard des 20. Jahrhunderts*, München 2001, in dem eine Medienarchäologie dieser Methode entworfen wird. Aus Sicht einer »transdisziplinären Wissensgeschichte«, die »exemplarisch und nicht strikt historisch« verfährt (S. 123), siehe ergänzend dazu Christian Kassung, *Das Pendel. Eine Wissensgeschichte*, München 2007, S. 85-149.

33 Siehe Volker Aschhoff, *Geschichte der Nachrichtentechnik, Bd. 2. Nachrichtentechnische Entwicklungen in der ersten Hälfte des 19. Jahrhunderts*, Berlin u.a. 1987, Jakob Messerli, *Gleichmässig, pünktlich, schnell. Zeiteinteilung und Zeitgebrauch in der Schweiz im 19. Jahrhundert*, Zürich 1995, Ian R. Bartky, *Selling the True Time. Nineteenth-Century Timekeeping in America*, Stanford, CA, 2000, Peter Galison, *Einsteins Uhren, Poincarés Karten. Die Arbeit an der Ordnung der Zeit*, übers. von Hans Günter Holl, Frankfurt am Main 2003, Werner Faulstich, *Medienwandel im Industrie- und Massenzeitalter (1830-1900)*, Göttingen 2004, sowie Ian Bartky, *One Time Fits All. The Campaigns for Global Uniformity*, Stanford, CA, 2007.

hen worden ist. Das gilt zum einen für den Berliner Elektrophysiologen Emil du Bois-Reymond, der zwar oft als Briefpartner und älterer Freund von Helmholtz zitiert wird, dessen aktive Rolle bei der Deutung, Übersetzung und Verbreitung der Helmholtz'schen Mitteilungen sowie bei der Vorführung der entsprechenden Experimente bislang nicht angemessen gewürdigt worden ist. Du Bois-Reymond stammte aus einer schweizerisch-hugenottischen Familie. Sein Vater, ein gelernter Uhrmacher, war bis 1848 im preußischen Innenministerium tätig. Emil du Bois-Reymond verfügte daher nicht nur über hervorragende französischen Sprachkenntnisse, sondern konnte auch persönlichen Zugang zu den wissenschaftlichen und politischen Größen Berlins finden. Für die Rolle als Übersetzer und Vermittler war der Elektrophysiologie damit nahezu perfekt situiert. Der Befund der Unterschätzung trifft zum anderen für den italienischen Physiker, Telegraphenexperten und Elektrophysiologen Carlo Matteucci zu. Wie hier im Anschluss an Hoff und Geddes argumentiert werden wird, wandte Matteucci in seinen Untersuchungen zur Muskelkontraktion bereits zwei Jahre vor Helmholtz die graphische Methode *und* ein elektromagnetisches Zeitmessverfahren an, um die Muskeltätigkeit experimentell näher zu untersuchen. Insgesamt schreibt sich damit, was bislang hauptsächlich als ein Kapitel der deutschsprachigen Physiologie erschien, in eine deutlich internationalisierte Geschichte ein, eine Geschichte in der, wie hier mit Soraya de Chadarevian und Gabriel Finkelstein unterstrichen werden wird,[34] den deutsch-französischen Beziehungen eine besondere Bedeutung zukommt. Mit Blick auf die Philosophie des 20. Jahrhunderts hat man gesagt, Frankreich und Deutschland verfügten über eine einzige, unteilbare Geschichte. Im Folgenden wird sich zeigen, dass dies im

---

[34] Soraya de Chadarevian, »Die ›Methode der Kurven‹ in der Physiologie zwischen 1850 und 1900«, in *Die Experimentalisierung des Lebens,* hrsg. von Rheinberger und Hagner, S. 28-49, auf S. 33, sowie Gabriel Finkelstein, »M. du Bois-Reymond goes to Paris«, *The British Journal for the History of Science* 36 (2003): 261-300.

19. Jahrhundert in bestimmtem Maße auch auf die Physiologiegeschichte zutrifft.

Keine der historischen Darstellungen und Untersuchungen zu den Zeitexperimenten von Helmholtz hat es bislang unternommen, die Zeit nicht nur als den Gegenstand, sondern auch als das entscheidende Mittel dieser Experimente zu begreifen. Wie in vielen anderen Bereichen der Wissenschaftsforschung hat auch hier eine weitgehend verräumlichte Sichtweise des Wissenschaftsgeschehens dominiert. Zwar werden auch im vorliegenden Buch die experimentellen Gefüge und Netzwerke rekonstruiert, in denen die Zeitforschung von Helmholtz stattfand und deren Ergebnisse verbreitet wurden. Wenn dabei wiederholt von Forschungs*maschinen* die Rede ist, so wird damit einerseits an einen Sprachgebrauch der historischen Akteure angeschlossen. Helmholtz spricht von »Froschzeichenmaschine« und nennt einen seiner frühen Versuchsaufbauten fast schon liebevoll »meine kleine Maschine«. Andererseits soll damit an das kulturelle, historische und analytische Potential eines Begriffs erinnert werden, der in der Wissenschaftsforschung nur vereinzelt aufgegriffen worden ist, um plausible Verbindungen zwischen dem Laborgeschehen und der Medien- und Technikgeschichte herzustellen.[35] Im Unterschied zu Netzwerk, System oder Assemblage steht »Maschine« aber nicht nur für die Materialität der Wissenschaftspraxis, sondern auch für deren Temporalität und Dynamik. Deswegen fungiert Zeit im Folgenden nicht nur als notorisch knappe Ressource des individuellen Wissenschaftlers, aber auch nicht einfach als Leistungsmerkmal der technischen Ausrüstung. Vielmehr erweist sie sich als entscheidender Faktor bei der Organisation der Maschinenarbeit im Labor sowie der

---

[35] Siehe aber M. Norton Wise, »Mediating Machines«, *Science in Context* 2/1 (1988): 77-113, Andrew Pickering, *The Mangle of Practice. Time, Agency, and Science*. Chicago/London 1995, besonders S. 16 und S. 37-67, Bernhard J. Dotzler, *Papiermaschinen. Versuch über Communication & Control in Literatur und Technik*, Berlin 1996, sowie Peter Galison, *Image and Logic. The Material Culture of Microphysics*, Chicago 1997, S. xvii: »This book is about the machines of physics.«

Mitteilung und Verbreitung ihrer Resultate. Helmholtz beklagt sich wiederholt über die Schwierigkeiten, die ihm die gleichzeitige Kontrolle einer Vielzahl von Instrumenten in seinem Untersuchungsraum bereitet. Durch die Lancierung eines »Vorläufigen Berichts« versucht er, sich wissenschaftliche Priorität zu sichern, und das heißt auch eine Vorrangigkeit in der Zeit. Die Hinwendung zur Methode der Kurven begründet er mit der Schnelligkeit, in der sie die Demonstration von physiologischen Tatsachen ermöglicht. Durch die Akzentuierung solcher Aspekte von Temporalität soll hier die eigentümliche Dichte einer wissenschaftlichen Zeit spürbar gemacht werden, die sich nur im seltensten Fall auf eine gleichförmige Chronologie, einen komplikationsfreien Ablauf reduziert. Wie man mit dem literarischen Kurvenzeichner Laurence Sterne sagen kann, geschieht das Voranschreiten von Wissenschaft nicht gemäß einer geraden Linie, die mit dem »Lineal eines Schulmeisters« zwischen zwei Punkten, A und B, gezogen wird. Vielmehr erfolgt es in geschwungener Weise, mit »Über- und Ausschreitungen« die kaum vorhersehbar sind, und dem »ganz gewöhnlichen Um und Herum«. In diesem Sinne betont die vorliegende Studie erneut den Unterschied zwischen einer »dogmatischen« und einer »historischen Darstellung« des Wissenschaftsgeschehens (siehe dazu das untenstehende Schema)[36]. Darüber hinaus führt sie aber von der physiologischen Zeit zur Zeit der Physiologie, also von einem Gegenstand zum Mittel der Forschung. Es ist diese Linie, um die es ihr vor allem geht.

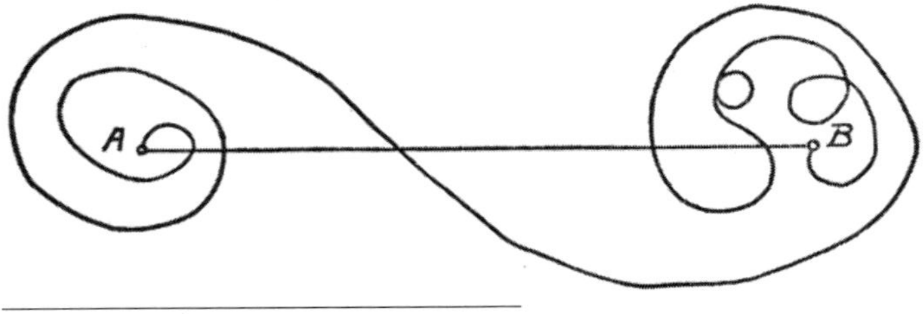

[36] Entnommen aus George Sarton, *A Guide to the History of Science. With an Introductory Essay on Science and Tradition*, New York 1952, S. 39.

1. Die wiedergefundenen Kurven

Das Element der Zeit ist im allgemeinen in der Linie in einem viel größeren Maßstabe erkennbar, als das im Punkt der Fall ist.
Kandinsky

Am 1. September 1851 wurde in der Académie des Sciences in Paris eine Mitteilung von Hermann Helmholtz verlesen. In dieser Mitteilung berichtete Helmholtz, seit 1849 Professor für Physiologie an der Universität Königsberg, über seine fortgesetzten Untersuchungen zur Fortpflanzungsgeschwindigkeit der Nervenreizung. Auf den ersten Blick scheint es sich um eine Routineveranstaltung im Wissenschaftsbetrieb des 19. Jahrhunderts zu handeln. Sieht man genauer hin, befindet man sich rasch inmitten einer dekonstruktiven Bewegung, die unaufhaltsam vom Autor zur Schrift und vom Text zur Technik gleitet. Dass der Titel der später veröffentlichten Mitteilung (»Deuxième Note sur la vitesse de propagation de l'agent nerveux«) kaum mit dem übereinstimmt, was Helmholtz inhaltlich berichtete, wird man noch akzeptieren können. Doch wie ist mit dem Sachverhalt umzugehen, dass Helmholtz das eingereichte Manuskript gar nicht selbst zu Papier gebracht hat? Wie soll man sich dazu stellen, dass, wie der Vergleich von Manuskript und Veröffentlichung zeigt, einige Teile seiner Mitteilung nicht abgedruckt worden sind? Geschah dies nach Rücksprache mit Helmholtz oder handelte die Akademie eigenmächtig? Und was ist schließlich davon zu halten, dass die Bilder, die Helmholtz in seiner Mitteilung ausführlich bespricht, in ihrer Präzision nur im Rückgriff auf die Einzelheiten einer Zeichenmaschine hätten begreiflich werden können, die ihrerseits nur in allergröbsten Zügen beschrieben wird? Diese Sachverhalte werden dadurch noch weiter kompliziert, dass Helmholtz' Mitteilung vom 1. September 1850 nicht seine erste Mitteilung über die Fortpflanzungsgeschwindigkeit der Nervenreizung war.

Seit knapp zwei Jahren war der Physiologe in Königsberg mit Forschungen zu diesem Thema beschäftigt, und bereits Anfang 1850 hatte er der Pariser Wissenschaftsakademie erste Ergebnisse kommuniziert. Damals war es ihm durch Rückgriff auf die Pouillet-Methode und eine entsprechend anders aufgebaute Forschungsmaschine gelungen, in präziser Weise die Geschwindigkeit zu bestimmen, mit der eine Reizung einen Nerv durchlief – oder wenigstens, sie genau einzugrenzen. In den motorischen Nerven des Frosches betrug die Geschwindigkeit, die er gemessen hatte, zwischen 25 und 43 Metern in der Sekunde. Das war deutlich weniger als die damals bekannten Werte für die Geschwindigkeit des Lichts, der Elektrizität oder des Schalls. Lange Zeit waren Mediziner und Naturforscher der Auffassung gewesen, die Nervenwirkung könne auf einem »immateriellen« oder »imponderablen Prinzip« beruhen und geschehe deswegen mit unfassbarer Schnelligkeit. Mit seinen Zeitmessungen verdeutlichte Helmholtz, dass es sich um einen materiell basierten Prozess handeln musste, bei dem die inneren Bestandteile des Nervs in Bewegung versetzt werden. Anders war die relative Langsamkeit der Nervenwirkung kaum zu erklären. Schon vor ihrer Veröffentlichung in Frankreich hatte die Neuigkeit die Runde gemacht, vor allem in Helmholtz' akademischer Heimat Berlin. Dort zeigte sich selbst Alexander von Humboldt beeindruckt: »Eine so merkwürdige Entdeckung spricht durch das Erstaunen, das sie erregt«, hatte er an den jungen Physiologen in Königsberg geschrieben – und es sich nicht nehmen lassen, im Januar 1850 die erste Mitteilung von Helmholtz (die »Note«) der Akademie in Paris zu überbringen.[37]

---

[37] Humboldt an Helmholtz, 12. Februar 1850, zit. n. Leo Königsberger, *Hermann von Helmholtz*, Bd. 1, Braunschweig 1902, S. 118, sowie Hermann Helmholtz, »Note sur la vitesse de propagation de l'agent nerveux dans les nerfs rachidiens«, *Comptes rendus hebdomadaires des séances de l'Académie des science* 30 (1850): 204-208. Über von Humboldts Rolle in der Berliner (Elektro-)Physiologie siehe schon Ilse Jahn, »Die Anfänge der instrumentellen Elektrobiologie in den Briefen Humboldts an Emil Du Bois-Reymond«, *Medizinhistorisches Journal* 2 (1967): 135-156.

Das Erregen von Erstaunen war aber nicht eben das, worauf Helmholtz es abgesehen hatte. Ihm ging es um die Anerkennung einer neuen wissenschaftlichen Tatsache, einer Errungenschaft, also um Präzision und Rationalität. In weiteren Messexperimenten bemühte er sich daher, seine Bestimmung der Nervenzeit noch genauer zu gestalten. Das Resultat, zu dem er nach monatelangen Versuchen schließlich kam, war ein Wert von durchschnittlich 26,4 Metern in der Sekunde. Dieses neue Ergebnis, das wiederum auf der Arbeit mit Froschpräparaten und der Anwendung der Pouillet-Methode basierte, hatte er bereits ein Jahr zuvor, im Herbst 1850, in einem ausführlichen deutschsprachigen Aufsatz vorgestellt – auf 90 Seiten. Nun teilte er es in Kurzform auch der Pariser Akademie mit. Doch der eigentliche Zweck seiner Mitteilung war ein anderer. Tatsächlich erwähnt die »Deuxième Note sur la vitesse de propagation de l'agent nerveux« das neue Messergebnis nur beiläufig. In ihrem Mittelpunkt steht die Vorstellung einer »neuen Methode«, die die zeitmessende Untersuchung der Muskeln und Nerven von kalt- und warmblütigen Organismen, von Fröschen beispielsweise ebenso wie von Menschen, erleichtern sollte.[38] Dieses neue Verfahren basierte nicht länger auf dem Elektromagnetismus, wie noch die Pouillet-Methode, sondern auf weitgehend mechanischen Mitteln: der Selbstaufzeichnung von Muskelbewegungen in Form von Kurven. Durch einen Stift, der mit einem hängenden Froschmuskel verbunden war, wurden sie in eine Rußschicht gekratzt, die auf einen rotierenden Zylinder aufgebracht worden war. Letzteres war mit Hilfe einer offenen Flamme, etwa einer Kerze, bewerkstelligt worden. Helmholtz pries die Vorzüge dieser neuen Methode, vor allem die reduzierte Zahl der erforderlichen Versuchsdurchgänge und das Entfallen der aufwendigen Rechnungen, die beim Verfahren nach Pouillet notwendig

---

[38] Hermann Helmholtz, »Deuxième Note sur la vitesse de propagation de l'agent nerveux«, *Comptes rendus hebdomadaires des séances de l'Académie des Sciences* 33 (1851): 262-265, auf S. 265. Hier und im Folgenden stammen alle Übersetzungen von fremdsprachigen Texten, sofern nicht anders angegeben, von mir (H.S.).

waren. Letztlich war das aber nicht der Vorteil, den er mit seinen Kurven erzielen wollte. Entscheidend war vielmehr, dass die Kurvenmethode seinen bereits durchgeführten Zeitmessungen einen höheren Grad von Plausibilität verlieh. Bei der Pouillet-Methode musste die Fortpflanzungsgeschwindigkeit der Nervenreizung aus tabellarisch notierten Einzelwerten mühsam errechnet werden. Am Ende stand eine nackte Zahl, ein Durchschnittswert. Die Kurven dagegen machten Bewegungen und durch diese hindurch Zeit sichtbar. Sie bildeten sie in einer dauerhaften Spur ab. Dadurch erlaubten sie anderen Wissenschaftlern, Physiologen und Nicht-Physiologen, einen schnelleren und besseren Überblick über das in Frage stehende Phänomen.

Das jedenfalls behauptet der Text der »Deuxième Note«. Und läuft damit auf bemerkenswerte Weise ins Leere. Denn ein Bild, das diese Behauptung stützen würde, fehlt. Aus einem simplen Grund: Das Periodikum, in dem die Pariser Akademie die Protokolle ihrer wöchentlichen Montagssitzungen veröffentlichte, die *Comptes rendus hebdomadaires des séances de l'Académie des Sciences*, sah eine Reproduktion von Abbildungen nicht vor. Die *Comptes rendus* waren eine Zeit-*Schrift* im wörtlichen Sinn: Neben den Buchstaben des Alphabets waren in ihrer Zeichenwelt lediglich mathematische Ausdrücke und Argumente zugelassen. Für andere Formen von *Zeit*-Schriften bot sie keinen Platz. Erst dreißig Jahre später sollte eine Ausnahme von dieser Regel gemacht werden, und bemerkenswerterweise ging es auch dabei um Physiologie und Zeit. Niemand anderes als der berühmte Graphik-Methodiker Marey erhielt 1882 die Erlaubnis, in besagtem Periodikum Chronophotographien zu reproduzieren, die er von den Gangbewegungen eines Mannes und eines Pferdes angefertigt hatte.[39]

[39] Etienne-Jules Marey, »Reproduction typographique des photographies, procédé de M. Ch. Petit«, *Comptes rendus hebdomadaires des séances de l'Académie des Sciences* 95 (1882): 583-585. Siehe dazu Maurice Crosland, *Science under Control. The French Academy of Sciences 1795-1914*, Cambridge u.a. 1992, S. 258. Crosland suggeriert, daß sich die *Comptes rendus* erst nach dieser Intervention überhaupt auf Abbildungen eingelassen haben. Für Photo-

Anfang der 1850er Jahre waren solche Reproduktionen schon aus drucktechnischen Gründen kaum zu realisieren. Helmholtz wird dies bewusst gewesen sein, zumal er nicht zum ersten Mal in den *Comptes rendus* veröffentlichte. Trotzdem legte er dem eingesandten Manuskript Bildmaterial bei, wahrscheinlich in der Absicht, auf diese Weise wenigstens die anwesenden Mitglieder der Akademie vom visuellen Potential seiner neuen Methode zu überzeugen. Es ist aber unklar, ob die Akademiker, die sich Anfang September 1851 in Paris versammelten, die Helmholtz-Kurven tatsächlich in Augenschein nahmen und ob der eigens dazu verfasste Erläuterungstext wirklich verlesen wurde.

Immerhin, eine Woche später, in der Sitzung vom 8. September, wurde eine Kommission eingesetzt, die sich mit den beiden Mitteilungen von Helmholtz näher beschäftigen sollte. Das war eine der vielen Routinen, mit denen die Pariser Akademie auf die Bekanntmachung von wissenschaftlichen Neuigkeiten reagieren konnte. Nachdem eine erste Prüfung die Freigabe zur Publikation in den *Comptes rendus* erteilt hatte (bei Nichtmitgliedern wie dem jungen Helmholtz war schon das eine besondere Ehre), sollten durch eine ausführliche Begutachtung etwaige Schlussfolgerungen und Ansprüche bewertet werden, die mit der fraglichen Mitteilung verbunden waren. Neben zwei der bedeutendsten Physiologen Frankreichs, François Magendie und Pierre Flourens, gehörte diesem Ausschuss auch der Physiker Claude Pouillet an, der Namensgeber des von Helmholtz zuerst verwendeten Zeitmessverfahrens.

Ein Bericht der Kommission sollte aber nie erscheinen. Magendie war offenbar ohnehin stark beschäftigt, nicht nur innerhalb der Akademie, wo er für eine Reihe anderer Ausschüsse arbeitete, sondern auch außerhalb – vor allem was die

---

graphien trifft das zu. Eben dies ist der Anfang, den Marey macht. Er stellt hier eine neue Methode zur Reproduktion von Photographien im Druck vor. Andere Arten von Abbildungen, beispielsweise Schemata, werden in den *Comptes Rendus* allerdings schon in den 1870er Jahren abgedruckt.

Förderung seines früheren Assistenten, Claude Bernard, anging. 1848 war Bernard endlich mit eigenen Entdeckungen in Erscheinung getreten, und Magendie war fest davon überzeugt, dass diese Arbeiten der Physiologie in Frankreich wichtige Impulse geben konnten, also engagierte er sich entsprechend.[40] Auch das Kommissionsmitglied Pouillet hielt sich zurück, möglicherweise deswegen, weil die von ihm entwickelte Methode, derer sich Helmholtz zuerst in so konstruktiver Weise bedient hatte, in der »Deuxième Note« als zu kompliziert und aufwendig kritisiert wurde. Blieb Flourens. Tatsächlich war er der einzige, der aktiv wurde. Zumindest quittierte er das Manuskript der »Deuxième Note« mit dem Vermerk *»vu«,* »gesehen« – was allerdings auch nicht heißen muss, dass er den Text aufmerksam gelesen oder die beigefügten Bilder eingehend betrachtet hätte. Kurz nachdem die Mitteilung im Druck erschienen war, wanderte dann beides, der Text und die Bilder, zu den Akten. Dort befinden sie sich noch heute, mittlerweile gestempelt und verschoben ins Archiv der Académie am Quai de Conti, inmitten einer Unzahl von weiteren Akten, Mappen und Dokumenten.

Niemand weiß, ob die Kurven seither ein menschliches Auge erblickt haben. Ein Registerschein, auf dem sich, wie in vielen anderen Archiven, die Benutzer dieser Archivalie eingetragen hätten, existiert nicht. Von früheren Bezugnahmen auf diese Kurven oder gar Reproduktionen ist nichts bekannt, jedenfalls nicht unter einschlägigen Helmholtz-Experten. Mehr als hundertfünfzig Jahre scheinen diese ondulierten Formen also einen ebenso stummen wie blinden Dialog mit den Wellenschlägen der Seine geführt zu haben. Fest steht nur, dass sie die bislang einzigen bekannten Kurvenzeichnungen sind, die sich indexikalisch auf die Zeitexperimente von Helmholtz beziehen (Abb. 1 und 2). Andere Zeugnisse, die sich nicht in Papierform auf diese Experimente beziehen, andere *Dinge* also, die von ihnen übrig geblieben wären, existieren nicht. Sämtliche Instrumente und Gestelle, alle Zylinder, Stifte und Kontakte, derer sich Helmholtz in Königsberg bediente hatte, um seine Messungen durchzufüh-

[40] Holmes, *Investigative Pathways,* S. 29-33.

ren und die Kurven zu zeichnen, sind verloren. Sie waren es schon zehn Jahre später, als Helmholtz nach der Zwischenstation Bonn an die Universität Heidelberg wechselte.[41]

Unklar ist aber auch, wer der eigentliche Verfasser der »Deuxième Note« ist. Der in den *Comptes rendus* veröffentlichte Text will daran zwar keinen Zweifel aufkommen lassen: »M. H. Helmholtz (de Königsberg)«. Der Blick in die Manuskripte führt allerdings zu einem anderen Bild. Soweit man vom Unterschied zwischen alter deutscher und lateinischer Schrift abstrahieren kann, lassen sich kaum Ähnlichkeiten zwischen der im Pariser Akademie-Archiv erhaltenen Handschrift und anderen Helmholtz-Manuskripten erkennen. Möglicherweise ist es Olga Helmholtz, seine Ehefrau, die für die Niederschrift dieses Textes verantwortlich war. Zumindest hat sie zu dieser Zeit auch andere Texte ihres Mannes vor der Veröffentlichung in Reinschrift gebracht (siehe Abb. 11).

Nun stammt aber selbst der Entwurf für die »Deuxième Note«, der sich im Helmholtz-Nachlass in Berlin befindet, nicht von Helmholtz. Wie schon bei der ersten Mitteilung an die Pariser Akademie, vom Januar 1850, war es auch in diesem Fall sein Freund und Kollege du Bois-Reymond, der den französischen Text verfasste. In der Tat scheint »verfassen« das treffende Wort zu sein, denn die erste Mitteilung an die Pariser Akademie war von du Bois-Reymond nicht nur übersetzt, sondern zugleich eingehend redigiert worden. Bei der zweiten Mit-

---

[41] Eine weitere Kurvenzeichnung hat sich im Briefwechsel zwischen Helmholtz und du Bois-Reymond erhalten. Sie wurde im Juli 1852 eigens für du Bois-Reymond angefertigt und zeigt »Sekundäre Muskelzuckungen«, steht also nicht direkt mit Helmholtz' Zeitmessungen am Nerv in Zusammenhang. Siehe *Dokumente einer Freundschaft*, S. 134. Darüber hinaus finden sich Kurvenzeichnungen von Helmholtz auch in der durch Angelo Mosso in den 1880er Jahren für die Bibliothek des Turiner Instituts für Physiologie angelegten Sammlung. Siehe dazu Philipp Felsch, *Laborlandschaften. Physiologische Alpenreisen im 19. Jahrhundert*, Göttingen 2007, S. 129 und S. 99, Abb. 19. Diese »Froschkurven« gelangten erst nach dem Tode von Helmholtz an Mosso. Sie sind nicht datiert, und nach Felsch ist unklar, zu welchem Zweck ihre Aufzeichnung erfolgte.

teilung ist die Sachlage insofern noch komplizierter, als es keinen deutschsprachigen Quelltext gibt – weder in handschriftlicher noch in gedruckter Form.[42] Der Anteil, den du Bois-Reymond an der Abfassung der zweiten Akademie-Mitteilung hatte, ist also nicht genau zu bestimmen.

Auch deshalb bewegen wir uns in einem regelrechten Gestrüpp von Schriften, menschlichen ebenso wie nichtmenschlichen: einerseits die Zahlen und Buchstaben, die von den männlichen und weiblichen Akteuren aufs Papier gebracht worden sind, andererseits die geraden und geschwungenen Linien, die durch Froschmuskeln, Hebel und Stifte auf einen rotierenden Zylinder gezeichnet worden sind. Nur derjenige, der am Ende als Autor firmiert, scheint in diesem Schriftgestrüpp unauffindbar zu sein: Monsieur Helmholtz.

Unterzieht man die vier Druckseiten der »Deuxième Note« nun einer aufmerksamen Lektüre, nehmen die Irritationen noch zu. Fast alle Erwartungen, die ein heutiger Leser gegenüber einem solchen Text hegen kann, werden enttäuscht. Die Überschrift der Veröffentlichung kündigt eine Mitteilung über die Fortpflanzungsgeschwindigkeit des Nervenprinzips an. Doch zumindest der erste Teil des Texts hält keineswegs, was der Titel verspricht. Anstelle des Berichts über die Messung der Fortpflanzungsgeschwindigkeit von Reizungen im *Nerv* steht ein Resümee von zeitmessenden Untersuchungen zur Tätigkeit des *Muskels*. Zudem werden nur Ergebnisse mitgeteilt, die in deutscher Sprache bereits publiziert worden waren. Die »Deuxième Note« verlässt sich zunächst ganz auf den von

---

42 Erst ein Jahr später sollte Helmholtz seine »neue Methode« dem deutschsprachigen Publikum vorstellen, in einem überarbeiteten, erheblich erweiterten und diesmal auch illustrierten Zeitschriftenaufsatz. Siehe Helmholtz, »Messungen über Fortpflanzungsgeschwindigkeit der Reizung in den Nerven (Zweite Reihe)«, *Archiv für Anatomie, Physiologie und wissenschaftliche Medicin* (1852): 199-216. Einzelne Passagen aus diesem Aufsatz stimmen mit der »Deuxième Note« überein. Es ist unklar, ob diese Passagen aus der »Deuxième Note« übernommen wurden oder ob ein gemeinsamer »Urtext« vorlag, der später verloren ging.

Helmholtz ein Jahr zuvor im *Archiv für Anatomie, Physiologie und wissenschaftliche Medicin* veröffentlichten 90-Seiten-Aufsatz, in dem er erstmals ausführlich von seinen Zeitexperimenten berichtet hatte.[43]

Offensichtliche Neuigkeiten gibt es also nicht, und dennoch sind schon die ersten Absätze der »Deuxième Note« bemerkenswert. Mit Blick auf die einzelnen Phasen der Muskelkontraktion führen sie eine Terminologie ein, die der 90-Seiten-Aufsatz nicht enthalten hatte und die sich zumindest im französischsprachigen Raum weit verbreiten sollte – in den Physiologie-Handbüchern von Maurice Arthus und Henry Beaunis, im physiologischen Wörterbuch von Charles Richet und in Marey-Büchern wie *Du mouvement dans les fonctions de la vie* (1868), *La machine animale* (1873) oder *La méthode graphique* (1878). Drei Phasen der Kontraktion werden in der »Deuxième Note« unterschieden. Die erste ist die kurze Verzögerung zwischen der plötzlichen Reizung und dem Beginn der Kontraktion. Helmholtz (oder du Bois-Reymond?) nennt diese Zwischenzeit *temps perdu*, ein Ausdruck, der bei seiner ersten Verwendung durch Unterstreichung hervorgehoben wird (Abb. 3). Beim Frosch beläuft sich diese verlorene Zeit durchschnittlich auf eine hundertstel Sekunde. Die zweite Phase ist die des »Anwachsens der Spannung« im Muskel, also die eigentliche Kontraktion. Durchschnittliche Dauer: 0,08 Sekunden. Die dritte Phase schließlich, die längste, ist die des »Abnehmens« der Muskelspannung bis hin zu ihrer vollständigen Lösung: zwischen 0,30 und 1,00 Sekunde.

Erst dann wendet sich der Text seinem eigentlichen Thema zu, der Fortpflanzungsgeschwindigkeit der Nervenreizung. Auch das geschieht aber auf indirektem Wege. Zuerst werden erneut die diesbezüglichen Ausführungen zusammengefasst, die schon der deutschsprachige 90-Seiten-Aufsatz von 1850 enthalten

---

43 Hermann Helmholtz, »Messungen über den zeitlichen Verlauf der Zuckung animalischer Muskeln und die Fortpflanzungsgeschwindigkeit der Reizung in den Nerven«, *Archiv für Anatomie, Physiologie und wissenschaftliche Medicin* (1850): 276-364.

hatte. Dann wird die Pouillet-Methode diskutiert, die allen Abgrenzungen von Phasen und Messungen von Zeit zugrunde lag, von denen bislang die Rede war. Diese Methode, so wird nun erklärt, sei zwar »ingeniös«, weise bei ihrer Anwendung auf die Physiologie aber »große Schwierigkeiten« auf. Vor allem erfordere sie »lange und mühselige Reihen von Beobachtungen«, um die erhaltenen Ergebnisse gegen jeden Zweifel abzusichern. Die Zeiten, die durch die Pouillet-Methode mit großer Genauigkeit gemessen werden konnten, mochten extrem kurz sein. Die Durchführung der Messungen war äußerst langwierig.

An dieser Stelle schaltet sich mit lauter Stimme das Wissenschaftler-Autoren-Ich ein: »Ich habe also eine andere, schnellere Methode gesucht, und ich habe das Glück gehabt, eine solche zu finden, die dem Grunde nach äußerst einfach sowie sehr viel leichter zu handhaben ist und die es erlaubt, dieselben Tatsachen innerhalb einiger Minuten und mit Hilfe einer nur kleinen Anzahl von Experimenten zu zeigen.«[44] Helmholtz' Hinwendung zur Methode der Kurven war demnach einer Ökonomie der Zeit geschuldet, die sich einerseits auf die Arbeitszeit des Experimentators, andererseits aber auf die Zeit der Demonstration bezog, das heißt die Zeit, die für das Zeigen einer wissenschaftlichen Tatsache erforderlich war. ›Einige Minuten‹ – das wäre im Vergleich zu den aufwendigen Messungen nach der Pouillet-Methode oder eben der Lektüre eines 90-Seiten-Aufsatzes in deutscher Sprache wirklich eine deutlich reduzierte Dauer gewesen.

Es geht allerdings nicht um das Zeigen per se. Die »Deuxième Note« sagt es deutlich. Worum es sich handelt, ist ein Zeigen des Selben, ein *demontrer les mêmes faits.* Damit fällt zusätzliches Licht auf den gesamten Charakter dieser zweiten Mitteilung. Wer die Präsentation einer neuen wissenschaftlichen Tatsache erwartet hatte, sieht sich spätestens an diesem Punkt ernüchtert. Offensichtlich wird eine alternative Methode zur Demonstration von physiologischen Tatsachen vorgestellt, die als solche bereits bekannt waren. Wir haben es

---

[44] Helmholtz, »Deuxième Note«, S. 263.

also weniger mit einer Kommunikation über innovative Wissenschaft, als mit der Mitteilung über eine neue Technik zu tun, wenn man auf dieser Trennung des Technischen vom Wissenschaftlichen einmal bestehen darf. Zweifellos wäre die Académie der richtige Ort für eine solche Mitteilung gewesen. 1839 war dort die Daguerreotypie vorgestellt worden, und in der Folgezeit wurde vor diesem Forum eine Vielzahl von Telegraphen, Präzisionszeitmessern und anderen neuartigen technischen Objekten präsentiert. Wie dem auch sei, in der »Deuxième Note« kündigt sich hier eine erste Mischung von Wiederholung und Differenz an, ein beschleunigtes Erneut für ein bereits durchgeführtes Experiment, das allerdings mit anderen Instrumenten ausgestattet worden ist – und mit einem anderen Ziel. Im Vordergrund steht nicht mehr das Messen, sondern das Zeigen.

Ein neues Bild des Lebens

Das Ringen der modernen Lebenswissenschaften um Anerkennung und Geltung ist immer auch ein Ringen um Bilder gewesen. Das zeigt sich an der Hirnforschung und der Genetik der heutigen Zeit ebenso wie an der Embryologie und Bakteriologie des 19. Jahrhunderts. In den letzten Jahren haben Wissenschafts- und Kunsthistoriker immer wieder vor Augen geführt, wie sehr der Darwinismus auf einem Denken und Sprechen in Bildern beruht. Die Auseinandersetzung mit der Geschichte der experimentellen Physiologie hat frühzeitig in eine ähnliche Richtung gewiesen. In zahlreichen Studien zu Marey und der »graphischen Methode« hat sich verdeutlicht, wie sehr die *laboratory revolution* der Lebenswissenschaften im 19. Jahrhundert nicht nur eine wissenschaftliche, sondern auch eine »ästhetische Leistung« war, um eine Formulierung von Nicholas Jardine aufzugreifen.[45] Diese Leistung beschränkte sich aber nicht auf

[45] Nicholas Jardine, »The Laboratory Revolution in Medicine as Rhetorical and Aesthetic Accomplishment«, in *The Laboratory Revolution in*

die noch vergleichsweise engen Räume der physiologischen Forschung, sondern dehnte sich schnell in die universitäre Lehre und die nicht akademische Öffentlichkeit aus. Tatsächlich wird die Ästhetik der physiologischen Laborrevolution an den Hörsälen der entstehenden Institute besonders greifbar. Seit den späten 1860er Jahren unternahmen es Physiologen wie Jan E. Purkinje und Johann N. Czermak, durch die Animation (also das Beleben) von Zeichnungen sowie mit Hilfe von Schattenspielen, Projektionen, Phenakistiskopen und anderen optischen Medien, ein neues Bild des Lebens zu gestalten und zu verbreiten. Sie projizierten Umrissbilder von zuckenden Froschherzen in vielfacher Vergrößerung auf Leinwände in verdunkelten Auditorien oder arrangierten Wunderlampen und verschiebbare Glasscheiben in der Weise, dass die Aufzeichnung von Kurven vor großem Publikum fast in Realzeit vonstatten gehen konnte (Abb. 4 und 5). Anfang der 1870er Jahre errichtete Czermak in Leipzig ein aus eigenen Mitteln finanziertes *Spektatorium*, dessen hauptsächlicher Zweck darin bestand, die »unzugänglichen und fremdartigen Vorgänge«, die die physiologische Wissenschaft

---

Medicine, hrsg. von Andrew Cunningham und William Perry, Cambridge 1992, S. 304-323. Die Literatur zur Geschichte der Visualisierung in den Lebenswissenschaften ist umfangreich. Zur Embryologie siehe exemplarisch Nick Hopwood, »›Giving Body‹ to Embryos. Modeling, Mechanism, and the Microtome in Late Nineteenth-Century Anatomy«, *Isis* 90 (1999): 463-496. Zum Darwinismus siehe Howard E. Gruber, »Darwin's ›Tree of Nature‹ and Other Images of Wide Scope«, in *On Aesthetics in Nature*, hrsg. von Judith Wechsler, Cambridge, MA 1978, S. 121-140, sowie Phillip Prodger, »Illustration as Strategy in Charles Darwin's ›Expression of the Emotions in Man and Animals‹«, in *Inscribing Science* hrsg. von Lenoir, S. 139-181. Siehe außerdem Horst Bredekamp, *Darwins Korallen. Frühe Evolutionsmodelle und die Tradition der Naturgeschichte*, Berlin 2005, Jonathan Smith, *Charles Darwin and Victorian Visual Culture*, Cambridge 2006, und Julia Voss, *Darwins Bilder. Ansichten der Evolutionstheorie, 1837-1874*, Frankfurt am Main 2007. Siehe schließlich Fae Brauer und Barbara Larson (Hrsg.), *The Art of Evolution. Darwin, Darwinisms, and Visual Cultures*, Hanover, NH, 2009, sowie Pamela Kort und Max Hollein (Hrsg.), *Darwin. Kunst und die Suche nach den Ursprüngen*, Ausstellungskatalog, Köln 2009.

zu erkennen und zu erklären versuchte, »der unmittelbaren Anschauung der Zuhörer im Detail« darzubieten.[46] Einige Jahre später sollte auch du Bois-Reymond, der Berliner Freund und Kollege von Helmholtz, die Rolle des Visuellen bei der Vermittlung physiologischer Tatsachen betonen. Selbst wenn dies »anfangs einige Überwindung« koste, sei »selber zu sehen und selber sich zu überzeugen« die wichtigste Aufgabe eines Physiologen, erklärte er 1877 in Berlin bei Eröffnung seines neuen Instituts an der Ecke von Wilhelm- und Dorotheenstraße. Eben deswegen sei es wünschenswert, fuhr er fort, während der Vorlesungen »in möglichst sinnfälliger Weise die Erscheinungen selber vorzuführen«. Ohne physiologische Demonstrationen bleibe jeder mündliche Vortrag »unfruchtbar«.[47]

Helmholtz hat sich in späteren Jahren zwar nicht in ähnlich expliziter Weise zur Rolle des Sehens und des Zeigens in der Physiologie geäußert. Doch schon in den 1850er Jahren hat er in Königsberg in seinem Unterricht entsprechende Techniken eingeführt. So berichtet er im Juni 1852 an du Bois-Reymond, dass er dessen elektrophysiologische Versuche mit Hilfe eines Spiegelgalvanometers und entsprechender (Sonnen-)Lichtprojektionen einer Gruppe von zwanzig Studenten »sehr handgreiflich« vorgeführt habe.[48] Zwei Jahrzehnte später war dieser Einsatz von Lichtstrahlen als »gewichtlose Fühlhebel« bei elektrophysiologischen Versuchen für Czermak, du Bois-Reymond und

---

[46] Johann Nepomuk Czermak, »Die Physiologie als allgemeines Bildungs-Element« [1870], in ders., *Gesammelte Schriften*, Bd. 2, Leipzig 1879, S. 116.

[47] Emil du Bois-Reymond, »Der physiologische Unterricht sonst und jetzt« [1877], in Estelle du Bois-Reymond (Hrsg.), *Reden von Emil du Bois-Reymond in zwei Bänden,* Bd. 1, Leipzig 1912, S. 630-653, auf S. 650-651. Zu Techniken und Architekturen des Anschauungsunterrichts in der experimentellen Physiologie des 19. Jahrhunderts siehe Henning Schmidgen, »Pictures, Preparations, and Living Processes. The Production of Immediate Visual Perception (Anschauung) in late-19th-Century Physiology«, *Journal of the History of Biology* 37 (2004): 477-513.

[48] Helmholtz an du Bois-Reymond, 20. Juni 1852, in *Dokumente einer Freundschaft*, S. 131.

zahlreiche andere Physiologen zum festen Bestandteil des Anschauungsunterrichts geworden. Bemerkenswerterweise zeugt aber bereits die »Deuxième Note« von dieser Bedeutung der Bilder. Das Streben der experimentellen Physiologie nach »Schaubarkeit« (Czermak) setzte demnach schon zu einem Zeitpunkt ein, an dem diese Disziplin in ihrer modernen Gestalt noch im Entstehen begriffen war.

Die Technik, die Helmholtz für diesen Zweck mit Blick auf seine Zeitexperimente entwickelt hatte, wird – der kurzen Form einer Akademie-Mitteilung entsprechend – nur knapp beschrieben: »Man stelle sich einen glattgeschliffenen Glaszylinder vor, der sich um seine vertikale Achse mit einer gleichmäßigen Geschwindigkeit dreht, welche ihm durch ein Uhrwerk mit Kegelpendel verliehen wird. Die seitliche Oberfläche des Zylinders ist mit Ruß beschichtet, und ihr gegenüber ist in sehr kleinem Abstand ein Stahlstift angebracht, ohne sie jedoch zu berühren, es sei denn der Experimentator wolle es. Dieser Stift ist zu vertikalen Bewegungen in der Lage: Über ein System von Hebeln ist er mit der Achillessehne des Musculus gastrocnemius eines Frosches verbunden, der bequemerweise in der Nähe des Zylinders aufgehängt wird. Es ist einfach zu verstehen, daß der Muskel bei seinen Kontraktionen, wenn er den Stift anhebt, auf dem Zylinder Kurven zeichnen kann, deren horizontale Koordinaten der Zeit, deren vertikale Koordinaten dagegen der Verkürzung des Muskels proportional sind.«[49]

Die Abbildung, die durch diese knappe Beschreibung heraufbeschworen wird, entspricht den vereinfachten Darstellungen des Helmholtz'schen Myographen, die in den 1860er und 1870er Jahren weit verbreitet waren. Eine solche Figur findet sich 1868 in Mareys Abhandlung über die Bewegung in den Lebensfunktionen (Abb. 6). Wie auf vielen anderen Bildern von physiologischen Versuchsaufbauten aus dieser Zeit fehlt hier jedoch (wie schon im Text der »Deuxième Note«) eine Darstellung der Energiequellen sowie der Verkabelung der entsprechenden Bestandteile des Versuchsaufbaus. Auch das aufwen-

[49] Helmholtz, »Deuxième Note«, S. 264.

dige Gestell, an dem der Froschmuskel bei der von Helmholtz in Königsberg tatsächlich verwendeten Zeichenmaschine hing, die feuchte Kammer, in der der Muskel behutsam untergebracht war, der oben am Muskel freigelegte Nerv, sowie die an unterschiedlichen Stellen des Nervs befestigten Elektroden – all dies kommt sowohl auf der Abbildung von Marey wie auch in der Beschreibung der »Deuxième Note« nicht vor. Das gleiche gilt für den Sachverhalt, dass es sich bei dem Glaszylinder, den Helmholtz bei dem Königsberger Instrumentenmacher Egbert Rekoss in Auftrag gegeben hatte, um ein sorgfältig abgetrenntes Stück aus einem »cylindrischen Champagnerglase« handelte.[50]

Nur ein erläuternder Hinweis wird in der »Deuxième Note« noch gegeben. Für die ›neue Methode‹ wird ein Vorbild benannt. Es ist aber nicht Carl Ludwig, der als derjenige zitiert wird, der 1847 den Kymographen in die experimentelle Physiologie einführte, und es ist auch nicht James Watt, dessen Indikatordiagramme das vielbemühte Modell für die Ludwig'schen Kymographien sind. Stattdessen wird auf den englischen Arzt, Physiker und Champollion-Konkurrenten Thomas Young verwiesen. Dieser hatte Anfang des 19. Jahrhunderts in seinen *Lectures on Natural Philosophy* ein Aufzeichnungsgerät beschrieben, bei dem ein feststehender »pin« auf einer sich schnell drehenden Trommel Linien hinterlässt. Der Hinweis auf Young erscheint insofern plausibel, als er, im Unterschied zu Watt und Ludwig, sein Gerät explizit als eine Vorrichtung für Zeitmessungen vorgestellt hatte, als »Chronometer für die Messung von winzigen Zeitteilen«. Allerdings hatte Young sich nicht für dessen Anwendung in medizinischen und biologischen Untersuchungen interessiert.[51] Somit wird auch deutlicher, worin Helmholtz die Neuigkeit der von ihm vorgestellten Methode sah. Sie lag nicht in einer originellen, quasi aus dem Nichts kommen-

---

[50] Helmholtz, »Messungen«, S. 206.

[51] Thomas Young, *A Course of Lectures on Natural Philosophy and the Mechanical Arts*, London 1807, Bd. 1, S. 772, Tafel XV, Fig. 198. Siehe dazu Stanley Joel Reiser, *Medicine and the Reign of Technology*, Cambridge u.a. 1979, S. 100.

den Erfindung, sondern eher in der unerwarteten, aber genau kalkulierten Zusammenfügung des bislang voneinander Entfernten, in einer kreativen Montage des Disparaten.

Eine Beschreibung in ein paar Sätzen und die Nennung eines Namens: An diesem Punkt mochte für die Zuhörer in der Pariser Wissenschaftsakademie insgesamt plausibel geworden sein, dass die von Helmholtz vorgestellte Methode sich dazu eignete, Muskelbewegungen aufzuzeichnen. Weitgehend unklar dürfte ihnen jedoch geblieben sein, wie man von der Aufzeichnung von Muskelbewegungen zur Vermessung der Nervenzeit kommen sollte. Dafür war in der Tat ein weiterer Kunstgriff erforderlich, ein Kunstgriff, der erneut in einer Wiederholung bestand. Die Kurvenmethode wiederholte die Experimente mit der Pouillet-Methode in einem alternativen Versuchsaufbau, um »dieselben Tatsachen« noch einmal zu zeigen. Doch auch die Kurven wurden jetzt wiederholt. Sie wurden übereinander geschrieben oder genauer: Der zeichnende Stift wurde dazu gebracht, eine im Ruß bereits freigekratzte Kurvenspur nochmals zu durchfahren.

Um diese zweite Wiederholung zu gewährleisten, war am Schwungrad unterhalb des rotierenden Zylinders ein »hervorstehender Zahn« angebracht. Dieser Zahn bewegte sich an einem kleinen Hebel vorbei, mit dem ein elektrischer Schlag ausgelöst wurde, der den Muskel einmal kontrahieren ließ. Der rotierende Zylinder sorgte in gewisser Weise also selbst dafür, dass die Aufzeichnung einer Kontraktionskurve geschah, und zwar immer an derselben Stelle des Zylinders. Bei ansonsten unveränderten Parametern koinzidierten die aufgezeichneten Kurven: »[S]olange man nichts an der Experimentieranordnung ändert und der Muskel sich seiner vollen Spannkraft erfreut, fallen alle Kurven, die nacheinander gezeichnet werden, genau übereinander.« Diese Kongruenz der aufgezeichneten Muskelbewegungen war eine notwendige Voraussetzung für die Darstellung der Nervenzeit – aber noch nicht diese Darstellung selbst.

Dafür wurde in die zweite Wiederholung eine erste Differenz eingeführt. Veränderte man nämlich die Stelle, an der der kontraktionsauslösende Nerv gereizt wurde, dann erhielt man zwar wiederum eine neue Kurve, deren »Form absolut kongruent« war zu der früher mit dem gleichen Muskel aufgezeichneten. Der große Unterschied bestand allerdings darin, dass »die neue Kurve gegenüber der anderen seitlich verschoben« war. Zwischen den beiden aufgezeichneten Kurven tat sich ein Zwischenraum auf, und dieser Zwischenraum war auf einen Unterschied im Raum und in der Zeit zurückzuführen: Er war dem Sachverhalt geschuldet, dass die Reizung von der jeweiligen Nervenstelle aus einen unterschiedlich weiten Weg zurücklegen musste, mithin also auch mehr Zeit brauchte, um die Kontraktion zu bewirken. Alles stand und fiel also mit der angenommenen Identität der Wiederholung. Zwischen der Aufzeichnung der beiden Kurven durfte sich nur eins verändert haben: die Stelle, an der der Nerv gereizt worden war. Alle anderen Variablen waren als gleichbleibend anzunehmen, mussten gleichgehalten, also auch erhalten werden. Der Verfasser der »Deuxième Note« war sich darüber im Klaren, dass dies die Achillesferse eines Versuchsaufbaus war, in dem die Achillessehne des Frosches eine wichtige Rolle spielte. Auf bemerkenswert defensive Weise resümiert er daher die Bedeutung der aufgezeichneten Doppelkurven: »Ich glaube demnach nicht, dass man die seitliche Verschiebung [déplacement] der Kurve in vernünftiger Weise etwas anderem zuschreiben könnte als dem längeren Weg [trajet], den das Nervenagens dabei im Nerv zu durchlaufen gezwungen ist, um die Kontraktion des Muskels hervorzubringen.«[52]

Das ist es, erstaunlicherweise. Das ist das Hauptargument, das in der »Deuxième Note« vorgebracht wird – mithin aber auch genau das, was angekündigt worden war: die Beschreibung einer Methode zum Zeigen einer physiologischen Tatsache, die zuvor bereits mit anderen Mitteln festgestellt worden war. In Worte lässt sich diese Tatsache wie folgt zurückübersetzen. Eine Reizung benötigt Zeit, um innerhalb eines Nervs von einer Stelle zur anderen zu kommen. Letztlich war dies schon der Inhalt der ersten Mitteilung von Helmholtz an die Wissen-

---

[52] Helmholtz, »Deuxième Note«, S. 265.

schaftsakademie in Paris gewesen. Und neue Ergebnisse von Zeitmessungen, die mit Hilfe der neuen Methode ausgeführt worden, werden in der »Deuxième Note« nicht berichtet. Im Schlusssatz heißt es dazu lediglich: »Es braucht nicht gesagt zu werden, daß die Geschwindigkeitsmessungen des Nervenagens, die mit diesem neuen Mittel erhalten wurden, ansonsten vollkommen mit denen übereinstimmen, die die Methode von Pouillet gegeben hatten.« Sicherlich haben die anwesenden Mitglieder der Académie sich erklären können, auf welche Weise die Kurvenzeichnungen in Zeitmessungen hätten übersetzt werden können – unter Zugrundelegung der Umdrehungsgeschwindigkeit des Glaszylinders, seines Umfangs sowie des Abstands zwischen den Nervenstellen. Doch konkrete Daten dazu fehlten. Unklar blieb somit letztlich auch, wie und mit welcher Genauigkeit die ›vollkommene Übereinstimmung‹ zwischen den alten und den neuen Messungen festgestellt worden war. Die Darstellung einer neuen Methode, einer innovativen Technik stand in der »Deuxième Note« ganz im Vordergrund.

2. Passagenwerk

Homogen ist keine Kette, jede ähnelt vielmehr einer Aufreihung von Buchstaben verschiedener Alphabete, wo plötzlich ein Ideogramm, ein Piktogramm, das kleine Bild eines vorbeiziehenden Elefanten oder einer aufgehenden Sonne erscheint.
Deleuze & Guattari

Bruno Latour hat der Geste des wissenschaftlichen Zeigens einen seiner aufschlussreichsten Texte gewidmet. Im »Pedologen-Faden von Boa Vista« hat er am Beispiel der Bodenkunde untersucht, auf welche Weise diese Disziplin Referenz produziert. Wie verhalten sich die bodenkundlichen Darstellungen von Dingen zu den Dingen selbst? Wie werden beispielsweise die Verbindungen zwischen einer Landkarte und einem real existierenden Ort oder zwischen einer entnommenen Bodenprobe und dem tatsächlichen Terrain der Entnahme hergestellt und abgesichert? »Ist der Referent das, worauf ich mit dem Finger zeige und was außerhalb des Diskurses bleibt, oder das, was ich in den Diskurs hereinhole?«[53] Weder noch, lautet die Antwort, die der symmetrische Wissenschaftsanthropologe in seiner bemerkenswerten Fall- und Feldstudie gibt. Referenz werde vielmehr durch eine »Verkettung von Elementen« bewerkstelligt, die sich auf der Grenze von Diskurs und Nicht-Diskurs bewegten, die zugleich Materie *und* Form, Ding *und* Zeichen seien. Konkret, die Bodenkunde muss Verbindungen zu ihrem Gegenstand herstellen, die ebenso greifbar wie symbolisch sind. Sie muss sich vom Boden entfernen, sich über ihn erheben, um überhaupt wissenschaftlich von ihm Rechenschaft ablegen zu können. Aber sie muss zugleich sicherstellen, immer zu diesem Gegen-

53 Bruno Latour, »Der Pedologenfaden von Boa Vista. Eine photo-philosophische Montage«, übers. von Hans-Jörg Rheinberger, in Latour, *Der Berliner Schlüssel. Erkundungen eines Liebhabers der Wissenschaften*, Berlin 1997, S. 191-248, auf S. 199.

stand zurückzufinden. Sie darf ihre Bodenhaftung sozusagen nicht verlieren.

Die Untersuchung der Helmholtz-Kurven legt ein ähnliches Bild nahe. Auch bei ihnen beruht der Akt des Zeigens auf einem *agencement*, einer Verkettung, die von einer Materieform zur anderen, von einem Zeichending zum anderen führt, aber auch durch unterschiedliche Zeichenräume hindurch leitet und dabei das Organische mit dem Unorganischen, das Ideale mit dem Realen, das Singuläre mit dem Universalen verbindet. Diese Verkettung in nachvollziehbarer Weise zuwege zu bringen, ist zum einen notwendig, um die Wissenschaftlichkeit des eigenen Tuns zu betonen. Zum anderen sichert diese Verkettung auch die Verbindung zum untersuchten Gegenstand. Sie versieht die Zeitmessungen von Helmholtz in gewisser Weise mit Grundständigkeit.

Die herausgehobene Stellung, die der Physiologe in seiner »Deuxième Note« dem Akt des *démontrer* zuweist, wird zunächst an dem Sachverhalt greifbar, dass er dem handschriftlichen Text, der wahrscheinlich nicht von seiner eigenen Hand stammt, Beispiele von Kurven beifügte oder beifügen ließ. Durch diese Beifügungen erhält das Zeigen eine geradezu körperliche Qualität. Das zeigt auch der Ergänzungsabsatz im Manuskript der »Deuxième Note«, der bei der Veröffentlichung in den *Comptes rendus* nicht berücksichtigt worden ist. Durch einen horizontalen Strich vom Rest des Texts abgesetzt, ist in diesem Absatz die Rede davon, entsprechende Kurvenbeispiele »der Akademie vor die Augen zu legen«, *mettre sous les yeux de l'Académie* – als ob diese Institution wirklich einen Körper oder zumindest Sinnesorgane hätte.[54] Allerdings hört sich legen, *mettre,* sehr viel einfacher an, als es in diesem Fall gewesen ist. Bislang waren die fraglichen Kurven ja gewissermaßen nur in die Rußschicht auf einem rotierenden Zylinder eingekratzt worden, der sich in Königsberg befand. Wie aber sollten die Kurven

[54] Sitzungsprotokoll vom 1. September 1851, Hermann Helmholtz, »Vitesse de propagation du système nerveux« [sic], S. 3, Archives de l'Académie des Sciences, Paris.

nach Paris kommen, um dort in der Akademie vorgelegt werden zu können? Indem Helmholtz sie abzeichnete? Aber dann wäre das Zeigen durch Einschaltung eines menschlichen Akteurs vermittelt worden, also eigentlich kein direktes (Vor-)Legen mehr. Oder sollte Helmholtz den Zylinder kurzerhand nach Paris schicken? Dieser bestand allerdings aus Glas, und es erscheint als fraglich, ob er den Transport heil überstanden hätte. Dasselbe hätte für eine Daguerreotypie gegolten, wenn man sie mit ausreichender Vergrößerung und Helligkeit hätte herstellen können. Wie also sollten die Helmholtz-Kurven von Königsberg nach Paris gelangen? Gab es »immutable mobiles« (Latour) mit denen sie diese Reise unbeschadet hinter sich bringen konnten?[55]

Die Lösung des Problems lag auf halbem Wege zwischen Handzeichnung und Photographie, zwischen Papier und Glas. Helmholtz benutzte eine transparente, klebende Folie, um die Rußschicht samt der in sie eingekratzten Spuren von seinem Zylinder abzulösen. Diese Folie bestand aus »Fischleim«, einer durchsichtigen Substanz, die aus der inneren Haut der Schwimmblase von Fischen aus der Familie der Störe (Hausen, Osseter, Sewruga usw.) gewonnen wurde. Seit dem 19. Jahrhundert diente die gesäuberte und getrocknete Blasenhaut dieser Fische (zumeist Hausenblase) zur Klärung von Wein und Bier, zur Herstellung von Kitt für Glas oder Porzellan sowie zur Verfertigung künstlicher Perlen. Zu dünnen Schichten verarbeitet, wurde Fischleim aber auch zum Durchpausen von Bildern oder zum Anfertigen »scharfer Abdrücke« von Münzen verwendet. Lithographen und Kupferstecher benutzen dieses durchsichtige Trägermedium, das auch als Leimfolie oder als Glaspapier bezeichnet wurde, zur Anfertigung von Reproduktionen. Dabei wurden Fischleim-Blätter auf die zu kopierende Zeichnung gelegt, um darauf mit einer stumpfen Nadel die Umrisse

[55] Bruno Latour, »Drawing Things Together. Die Macht der unveränderlich mobilen Elemente«, in *ANThology. Ein einführendes Handbuch zur Akteur-Netzwerk-Theorie*, hrsg. von Andréa Belliger und David J. Krieger, Bielefeld 2006, S. 259-307.

nachzuzeichnen. In diese Nachzeichnung wurde dann Graphit- oder Rötelpulver eingerieben, um die Blätter anschließend mit der Bildseite nach unten auf einen Stein oder eine Kupferplatte zu legen und durch Pressen einen entsprechenden Abdruck hervorzubringen.[56] Möglicherweise war Helmholtz mit diesem Verfahren aufgrund seines Unterrichtens an der Berliner Kunstakademie vertraut. Jedenfalls benutzte er den Fischleim auf ähnliche Weise, um seine Kurven in verschickbare Form zu bringen: Er fertigte mit ihm »Abdrücke« an,[57] die er auf festem Papier bzw. Karton montierte. In besagtem Ergänzungsabsatz der »Deuxième Note« wird dies so beschrieben: »Es ist mir gelungen, den Ruß zusammen mit den Kurven aufzubewahren, die der Stift in ihn gezeichnet hat, indem ich die Außenseite des Zylinders entlang der feuchten Oberfläche von fest miteinander verbundenen und stark durchsichtigen Blättern aus Fischleim abgerollt habe, wie er von den Kupferstechern zum Pausen verwendet wird. Danach klebe ich die Oberfläche des Blattes, das den Ruß vom Zylinder genommen hat, auf Papier auf.«[58] Auf diese Weise also sind die »Filmstreifen« hergestellt worden, die sich im Archiv der Académie bis heute erhalten haben.[59]

---

[56] Johann Joseph von Prechtl, »Folien«, in ders., *Technologische Encyclopädie, oder alphabetisches Handbuch der Technologie, der technischen Chemie und des Maschinenwesens, Bd. 6, Feuerspritze – Glas*, Stuttgart 1835, S. 261-264, auf S. 264, sowie Anonymus, »Aufpausen«, in *Meyers Großes Konversations-Lexikon, Bd. 2, Astilbe – Bismarck*, 6. Aufl., Leipzig 1905, S. 96.

[57] Helmholtz an du Bois-Reymond, 12. Juni 1851, in *Dokumente einer Freundschaft*, S. 115.

[58] Helmholtz, »Vitesse de propagation du système nerveux«, S. 3.

[59] »Filmstreifen« ist der Ausdruck, der von der Staatsbibliothek Berlin im Findbuch zur Korrespondenz von Helmholtz und du Bois-Reymond verwendet wird, um die dort erhaltene Kurvenzeichnung zu beschreiben. – Bernard Siegert hat mich auf die Ähnlichkeit zwischen Helmholtz' Fischleim und dem *isinglass* hingewiesen, das von Melville in einer Passage des *Moby Dick* als »hauchdünne, durchsichtige Substanz« beschrieben wird, die man mit der Hand von der äußeren Haut des Wals abkratzen und in Form von getrockneten Blättchen aufbewahren kann. Für den Erzähler fungiert das trockene *isinglass*

Bemerkenswert an der Art ihrer Herstellung scheint, dass sich in der modernen Physiologie damit im Innersten einer neuen Methode des Zeigens eines der archaischsten Verfahren der Bildhervorbringung überhaupt erhalten hat: der Abdruck, *l'empreinte*.[60] Latour hat die Diskontinuität innerhalb der wissenschaftlichen Referenzketten betont, die Sprünge von einem Element zum anderen. Auch der Helmholtz'sche Kurvenabdruck verkörpert gewissermaßen die Lücke zwischen Versuchsaufbau und schriftlicher Mitteilung, zwischen Technik und Text. Zugleich stellt er aber eine handfeste Verbindung zwischen beiden her. Er ist somit eher Brücke als Abgrund.

Die Transparenz des Trägermediums fordert nun eine Betrachtung in zwei Richtungen heraus: zum einen gleichsam vertikal zurückgehend auf die materiellen Voraussetzungen der Bild- bzw. Zeichenproduktion im Königsberger Untersuchungsraum, zum anderen horizontal, mit Blick auf die Bild- bzw. Zeichenumgebung in der Pariser Académie, in die sich die Ergebnisse dieser Produktion einfügten und verteilten. Wie gesagt stellen die auf den Folien fixierten Kurven – *einerseits* – das greifbare Verbindungsstück zum Versuchsaufbau von Helmholtz dar. Als eine bemerkenswert organische Oberfläche führen diese Folien von den Papieren, den Manuskripten, die im Archiv der Académie erhalten sind, zu den Tischen, Gestellen und Instrumenten zurück, die Helmholtz in der Universität Königsberg zusammen- und gegeneinandergestellt hatte, um seine

---

als Lesezeichen und »Vergrößerungsglas«, durch das hindurch man Texte über Wale lesen kann, erscheint in seiner feuchten Form aber auch als die durchsichtige Oberfläche, die den Blick auf »rätselhafte Geheimzeichen« auf dem Körper des Wals freigeben, die teils an Kupferstiche, teils an Hieroglyphen erinnern. Siehe Herman Melville, *Moby-Dick oder der Wal*, übers. von Matthias Jendis, München 2001, S. 485-489. Zum Wal siehe auch weiter unten, Kap. 6.

60 Georges Didi-Huberman (Hrsg.). *L'empreinte*, Paris 1997. Mit Blick auf Wissenschaft und Medizin siehe *À fleur de peau. Le moulage sur nature au XIXe siècle*, Ausstellungskatalog, Paris 2001, sowie insgesamt Sybille Krämer, Werner Kogge und Gernot Grube (Hrsg.), *Spur. Spurenlesen als Orientierungstechnik und Wissenskunst*, Frankfurt am Main 2007.

Zeitmessungen durchführen zu können. Doch die Folien bringen uns nicht nur zu den im weitesten Sinne technischen Bestandteilen dieses Versuchsaufbaus, sondern auch zu dessen organischen Komponenten. Am einen Ende der Zeichenmaschine von Helmholtz befinden sich Fische, deren Schwimmblasen gereinigt, getrocknet, zerkleinert und dann erneut angefeuchtet wurden, um Rußspuren an sich binden und von einer zylindrischen in eine flache Form übertragen zu können. Am anderen Ende treffen wir auf Frösche, deren Wadenmuskeln so in ein Gestell eingehängt sind, dass ihre Kontraktionen Spuren in den Ruß auf einem rotierenden Zylinder kratzen. Erst durch dieses erstaunliche Begegnung von Fisch und Frosch und durch ein bis ins Feinste ausgeklügeltes Passagenwerk der Zeichendinge, die zwischen diesen Organismen eingefügt sind, wurde es möglich, den Kurven *als Kurven* Zutritt zu jenem Konvolut von Schriften zu verschaffen, das in der Académie bis heute zur »Deuxième Note« gehört. Für Helmholtz ging es darum, eine möglichst überzeugende Verbindung zwischen seinem Untersuchungsraum und dem Versammlungsraum der Pariser Akademiker herzustellen. Dem scheinbar so einfachen ›vor die Augen legen‹ der Kurven entspricht aber eine komplexe, ebenso materielle wie semiotische Kette, in der das Organische und das Mechanische, das Abgedruckte und das Handgeschriebene, das Indexikalische und das Symbolische aneinander anschließen und aufeinander verweisen, um, wie man sagen könnte, die Tatsächlichkeit einer physiologischen Tatsache zu verdeutlichen.

Das heterogene Gefüge, das Helmholtz zu diesem Zweck mobilisiert hat, verweist aber noch weiter. Die durch das Glaspapier hergestellte Verbindung zwischen der »Deuxième Note« und dem Versuchsaufbau hört sozusagen in Königsberg nicht auf. Von dort aus legen der rotierende Zylinder, der aus einem Champagnerglas besteht, und der Fischleim, der aus dem Kaviar-Lieferanten Stör gewonnen wurde, eine Zeichenfährte, die bis nach Russland und ans Kaspische Meer führt.

Den Kurven war das nicht anzusehen. Im Gegenteil. Nachdem sie, irgendwann im Sommer 1851, vom Versuchsaufbau abgelöst und nach Paris geschickt worden waren, machten sie einen vollkommen überschaubaren Eindruck. Der Anblick, den sie boten, war jedenfalls keineswegs weitläufig oder großartig, sondern eher klein und fein. Jedenfalls legt dies ein historisch-vergleichender Blick auf Kurvengrößen nahe.

Eine Photographie von 1940 zeigt Walter B. Cannon in seinem physiologischen Labor an der Harvard Universität, wie er vor einer meterlangen Kymographenaufzeichnung sitzt, auf der noch aus drei Metern Entfernung deutlich Kurven zu erkennen sind (Abb. 7). Diese Kurven haben in etwa die Größe der Brille, durch die hindurch Cannon sie aufmerksam betrachtet. Das System der physiologischen Kurvenaufzeichnung scheint hier seine volle Reife erlangt zu haben. Obwohl Cannon mit einem Stift Markierungen an die Kurven setzt (das hat, wie wir noch sehen werden, auch Helmholtz schon getan), handelt es sich hier zweifellos um keinen Handwerksbetrieb mehr, sondern um die Große Industrie, in der auf ein Maximum an präparierter Maschinenleistung zurückgegriffen werden kann.

Fünfzig Jahre früher, zu den Hochzeiten Mareys und der graphischen Methode, gab es noch keine Kurven in vergleichbaren Dimensionen, und Wellenschreiber mit auf großen Rollen untergebrachtem »Endlospapier« existierten noch nicht. Doch schon zu dieser Zeit wurden physiologische Aufzeichnungen in der Regel auf Trommeln vorgenommen, die etwa so hoch waren wie ein heutiges Blatt Papier und im Durchmesser etwa der Breite einer Postkarte entsprachen. Auch der Kymograph, den Carl Ludwig für seine wegweisende Veröffentlichung von 1847 benutzt hatte, verfügte in etwa über diese Ausmaße: Höhe ca. 25 cm, Durchmesser ca. 15 cm. Helmholtz arbeitete dagegen mit einem deutlich kleineren Zylinder, einem Zylinder, der zudem nicht aus Messing (wie sonst üblich), sondern aus Glas bestand. Der Durchmesser dieser Röhre betrug nur 2,7 cm – eben ein ehemaliges Champagnerglas.[61] Dementsprechend dimensioniert waren die Kurvenbilder. Die dunkelgraue Fläche, in der die Kurven sich auf den Fischleimstreifen hell abzeichneten, war 8,4 cm breit und 2,8 cm hoch. Ludwig hatte die Aufzeichnungen,

---

[61] Helmholtz, »Messungen (Zweite Reihe)«, S. 215.

die er am 12. Dezember 1846 von den Zirkulations- und Atmungsbewegungen des Pferdes gemacht hatte, als ein »erste[s] Stammeln des Herzens und der Brust« bezeichnet.[62] Die Analogie zur Sprache scheint dabei der Verwendung von Tinte und Papier sowie der eher gemächlichen Gangart seines Wellenschreibers Rechnung getragen zu haben: Für eine Umdrehung brauchte der Ludwig'sche Kymograph gut eine Minute, um genau zu sein: 65,5 Sekunden. Anders bei Helmholtz. Dessen Glaszylinder machte sechs Umdrehungen in einer Sekunde – ein Tempo, das für jedes Stammeln definitiv zu hoch war. Im Unterschied zu Ludwig erfolgte die Aufzeichnung zudem als ein Kratzen im aufgebrachten Ruß und entgegengesetzt zur üblichen Leserichtung. Der Beginn der Aufzeichnung lag rechts, ihr Ende links – als ob das Auge nichts anderes tun könnte, als der blitzschnell verstrichenen Zeit hinterher zu schauen.

Auch wegen ihrer feinen Überschaubarkeit waren die Fischleimblätter eine Zwischen- und keine Endstation in der Passage vom Materiell-Semiotischen zum Semiotisch-Materiellen, die für Helmholtz' ›neue Methode‹ charakteristisch war. Bevor die in Königsberg hergestellten Kurven aber den Akademikern in Paris vorgelegt werden konnten, mussten sie nun – *andererseits* – in die Umgebung von vertrauteren Zeichnungen, Zeichen und Schriften überführt werden. Der erste Schritt dazu war das Anbringen einer Legende, eines »Zu Lesenden«. Beschränkten Platz, aber eine geeignete Oberfläche dafür boten die zwei Kartons oder dicken Papiere, auf denen die Leimfolien montiert worden waren. Zunächst erfolgte eine Nummerierung: »No. I« und »No. II« unter den Folien sowie »1.,2.,3.« am linken und rechten Rand für die jeweils in drei Etagen aufgezeichneten Kurven (siehe Abb. 1 und 2). Dann wurden ebenfalls unter die Bilder zwei von rechts nach links weisende Pfeile aufgezeichnet, um die Verlaufsrichtung des registrierten Prozesses anzuzeigen.

---

[62] Angelo Mosso, *L'Institut Physiologique de l'Université de Turin*, Turin 1894, S. 27. Siehe dazu auch Heinz Schröer, *Carl Ludwig. Begründer der messenden Experimentalphysiologie, 1816-1895*, Stuttgart 1967, S. 108 und Abb. 14, sowie Felsch, *Laborlandschaften,* S. 13.

Und dann kam das vielleicht Wichtigste, das In-Worte-fassen dessen, was man sah oder sehen sollte. Für »No. I« hieß es »Courbes autographes d'un muscle«, für »No. II« »Courbes doubles autographes d'un muscle«. Im gesamten Konvolut der Manuskripte zur »Deuxième Note« ist dies das erste Mal, dass nicht von Zeichnung oder Spur die Rede ist, sondern von Graphie, also Schrift. ›Autographisch‹ ist dabei einerseits im Sinne von »eigenhändig geschrieben« zu verstehen (was in bezug auf einen Froschmuskel ein durchaus bemerkenswerter Ausdruck ist), sollte andererseits jedoch als »selbstzeichnend« oder »selbstregistrierend« gelesen werden (wie etwa in »Phonautograph«). Schließlich kann der Ausdruck auch als Bezugnahme auf ein im frühen 19. Jahrhundert verbreitetes Abdruckverfahren erscheinen, die »Autographie«, die im vorliegenden Fall allerdings nicht auf dem Gebrauch von Papier und spezieller Tinte beruhte, sondern auf dem Einsatz von Fischleim. *Courbe autographe* hieße demnach soviel wie »Kurvenabdruck«.[63]

Als letzte Ergänzung wurde auf dem Karton noch eine Signatur angebracht. In beiden Fällen wurde der Name »Helmholtz« in die rechte untere Ecke des Kartons geschrieben, offenbar um die Autorschaften der einzelnen Bestandteile in einem Eigennamen zusammenzufassen und sie damit auch für die Einbindung in einen ebenfalls mit Autorschaft versehenen wissenschaftlichen Text vorzubereiten.

[63] In den 1870er und 1880er Jahren verwendete du Bois-Reymond den Ausdruck »autographische Methode«, um sich auf den Einsatz von Kymographen und Myographen in der physiologischen Forschung zu beziehen. Siehe zum Beispiel Emil du Bois-Reymond, »Gedächtnisrede auf Hermann von Helmholtz. Gehalten in der Leibniz-Sitzung der Akademie der Wissenschaften am 4. Juli 1895«, in ders., *Reden von Emil du Bois-Reymond in zwei Bänden,* Bd. 2, 2. Aufl., hrsg. von Estelle du Bois-Reymond, Leipzig 1912, S. 516-570, auf S. 529.

Das Aufziehen und Beschriften der Kurven war der Auftakt für weitere Translationen und Transformationen. Vor allem ein beigefügter Text von einer Seite sollte zur »Explication des épreuves«, also der Erklärung der Beispiele dienen. In diesem Text werden die Kurven erneut gezeigt, allerdings in schematisierter Form. Letztlich hatte diese Schematisierung schon auf dem Glaszylinder begonnen. Die Zeichenmaschine in Königsberg erlaubte nämlich kurvenförmige Aufzeichnungen, zudem aber auch das Markieren von horizontalen und vertikalen Linien. So entstand, wenn der Stift auf den mit Ruß bedeckten rotierenden Zylinder gesetzt wurde, ohne eine Kontraktion auszulösen, eine Art Grundlinie. Ließ man den Muskel dagegen kontrahieren, ohne den Zylinder in Rotation versetzt zu haben, war das Ergebnis eine senkrecht auf dieser Grundlinie stehende Markierung. Der Text der »Deuxième Note« beschreibt die horizontalen Geraden als »Abszissen« und verwandelt die vertikalen damit in Ordinaten. Tatsächlich erscheinen die aufgezeichneten Kurven durch die vertikalen und horizontalen Markierungen wie in kleine Ausschnitte von Koordinatensystemen eingetragen. Helmholtz sollte zwar an keiner Stelle versuchen, eine algebraische Formel für seine ›autographischen Kurven‹ anzugeben. Dennoch sind die mathematischen Assoziationen an dieser Stelle keineswegs zufällig. Sie sind Ausdruck eines wissenschaftlichen Selbstverständnisses, demzufolge man den Phänomenen des Lebens wissenschaftlich nur dann gerecht wird, wenn man sie der »physikalisch-mathematischen Behandlungsweise« unterwirft. Entscheidendes Merkmal dieses Vorgehens war, wie du Bois-Reymond seit Ende der 1840er Jahre immer wieder erklärt hatte, »sich den ursächlichen Zusammenhang der natürlichen Erscheinungen unter dem mathematischen Bilde der Abhängigkeit vorzustellen«. Auf der Ebene der Darstellung sind die entscheidenden Elemente für dieses Abhängigkeitsbild aber nun nicht etwa Zahlenwerte. Vielmehr geht es hier um eine auf »berechnete[n] und beobachtete[n] Zahlenwerthe[n]« basierende Darstellung im »Bilde einer Curve«.[64] Eines der expliziten Modelle dafür waren die Abhandlungen von Adolphe Quételet, der in *Sur l'homme* (1836) beispielsweise die Abhängigkeit »des literarischen Talents vom Lebensalter« in Kurvenform dargestellt hatte. 1848 ist bei du Bois-Reymond die Rede von »Curven« also noch nicht an eine instrumentelle Praxis der Selbstaufzeichnung gebunden. Sie erscheint eher als theoretisches Instrument, als ein Bildwerkzeug, um die Relation einer »beobachteten Wirkung« zu »verschiedenen veränderlichen Umständen« zu verdeutlichen, also die Beziehung von abhängigen zu unabhängigen Variablen.[65]

An dieses mathematische Verständnis der Kurven nähert sich Helmholtz mit den schematischen Handzeichnungen, mit denen die »Explication des épreuves« beginnt, auf konkrete Weise an (Abb. 8 und 9). Zunächst einmal stellen diese Zeichnungen nicht drei übereinander angeordnete Kurven dar, sondern beschränken sich auf die Wiedergabe einer einzelnen Kurve in idealisierter Form. An ausgewählten Punkten ist diese Idealkurve durch griechische Buchstaben, Häkchen und Striche markiert, als ob »der Sinn ihrer Biegung gegen die Abscisse« ermittelt werden sollte.[66] Dann sind die kurzen Legenden auf dem Karton beträchtlich erweitert. Mit Blick auf »No. I« heißt es nun beispielsweise: »Drei Kurven, die durch eine einzige Kontraktion des Muskels und bei einer geringeren Rotations-

---

[64] Emil du Bois-Reymond, *Untersuchungen über thierische Elektricität*, Bd. 1, Berlin 1848, S. XXVI-XXIX.

[65] Zu Quételet und der »Methode der Curven« (dieser Ausdruck wird von du Bois-Reymond erst 1884 verwendet), siehe Emil du Bois-Reymond, *Untersuchungen über thierische Elektricität*, Bd. 2/2, Berlin 1884, S. 505. Quételet selbst spricht von »Linien«. Siehe Adolphe Quetelet, *Über den Menschen und die Entwicklung seiner Fähigkeiten*, übers. von Victor Adolf Riecke, Stuttgart 1838, S. 192. Siehe dazu auch de Chadarevian, »Die ›Methode der Kurven‹ in der Physiologie«, S. 48 Anm. 31.

[66] Du Bois-Reymond, *Untersuchungen,* Bd. 1, S. XXVII.

geschwindigkeit beschrieben wurden«[67] – als ob man »No. II« bereits betrachtet hätte oder sonst irgendwie verstehen könnte, worauf sich hier der Komparativ bezieht. Danach folgt ein erläuternder Abschnitt, der die griechischen Buchstaben miteinbezieht: »Die untere horizontale Linie ist die Achse der Abszissen, die Vertikale α markiert den Punkt, der dem Augenblick der Reizung des Nervs entspricht, oder dem Ursprung der Abszissen, $\alpha\beta$ die verlorene Zeit, $\beta\gamma$ den aufsteigenden Ast der Kurve, $\gamma\delta$ den absteigenden Ast. Die Wellen zwischen δ und ε entsprechen den vertikalen Wellen des Stifts, die das Produkt der Trägheit der in Bewegung gesetzten metallenen Stücke und der Elastizität des Muskels sind.« Damit wird die Kurve in unterschiedliche Abschnitte zerlegt, die begrifflich umgrenzten physiologischen Prozessen entsprechen. Darüber hinaus wird eine Unterscheidung von Fakt und Artefakt eingeführt: einerseits die authentische Zeichnung im ersten (rechts liegenden) Teil der Kurve, andererseits die auf die Nachschwingung des Aufzeichnungsgeräts zurückgehenden Wellen, die nicht eigentlich zur Zeichnung der Muskelkontraktion gehören (Abb. 8).

In gleicher Weise wird bei »No. II« verfahren (Abb. 9). Zunächst wird eine idealisierte Zeichnung geboten, dann die erweiterte Legende, die sich mit Blick auf die zugrundeliegende Maschinenarbeit diesmal nicht mit einer vergleichenden Beschreibung begnügt, sondern mit Quantifizierungen aufwartet: »Drei Doppelkurven, die mit einer größeren Rotationsgeschwindigkeit, die sechs Umdrehungen in einer Sekunde betrug, und durch zwei Muskelkontraktionen beschrieben wurden, welche ich erzielte, indem ich nacheinander zwei Teile des Nervs reizte, deren Abstand entlang des Nervs 55 mm war.« Schließlich der erläuternde Text, der neben den Buchstaben nun auch die Häkchen einbezieht: »Die gesamte Länge der Zeichnung entspricht dem Umfang des Zylinders, und kommt dadurch 1/6 Sekunde gleich. Die Markierungen $\zeta\zeta$ [die über Striche auf die Häkchen

[67] Sitzungsprotokoll vom 1. September 1851, Hermann Helmholtz, »Explication des épreuves«, S. 1, Archives de l'Académie des Sciences, Paris.

verweisen] dienen dazu, die zuerst ausgeführte Kurve von der anderen zu unterscheiden. Ich habe sie [die Häkchen] auf der Oberfläche des Zylinders mit Hilfe eines Stiftes eingekratzt, bevor ich die zweite Kurve beschrieben habe. Sie finden sich in jenen Fällen an der vorderen Seite der Kurve (Fig. 1 und 3), wo ich den Teil des Nervs zuerst gereizt habe, der dem Muskel näher war; dagegen finden sie sich, wenn es der entferntere Teil war, an der hinteren Seite. Man sieht in der Zeichnung, dass in allen diesen Fällen die Kurve vorausgeht, die der Reizung am näheren Teil entspricht, und die andere ihr folgt.« Tatsächlich lassen sich mit Hilfe von Vergrößerungen winzige Markierungen erkennen, die Helmholtz mit eigener Hand in der Rußschicht auf dem Zylinder angebracht hat und die dementsprechend auch auf den Folien erhalten sind (Abb. 10).

Diese Markierungen erinnern an eine zentrale Problematik der ›neuen Methode‹, die angenommene Identität der Wiederholung. Nur unter der Bedingung, dass die beiden aufeinanderfolgenden Kurvenaufzeichnungen sich allein in der veränderten Stelle der Nervenreizung voneinander unterschieden, alles andere also gleich blieb, konnte davon ausgegangen werden, dass der Zwischenraum zwischen den Kurven der Zeit geschuldet war, die die Reizung benötigte, um sich im Nerv von einer Stelle zur anderen zu bewegen. Durch einfache Markierungen an den Kurven war dies zwar nicht wirklich zu verdeutlichen. Immerhin konnte so aber gezeigt werden, dass unabhängig von der Reihenfolge der aufeinanderfolgenden Versuche jeweils ein Zwischenraum entstand, also eine Zwischenzeit vorlag. Unabhängig davon also, ob zuerst eine Nervenstelle gereizt wurde, die vom Muskel weit entfernt war, oder ob, umgekehrt, als erstes ein sich nah am Muskel befindlicher Punkt des Nervs stimuliert wurde, in beiden Fällen kam es zu einer Verschiebung der Kurven gegeneinander. Die Identität der Wiederholung wird an dieser Stelle effektiv als eine Art leeres Zentrum greifbar, um das herum sich die Aufzeichnungspraxis der ›neuen Methode‹ organisierte.

Weder die Kurven noch die »Explication des épreuves« wurden jemals in den *Comptes rendus* veröffentlicht, einer Zeitschrift, die bis in die 1870er Jahre hinein ohnehin keine Reproduktionen von Bildmaterial vorsah. Dennoch kann kaum ein Zweifel daran bestehen, dass das Zeigen einer physiologischen Tatsache, die schon zuvor festgestellt und auch mitgeteilt worden war, nicht allein für die »Deuxième Note«, sondern für den Helmholtz'schen Gebrauch der Kurvenmethode insgesamt das zentrale Motiv war. Tatsächlich steht das Problem des Zeigens am Anfang des Vorhabens, eine Zeichenmaschine zu konstruieren bzw. konstruieren zu lassen. So schreibt Helmholtz beispielsweise am 17. September 1850 an du Bois-Reymond, also ein Jahr vor Einreichung der zweiten Mitteilung bei der Académie: »[Ich] lasse [...] mir jetzt einen Apparat mit rotierendem Zylinder zur Kurvenzeichnung bauen, mit dem ich neben manchem anderen auch hoffe, jedermann durch einen Versuch in 5 Minuten die Tatsache der Fortpflanzungsdauer in den Nerven vor Augen legen zu können. Damit beabsichtige ich, im nächsten Sommer an den deutschen [d.h. deutschsprachigen] Universitäten herumzureisen und Vorstellungen zu geben.«[68] Gleich zweifach scheint der Wortlaut dieser Briefpassage in der »Deuxième Note« nachzuklingen: zum einen durch das Abstellen auf die temporalen Faktoren des Experimentierens und Demonstrierens, zum anderen aber durch das »vor Augen legen«, das *mettre sous les yeux*.

Was die Ankündigung der Universitätsreise angeht, so war dies genau das, was Helmholtz im August und September 1851 tun sollte. Während in Paris die »Deuxième Note« empfangen, verlesen und verarbeitet wurde, besuchte er physiologische Lehr- und Forschungsstätten in Heidelberg, Zürich, Wien und anderen Städten, um auch dort vor allem eins zu tun: zu zeigen. An Olga, die sich während dieser zwei Monate in Berlin aufhielt, schreibt er: »Meine Froschcurven demonstrire ich [...] überall.«[69]

---

[68] Helmholtz an du Bois-Reymond, 17. September 1850, in *Dokumente einer Freundschaft*, S. 106.

[69] Helmholtz an O. Helmholtz, 6. August 1851, in *Letters of Hermann von Helmholtz to his Wife, 1847-1859*, hrsg. von Richard L. Kremer, Stuttgart 1990, S. 52.

Auch an Alexander von Humboldt schickte er zu dieser Zeit die Produkte seiner Kurvenarbeit – aus keinem anderen Grund als dem Gelehrten in Berlin »durch Augenschein zu imponieren«.[70]

Die Besonderheit der Helmholtz-Kurven besteht demnach darin, die Ergebnisse von bereits durchgeführten Messungen in einem anderen Medium erneut zur Darstellung zu bringen. Mit Galison könnte man sagen, dass eine »mimetische« Experimentiertechnik (die Methode der Kurven) hier zur Darstellungsform einer »statistischen« wird (der Pouillet-Methode). Wie wir noch genauer sehen werden, ist dieses Verhältnis des Bildlichen zum Logischen, das in diesem Fall auch als eine Relation von analog zu digital erscheint, allerdings kein einfaches, festgefügtes. Denn umgekehrt sind es wiederum Kurven gewesen, die die Durchführung der Messungen nach dem Pouillet-Verfahren in Gang gebracht haben. Die ›neue Methode‹, die in der »Deuxième Note« beschrieben wird, war insofern also auch eine alte Methode, zumindest eine, mit der Helmholtz in etwas anderer Form schon Erfahrungen gesammelt hatte.

Wenn er 1851 zur Methode der Kurven zurückkehrt, dann lässt sich an dieser Wende auch ablesen, wie stark in diesem Fall die sogenannten internen mit den sogenannten externen Bedingungen von wissenschaftlicher Forschung verbunden sind. Denn zweifellos reagierte Helmholtz mit seiner ›neuen Methode‹ auf ein zentrales Problem der wissenschaftlichen Produktion und Kommunikation: Um eine wissenschaftliche Leistung zu vollbringen, reicht es nicht aus, sie zu vollbringen. Darüber hinaus muss sie, wie Wissenschaftshistoriker immer wieder hervorgehoben haben, als eine solche bekannt und anerkannt werden. Das Erlangen solcher Bekanntheit und Anerkennung liegt allerdings nur zum Teil in der Hand des Wissenschaftlers selbst.[71] Zu einem nicht unbeträchtlichen Teil ist es eine Sache der wissenschaftlichen Gemeinschaft – auch wenn sie, wie im Fall von Helmholtz, erst im Entstehen begriffen ist. Welche Hin-

---

70 Helmholtz an du Bois-Reymond, 11. April 1851, in *Dokumente einer Freundschaft*, S. 111.

71 Siehe Holmes, *Investigative Pathways*, S. 56-71.

dernisse diesem Anerkennungsprozess entgegenstanden und worin diese Hindernisse bestanden, ist jetzt durch eine detaillierte Rekonstruktion der wissenschaftlichen, technischen und semiotischen Aspekte desjenigen Forschungsprozesses zu klären, in dem Helmholtz sich seit seinem Wechsel nach Königsberg befand und der in den Kurven, die er im Sommer 1851 nach Paris schickte, wenn nicht kulminierte, so doch auf sich selbst zurückkam.

3. Eine Forschungsmaschine

L'écart est une opération.
Duchamp

Kehren wir also zum Anfang zurück, einem Anfang, der keinem Punkt entspricht, sondern einem »Durcheinander«, einem »multilinearen Ensemble«, in dem *jede* Linie »verzweigend und gegabelt und damit Abweichungen unterworfen« ist,[72] also nicht nur die Linien der Kunst, sondern auch die der Technik. Der Winter 1849/50 war Helmholtz' erster Winter in Königsberg. Ende August war er gemeinsam mit seiner Ehefrau Olga Helmholtz von Potsdam aus in die Kant-Stadt übergesiedelt, um an der dortigen Universität die Nachfolge Ernst Brückes anzutreten. Nach Abschluss des Medizinstudiums bei Johannes Müller und einer zeitweiligen Tätigkeit als Assistent am Anatomischen Museum sowie dem damit verbundenen Unterrichten an der Kunstakademie war die Königberger Professur für Physiologie Helmholtz' erste große Universitätsstation. Die Doktordissertation war noch vorwiegend anatomisch ausgerichtet und in erkennbarer Weise durch die damals neue Zelltheorie angeregt gewesen. 1842 hatte Helmholtz darin anhand von wirbellosen Tieren gezeigt, dass die Axone der peripheren Nerven mit Ganglienzellen verbunden sind. Danach wechselte er mehr und mehr ins entstehende Lager der experimentellen Physiologen, zunächst vor allem am Vorbild der Chemie orientiert, später zusehends an dem der Physik. Seine erste Forschungsarbeit nach der Dissertation war den Gärungs- und Fäulnisprozessen gewidmet, die er, gegen den Vitalismus seiner Zeit, auf rein chemische Mechanismen zurückführte. 1845 führte er Experimente zum »Stoffverbrauch«, 1848 zur »Wärmeentwicklung«

[72] Gilles Deleuze, »Was ist ein Dispositiv?«, übers. von Hans-Dieter Gondek, in François Ewald und Bernhard Waldenfels (Hrsg.), *Spiele der Wahrheit. Michel Foucaults Denken*, Frankfurt am Main 1991, S. 153-162, auf S. 153.

der Muskeltätigkeit durch. Dazwischen fällt die Abfassung eines umfangreichen Übersichtsartikels zum Thema »Wärme (physiologisch)« sowie der programmatische Vortrag über die *Erhaltung der Kraft*. 1849 dann der Wechsel: Königsberg statt Berlin, was zu heißen schien Zeitmessungen statt Temperaturbestimmungen, Nervenreizungen statt Muskelaktionen. Tatsächlich traf beides zu. Am neuen Wirkungsort sollte es um Wärme *und* Zeit, um Muskeln *und* Nerven, um Physiologie *und* Psychologie gehen.[73]

Am 15. Januar 1850 schloss Helmholtz die Arbeit an einem ersten Forschungspapier ab, das in Königsberg entstanden war. Sein Titel lautete: »Vorläufiger Bericht über die Fortpflanzungs-Geschwindigkeit der Nervenreizung«. Gegenstand dieses Reports, dessen Druckvorlage handschriftlich von seiner Ehefrau erstellt worden war (Abb. 11), bildeten die Zeitmessungen, die er seit Oktober 1849 an den motorischen Nerven von Fröschen vorgenommen hatte. Die ersten Zeilen fassen das Ergebnis der Arbeit zusammen: »Ich habe gefunden, dass eine messbare Zeit vergeht, während sich der Reiz, welchen ein momentaner elektrischer Strom auf das Hüftgeflecht eines Frosches ausübt, bis zum Eintritt des Schenkelnerven in den Wadenmuskel fortpflanzt. Bei großen Fröschen, deren Nerven 50-60 Millim. lang waren, und welche ich bei 2-6°C. aufbewahrt hatte, während die Temperatur des Beobachtungszimmers zwischen 11 und 15° lag, betrug diese Zeitdauer 0,0014 bis 0,0020 einer

---

[73] Die grundlegenden Darstellungen zu diesen Forschungsarbeiten sind Timothy Lenoir, *The Strategy of Life. Teleology and Mechanics in Nineteenth-Century German Biology*, Chicago/London 1989, S. 197-245, sowie Richard L. Kremer, *The Thermodynamics of Life and Experimental Physiology, 1770-1880*, New York/London 1990, S. 237-255 und S. 292-307. Siehe aber bereits John F. Fulton, *Muscular Contraction and the Reflex Control of Movement*, London 1926, S. 42-47, sowie Everett Mendelsohn, *Heat and Life. The Development of the Theory of Animal Heat*, Cambridge, MA, 1964, wo Helmholtz' Arbeiten zur Muskelaktion den Schlusspunkt der traditionellen Theorie organischer Wärme bezeichnen.

Sekunde.«[74] Die Forschungsmaschine, die im Hintergrund dieser Sätze steht, beruhte auf der telegraphischen Verkopplung eines Froschunterschenkels, eines Galvanometers und eines Fernrohrs im Königsberger Universitätsgebäude. Die Zeitmessungen, von denen hier erstmals öffentlich berichtet wird, waren also nicht durch den Gebrauch eines graphischen Verfahrens, sondern die Anwendung einer im Kern elektromagnetischen Methode zustande gekommen. Diese Methode machte Zeit sichtbar, ohne sie zu fixieren, schrieb sie nicht als Kurve, verwandelte sie in keine Spur, sondern machte sie – ähnlich wie bei einer Uhr – auf einer Skala ablesbar, um sie dann in Form von Zahlenwerten notieren zu können.

Die Kompliziertheit dieser Forschungsmaschine lässt an das *Große Glas* von Duchamp denken, oder an die vertrackten Anordnungen, die Raymond Roussel in *Locus Solus* beschrieben hat, etwa den »Handramme-Haudegen aus Zähnen«. Die Versuchung ist groß, diese Maschine zu zeichnen und zu kartographieren, wie Jean Ferry es im Falle Roussels getan hat. Aus naheliegenden Gründen wird hier ein anderer Weg beschritten werden. Was folgt ist eine mit Zitaten und historischen Abbildungen angereicherte Beschreibung der unterschiedlichen Bereiche der Forschungsmaschine, die Helmholtz bei der Durchführung seiner psychophysiologischen Zeitexperimente keineswegs nur benutzte, sondern zuerst einmal zusammenbaute. Diese Beschreibung geht in die Details, unternimmt es aber zugleich, diese Einzelheiten in Bereiche zu gliedern. Angesichts der Schwierigkeiten, die schon die wissenschaftlichen Zeitgenossen mit der Art und Weise hatten, in der Helmholtz seine Methoden und sein Vorgehen schilderte, kann sie keinen Anspruch auf klare Vollständigkeit erheben. Auch insofern handelt es sich um eine Herausforderung für die wissenschaftliche und technische Einbildungskraft.

---

74 Hermann Helmholtz, »Vorläufiger Bericht über die Fortpflanzungsgeschwindigkeit der Nervenreizung«, *Archiv für Anatomie, Physiologie und wissenschaftliche Medizin* 17 (1850): 71-73, auf S. 71.

Bei seinen präzisen Zeitmessungen arbeitete Helmholtz auf der Grundlage des Elektromagnetismus. Vor seinem Wechsel von Berlin nach Königsberg hatte er zwar eine »Froschzeichenmaschine« konstruiert, die zur mechanischen Aufzeichnung von Muskelbewegungen in Kurvenform dienen sollte. In diesem Zusammenhang sprach er übrigens noch nicht von »graphischer Methode«. Dieser Name sollte erst in den 1860er Jahren aufkommen.[75] Helmholtz verwendete andere Ausdrücke, die geometrische ebenso wie künstlerische Konnotationen haben. Vor allem von der Hervorbringung von »Kurven«, »Linien« und »Zeichnungen« ist die Rede. Einmal in Königsberg, wandte sich Helmholtz von den zugrundeliegenden Techniken und Verfahren jedoch ab – zumindest vorübergehend. Noch im Juli 1848 hatte er aus Potsdam an seine damalige Verlobte geschrieben, dass die von ihm gebaute Zeichenmaschine Kurven hervorbringe, die »sehr fein und regelmäßig« seien.[76] Gut ein Jahr später, im

---

[75] Eine der wohl frühesten Verwendungen des Ausdrucks »graphische Methode« im deutschsprachigen Raum findet sich in Rudolf Schelske, »Neue Messungen der Fortpflanzungsgeschwindigkeit des Reizes in den menschlichen Nerven«, *Archiv für Anatomie, Physiologie und wissenschaftliche Medicin* (1864): 151-173, auf S. 153. Ludwig hatte in seinem Aufsatz von 1847 nur von »graphischer Darstellung« gesprochen und dabei offen gelassen, ob die Kurvenzeichnung auf der Kymographentrommel oder die Reproduktion der Kurven im Druck gemeint war. Einige Jahre später spricht Vierordt in seinem Buch über den Sphygmographen von einer neuen »Methode der bildlichen Darstellung«. Siehe Karl Vierordt, *Die Lehre vom Arterienpuls in gesunden und kranken Zuständen*, Braunschweig 1855. Kurz nach Schelske findet sich der Ausdruck »graphische Methode« auch in Joseph Pisko, *Die neueren Apparate der Akustik. Für Freunde der Naturwissenschaft und der Tonkunst*, Wien 1865, S. IV. Im französischsprachigen Kontext erscheint »méthode graphique« dagegen deutlich früher. Siehe beispielsweise Antoine Jourdan, *Dictionnaire raisonné, etymologique, synonymique et polyglotte, des termes usités dans les sciences naturelles* [usw.], Bd. 1, Paris 1834, S. 517, wo dieser Ausdruck mit Blick auf Notationen verwendet wird, die in der Chemie von zusammengesetzten Stoffen gegeben werden.

[76] Helmholtz an O. Helmholtz, 18. Juli 1848, in *Letters of Hermann von Helmholtz to his Wife*, S. 43.

Oktober 1849, teilte er dagegen aus Königsberg seinem Berliner Freund du Bois-Reymond mit, er habe seine Untersuchungen zur Muskelbewegung »nach einer ganz neuen Methode« wieder aufgenommen.[77]

Der »Vorläufige Bericht« nennt diese neue Methode beim Namen: die »von Pouillet zur Messung kleiner Zeiträume angegeben[e] Methode«.[78] Gemeint ist die einige Jahre zuvor, 1845, durch den französischen Physiker Claude Pouillet beschriebene Verwendung der Ablenkung einer Galvanometernadel für die Zwecke der Präzisionszeitmessung. Ausführlich beschrieben wird die physiologische Anwendung und Abwandlung dieses Verfahrens erst in den »Messungen über den zeitlichen Verlauf der Zuckung animalischer Muskeln und die Fortpflanzungsgeschwindigkeit der Reizung in den Nerven«. Diesen 90-Seiten-Aufsatz, der bereits zitiert wurde, reichte Helmholtz wenige Monate nach dem »Vorläufigen Bericht«, im Juni 1850, beim renommierten *Archiv für Anatomie, Physiologie und wissenschaftliche Medicin* in Berlin zur Veröffentlichung ein.

Den »Messungen« zufolge gliederte sich die Maschine, mit der Helmholtz seine präzisen Zeitbestimmungen angestellt hatte, in drei große Bereiche. *Erstens*, das Froschgestell. Dieses diente dazu, die ausgeschnittenen Wadenmuskeln von Fröschen aufzuhängen, zu verdrahten, zu belasten und kontrahieren zu lassen (Abb. 12). Zu diesem Zweck wurde am oberen Ende des Wadenmuskels der motorische Nerv bis zum Hüftgeflecht freigelegt. Bei den großen Fröschen, mit denen Helmholtz in Königsberg arbeitete, war dies eine Strecke von 5 bis 6 Zentimetern. Mit dem »untere[n] Gelenkstück des Oberschenkelbeins« hängte er den Muskel dann unter dem Glasglockendach des turmartigen »Gestells« in eine von oben kommende Stellschraube ein. Als nächstes wurde der freigelegte Nerv an zwei unterschiedlichen Stellen mit Kupferdrähten verbunden (Abb. 13). Mit Hilfe einer aus Danielle'schen Elementen bestehenden

---

77 Helmholtz an du Bois-Reymond, 14. Oktober 1849, in *Dokumente einer Freundschaft*, S. 87.

78 Helmholtz, »Vorläufiger Bericht«, S. 72.

Batterie und einem Induktionsapparat konnte der Nerv an diesen Stellen kurzzeitig elektrisch gereizt werden. Unterdessen sorgten »nasse Pappscheiben« dafür, dass die Luft im weitgehenden abgeschlossenen Raum der Glasglocke feucht blieb, so dass der freigelegte Nerv »3-4 Stunden leistungsfähig« war. Das Nerv-Muskelpräparat war also vom Rest des Froschorganismus gewaltsam abgetrennt worden, um unter der Glasglocke noch eine Zeitlang weiterzuleben oder zumindest in einem lebensähnlichen Zustand gehalten zu werden. Ob und wenn ja, wie lange der Rest des Organismus noch lebte, darüber wird an dieser Stelle kein Wort verloren. Stattdessen ging die Arbeit am Versuchsaufbau weiter. Am unteren Ende des Muskelpräparats hängte Helmholtz über einen Haken einen schmalen Stahlrahmen ein, der fast bis zum Boden des turmartigen Gestells aus Holz reichte. In diesem Rahmen waren eine Reihe von Führungsstiften, Stellschrauben und Kontaktflächen untergebracht, die zur Adjustierung des Muskels und zur Verschaltung mit einem weiteren Stromkreis dienten. Am unteren Ende des Rahmens war eine »Schale [...] für Gewichte« angebracht. Mit ihrer Hilfe und vermittels der Stellschrauben im Stahlrahmen konnte der Muskel gespannt werden, ohne ihn zu dehnen.[79]

Dieser Bereich ähnelte insgesamt den Versuchsaufbauten, die seit Mitte der 1830er Jahre von Lebenswissenschaftlern wie Theodor Schwann und Gustav Valentin zur experimentellen Untersuchung der Muskelkraft entwickelt worden waren, vor allem aber den zeitmessenden Versuchsaufbauten von Carlo Matteucci, der um 1845 mit hängenden Froschbeinmuskeln zu arbeiten begonnen hatte (siehe dazu Kap. 4). Allerdings beruft Helmholtz sich nicht auf Matteucci, sondern auf die Arbeit über »Muskelbewegung«, die der Leipziger Anatom und Physiologe Eduard Weber ebenfalls Mitte der 1840er Jahre durchgeführt hatte.[80] Auch Weber hatte in seinen Experimenten mit hängen-

79 Helmholtz, »Messungen«, S. 286-287.

80 Siehe dazu Kremer, *The Thermodynamics of Life*, S. 308-333, sowie S. 461-463 (Abb. 6-8). 1836 veröffentlichten Eduard Weber und Wil-

den Froschpräparaten gearbeitet, wobei es sich jedoch um Zungen-, nicht um Beinmuskeln handelte. Die suspendierten Muskeln waren dabei ebenfalls durch ein Gewicht belastet und mit Hilfe von elektrischem Strom gereizt worden. Allerdings war es, wie Helmholtz erläutert, in diesen Untersuchungen vor allem um die Wirkungen des Muskels »im ruhenden und im anhaltend erregten Zustande« gegangen. Das Interesse des gerade in Königsberg angekommenen Physiologen war gegenläufig ausgerichtet. Für ihn stand die Frage im Vordergrund, wie der Muskel zwischen Ruhe und Erregung wechselte, und vor allem, wie schnell dieser »Wechsel« geschah.[81] Grundannahme war dabei, dass die Geschwindigkeit dieses Wechsels entscheidende Aufschlüsse über die »mechanische Arbeit« des Muskels gibt, über seine Leistung, wie man heute sagen würde. Ein Froschpräparat mochte beispielsweise ein Gewicht von 200 Gramm heben können. Um diese Eigenschaft aber näher zu charakterisieren, kam es auch darauf an, mit welcher Geschwindigkeit dieses Heben geschah: So schnell wie ein Fußgänger eine Last von A nach B trägt, oder so schnell wie eine Lokomotive dieselbe Last über die gleiche Strecke bewegt?[82] Anknüpfungs- und Abstossungspunkt für das in dieser Weise ausgerichtete Vorhaben bildete eine von Weber vertretene These zu den »animalischen Muskeln«. Darunter verstand Weber »alle Haut- und Skelettmuskeln; die Muskeln der Zunge, des Gaumens, Rachens und Kehlkopfes, das Zwerchfell, die Muskeln des Afters, des Gliedes, und die, durch welche wir den Austritt des Harnes hemmen oder gestatten können«.[83] Diese Muskeln seien zum einen dadurch

---

helm Weber in Göttingen ihre anatomisch-physiologische Untersuchung über die *Mechanik der menschlichen Gehwerkzeuge.*

81 Helmholtz, »Messungen«, S. 276-277.

82 Zum komplexen Verhältnis von Kraft, Energie und Leistung in den Zeitexperimenten von Helmholtz siehe Kap. 8 des in Vorbereitung befindlichen Buches von M. Norton Wise, *Bourgeois Berlin and Laboratory Science*: »›A Spectacle for the Gods‹«.

83 Eduard Weber, »Muskelbewegung«, in *Handwörterbuch der Physiologie mit Rücksicht auf physiologische Pathologie*, Bd. 3/2, hrsg. von Rudolph Wagner, Braunschweig 1846, S. 1-122, auf S. 2.

charakterisiert, dass sie »willkürlich« in Tätigkeit versetzt werden können, zum anderen aber dadurch, dass sie durch die Reizung »augenblicklich in Zusammenziehung gerathen, und auch ebenso schnell wieder in dieser Zusammenziehung nachlassen, sobald die Reizung aufhört«.[84] Die »Messungen« von Helmholtz zielten darauf, diese vorgebliche Augenblicklichkeit genauer zu erkunden und sie, wenn möglich, präzise zu bestimmen. Das scheinbar Plötzliche und Unmittelbare der Muskelwirkung sollte als eine Art Dauer erfasst werden, um dadurch einer Physik des Muskels noch näher zu kommen.

Deswegen benutzte Helmholtz den elektrischen Strom nicht nur zur Reizung des Muskels, sondern auch zum Zweck der Zeitmessung. Das war der *zweite* Bereich seiner Forschungsmaschine: der Galvano-Chronometer. Um präzise Zeitbestimmungen durchführen zu können, ergänzte Helmholtz den ersten Stromkreis durch einen zweiten, der punktuell mit dem ersten verbunden war. Während der erste Kreis allein der Reizung des Nerv-Muskelpräparats unter der Glasglocke diente, sollte im zweiten die Messung von »Stromzeit« mit Hilfe eines Galvanometers stattfinden, das über »1400 Windungen übersponnenen Kupferdrahtes« verfügte.[85] Helmholtz äußert sich nicht über die Herkunft dieses Strommessers. Ob es sich um ein handelsübliches Instrument handelte (Abb. 14) oder aber ein von ihm selbst konstruiertes, ist unklar. Die beiden Stromkreise des Versuchsaufbaus waren nun so eingerichtet, dass sie durch einen speziell eingerichteten Schalter, eine »Wippe«, gleichzeitig geschlossen werden konnten: das Präparat wurde gereizt und im selben Moment floss Strom zum Galvanometer. Durch die Kontraktion des Muskels wurde dieses Fließen von Elektrizität dann wieder unterbrochen. Eben dies war das Zeitintervall, die »Stromzeit«, die gemessen werden sollte: von der Reizung des Muskels zu dessen Kontraktion. Doch wie konnte man von diesem Strom-Einschnitt zur Messung von Zeit übergehen? Eben dafür berief sich Helmholtz auf Pouillet. Dessen Ausgangsüberlegung war es

[84] Weber, »Muskelbewegung«, S. 3.
[85] Helmholtz, »Messungen«, S. 290.

gewesen, dass die Größe des Ausschlags einer Galvanometernadel nicht nur von der Intensität des Stroms, sondern auch von der Zeit abhängt, während der der Strom auf den Galvanometer wirkt. Demnach musste es möglich sein, vom Ausschlag einer Galvanometernadel auf die Stromzeit zurückzuschließen, vor allem wenn es sich um extrem kurze Intervalle handelte. Der Strommesser wurde damit in gewisser Weise zu einer Stromuhr. Pouillet hatte, um diese Möglichkeit des Umfunktionierens vorzuführen, in seinen Versuchen einen Stromkreis eingerichtet, in dem durch eine sich drehende runde Scheibe, auf der genau bemessene Kontaktflächen angebracht waren, zeitlich exakt umschriebene Stromimpulse hergestellt werden konnten. Anschließend hatte er für unterschiedlich lange Stromintervalle bei gleichbleibend starkem Strom empirische Tabellen der jeweiligen Nadelausschläge erstellt. Dabei hatte sich gezeigt, dass von diesen Ausschlägen tatsächlich mit großer Verlässlichkeit auf die kurzen Zeiten geschlossen werden konnte, während der der Strom geflossen war. In seiner Veröffentlichung von 1845 verglich Pouillet sein Verfahren mit dem ballistischen Pendel, das rund 100 Jahre zuvor von Benjamin Robins konstruiert worden war. Die Ballistik war auch eines der potentiellen Anwendungsfelder, das er bei der Vorstellung des Verfahrens benannte. Insofern überrascht es kaum, dass sich in zeitgenössischen Handbüchern zum Elektromagnetismus Abbildungen finden, die den Einsatz von Pouillets Methode im Bereich der Ballistik veranschaulichen (Abb. 15). Der Unterschied zum klassischen ballistischen Pendel nach Robins war dabei folgender: Während dieses nach dem Auftreffen eines Projektils seinen maximalen Ausschlag auf einem Band markierte und somit festschrieb, verwandelte das Pouillet'sche Verfahren eine schnelle Bewegung (die des kurzzeitigen Stroms) in eine deutlich langsamere (die der Nadel), welche dann ihrerseits einer genauen Beobachtung zugänglich war. Schon hier handelte es sich also um eine Übersetzung. Der Stromimpuls wurde von einer Nadelbewegung gedolmetscht. Elektrizität äußerte sich quasi reibungslos in der Sprache der Mechanik.

Bereits die Physiologen des 17. und 18. Jahrhunderts hatten die Wirkung der Muskelkontraktion mit dem Schießen einer Kanonenkugel verglichen. In explizitem Bezug auf die »grauenvollen Kräftewirkungen des Kanonenpulvers« hatte um 1670 der englische Arzt und Naturforscher Thomas Willis beispielsweise die These vertreten, »daß gewisse motorische Teilchen im Muskel eingeschlossen sind, die bei Gelegenheit und entsprechend der vom Gehirn ausgehenden und durch die Nerven übermittelten Erregung durch eine Art Explosion in Bewegung versetzt werden«.[86] Insofern erscheint es als vollkommen stimmig, dass Helmholtz auf eine für die Ballistik konzipierte Zeitmessmethode zurückgriff – auch wenn sein Modell des Muskels ein anderes war, nämlich das eines elastischen Bandes. Dabei schloss er wiederum explizit an Weber an: »Die mechanischen Eigenschaften eines Muskels sind, nach den Untersuchungen von Ed. Weber, denen eines elastischen Bandes von veränderlicher Elasticität gleich [...].«[87] Elastizität war aber etwas anderes als Explosivität, und dies machte sich auch praktisch bemerkbar. Vor allem die sich nach der Kontraktion einstellende Dilatation des Muskels, also – um im Bild zu bleiben – die wie an einem Gummiband erfolgende Rückkehr des Geschosses machte sich störend bemerkbar. Um nämlich eine Zeitmessung nach dem von Pouillet angegebenen Verfahren durchführen zu können, musste der Strom nach seiner kurzen Wirkung im Galvanometer-Kreislauf *dauerhaft* geschlossen werden, da die Nadel ihrerseits Zeit benötigte, um voll ausschlagen zu können. Die Schließung als solche war kein Problem: Bei Beginn der Kontraktion unterbrach der Muskel einen Platin-Gold-Kontakt im eingehängten Stahlrahmen, der entsprechend verschaltet war. Schwierigkeiten machte die Dauerhaftigkeit. Wie sollte die Schließung permanent sein können, wenn derselbe Platin-Gold-Kontakt sich bei Nachlassen der Kontraktion und dem Herabsin-

---

[86] Thomas Willis, »De Motu musculari«, zit. n. Georges Canguilhem, *Die Herausbildung des Reflexbegriffs im 17. und 18. Jahrhundert*, München 2008 (frz. Orig. 1955), S. 219.

[87] Helmholtz, »Messungen«, S. 278.

ken des Rahmens wieder schloss und dadurch die Messung vorzeitig unterband? Es scheint nur um ein Detail zu gehen, eine Art Einwegschalter. Dennoch lag genau hier eines der großen Probleme der Anpassung von Pouillets Methode an die Zwecke der physiologischen Zeitforschung. Tatsächlich erklärt Helmholtz in den »Messungen«, dass er zur Bewältigung dieser Einzelheit »mehr Nachsinnen und complicirte Hülfsmittel aufgeboten« habe, als für irgendeinen anderen Teil seiner maschinellen Anordnung. Die schließlich gefundene Lösung bestand in der Einfügung eines zusätzlichen Kontaktes innerhalb des hängenden Stahlrahmens, unterhalb des Platin-Gold-Kontakts. Dieser neue Kontakt bestand aus einer »amalgamirten« Kupferspitze, die sich ein wenig oberhalb eines Quecksilbernäpfchens befand. Hob man das Näpfchen nun vor Beginn eines Versuchs ein wenig an, so dass die Kupferspitze ins Quecksilber tauchte, und senkte man es dann vorsichtig und langsam wieder ab, zog sich das Quecksilber zu einer Art Kegel aus und stellte damit die Leitung her. Wenn der Muskel dann infolge der elektrischen Reizung zu kontrahieren begann, riss das Quecksilber, nahm seine rundliche Oberfläche wieder an und verblieb unterhalb der Kupferspitze. Der Stromkreis war dauerhaft unterbrochen, die Stromzeit identisch mit dem Intervall zwischen dem Beginn der Reizung und dem Beginn der Kontraktion. Die Verbindung zwischen den ersten beiden Bereichen der Forschungsmaschine von Helmholtz, dem Froschgestell und dem Galvano-Chronometer, war also keine punktuelle. Es war eine kegel- oder tropfenartige nasse Schnittstelle, gebildet durch nichts anderes als die Oberflächenspannung des Quecksilbers (siehe Abb. 13).

Schließlich der *dritte* Bereich der Forschungsmaschine: das Ablese-Fernrohr. An ihm wird der auf den Blick zentrierte Charakter der gesamten Installation besonders deutlich. Helmholtz hatte in der Tat eine *Sehmaschine*, keine Schreib- oder Zeichenmaschine zusammengebaut. Grundlage für Zeitbestimmungen mit Hilfe dieser Maschine war das Ablesen der Nadelausschläge am Galvanometer. Dieses Ablesen geschah nicht einfach mit bloßem Auge und an der am Instrument befindlichen Skala, sondern mit Hilfe eines Fernrohres, eines kleinen Spiegels und eines extern angebrachten Maßstabes. Als Nadel oder Zeiger des Galvanometers fungierte ein an »Coconfäden« aufgehängtes, neun Zentimeter langes »Magnetstäbchen«. Über der Mitte dieses Stäbchen und senkrecht zu den Seidenfäden hatte Helmholtz ein »Spiegelchen« angebracht und gegenüber von diesem kleinen Spiegel ein Fernrohr aufgestellt. Oberhalb oder unterhalb des Fernrohrs montierte er dann eine feststehende »horizontale Scale«, deren Einteilung nach vorne, zum Spiegel zeigte.[88] Durch das Fernrohr konnte er dann das im Spiegel erscheinende Bild der Skala beobachten und seinen Bewegungen folgen.

Auch bei der Gestaltung dieses Bereichs, der von ihm nur bruchstückhaft geschildert und an keiner Stelle abgebildet wird, griff Helmholtz auf ein bekanntes Verfahren zurück. Es war in der Physik der 1820er Jahre von Johann Christian Poggendorff sowie einige Jahre später von Carl Friedrich Gauß und Wilhelm Weber, einem der Brüder von Eduard, beschrieben, benutzt und entwickelt worden, allerdings in einem anderen Zusammenhang. In beiden Fällen, bei Poggendorff ebenso wie bei Gauß und W. Weber, hatte das Ziel darin bestanden, an genau umschriebenen Orten die Richtung und die Größe des Erdmagnetismus zu bestimmen. Wie Gauß und Weber erklärten, sollte durch diese Bestimmungen zur Etablierung eines Wissens beigetragen werden, dem »sehr grosses praktisches Interesse« zukomme: »Dem Seefahrer, dem Geodäten und dem Markscheider muss ungemein viel daran gelegen sein, zu wissen, wie häufigen und wie grossen Störungen ein Haupthülfsmittel bei seinen Geschäften unvermeidlich unterworfen ist, wäre es auch nur, um das Maass des Vertrauens zu erhalten, welches er demselben schenken darf.«[89] Dementsprechend ausgerichtet war ihr Vorge-

---

[88] Ebd., S. 289-290.

[89] Carl Friedrich Gauß und Wilhelm Weber, *Resultate aus den Beobachtungen des magnetischen Vereins im Jahre 1836*, Göttingen 1837, S. 10, und Johann Christian Poggendorff, »Ein Vorschlag zum Messen der magnetischen Abweichung«, *Annalen der Physik und Chemie* 7 (1826): 121-130.

hen im 1836 gegründeten »Magnetischen Verein«. Ziel dieses Vereins war es, erdmagnetische Messungen an möglichst vielen Orten und von möglichst gut unterrichteten Beobachtern mit großer Verlässlichkeit vornehmen zu lassen, sie in Göttingen zu sammeln, zu verarbeiten und zu veröffentlichen. Kostspielige und komplizierte Instrumente, wie zum Beispiel die durch von Humboldt verwendete »Boussole von Gambey«, sollten dabei möglichst vermieden werden. Letztlich war die Kostenfrage schon 1826 der Hintergrund von Poggendorffs Vorschlag gewesen, statt mit einer Boussole mit einem großen Magnetstab und einem Fernrohr zu arbeiten. Substantiell um die Frage der Genauigkeit erweitert, bildete dies auch die Folie, vor der Gauß und Weber zehn Jahre später in ihren jährlich publizierten *Resultaten* mit konkreten Einrichtungsvorschlägen, Handlungsanweisungen und Kostenaufstellungen für erdmagnetische Beobachtungsstationen aufwarteten. Neben dem ausführlichen Text sollten beigefügte Abbildungen der Instrumente und Hilfsgeräte dafür sorgen, »dass jeder geschickte Mechanicus mit Sicherheit darnach arbeiten kann«, die Ausrichtung an den zentral vorgegebenen Standards also in jeder Peripherie problemlos realisiert werden konnte.[90]

Als entscheidender Garant für präzise Messergebnisse wurde dabei die Methode der Spiegelablesung eingehend geschildert. Anders als bei Poggendorff, der den Spiegel auf dem Magnetstab »in der Mitte und ungefähr parallel seiner Axe« angebracht hatte, befand sich der Spiegel bei den Magnetometern in Göttingen allerdings »an dem dem Fernrohre zugekehrten Ende

---

[90] Gauß und Weber, *Resultate 1836*, S. 13. Zur Standardisierung siehe Matthias Dörries, »La standardisation de la balance de torsion dans les projets européens sur le magnétisme terrestre«, in *Restaging Coulomb. Usages, controverses et réplications autour de la balance de torsion*, hrsg. von Christine Blondel und Matthias Dörries, Florenz 1994, S. 121-149. Zur lokalen Kooperation von Gauß mit Instrumentenmachern siehe Klaus Hentschel, *Gaußens unsichtbare Hand. Der Universitäts-Mechanicus und Maschinen-Inspector Moritz Meyerstein*, Göttingen 2005.

des Magnetstabs«.[91] In einem metallfreien Raum, einem Holzhaus, war der Magnetstab an Seidenfäden aufgehängt, die von der Decke herabhingen. Um ihn gegen äußere Einflüsse wie beispielsweise Luftzüge zu schützen war er in einem Holzkasten untergebracht, der an der vorderen Seite eine Öffnung aufwies. Fernrohr und Skala wurden in fünf Meter Entfernung davon aufgestellt. Gauß zufolge hatte das unter anderem den Vorteil, dass »der Beobachter stets in einer grossen Entfernung von der Nadel bleibt« und nicht »durch seine eigene Wärme«, durch mitgeführtes »Eisen oder selbst Messing [...] auf die Nadel störend« einwirkt (Abb. 16).[92] Mit Blick auf potenzielle Störungen wurden auch andere Aspekte der gesamten Einrichtung eingehend betrachtet und erörtert, beispielsweise die Elastizität der Seidenfäden, an denen der Magnetstab hing. Weber widmete diesem Problem einen eigenen Aufsatz in den *Annalen der Physik und Chemie*, während Gauß im ersten Band der *Resultate* an einer berühmten Stelle darauf hinwies, dass auch die »Gegenwart grösserer Insekten« oder das Vorhandensein von Spinnweben in dem Holzkasten, der den Magnetstab umgibt, die freie Bewegung dieses Stabes »hemmen« und die Beobachtungen »verderben« könne. [93]

Die beiden Wissenschaftler in Göttingen nutzten die Methode der Spiegelablesung aber nicht nur bei ihren erdmagnetischen Messungen im Magnetischen Observatorium (Gauß) und im Physikalischen Kabinett (W. Weber). Sie gebrauchten sie ebenso bei Versendung und Empfang von telegraphischen Mitteilungen, die zwischen den beiden Beobachtungsstationen am Observatorium und am Kabinett hin- und hergeschickt wurden. Zweck dieser lokalen Telegraphieverbindung war einerseits, die

---

91 Poggendorff, »Ein Vorschlag«, S. 122-123, sowie Gauß und Weber, *Resultate 1836*, S. 20.

92 Carl Friedrich Gauß, [Anzeige: Intensitas vis magneticae terrestris ad mensuram absolutam revocata, 1832 Dec.], in ders. *Werke. Fünfter Band*, Göttingen 1867, S. 293-304, auf S. 301.

93 Wilhem Weber, »Ueber die Elasticität der Seidenfäden«, *Annalen der Physik und Chemie* 110/2 (1835): 247-257, sowie Gauß und Weber, *Resultate 1836,* S. 45.

an beiden Orten aufgestellten Uhren »schärfer als durch irgend ein anderes Mittel mit einander« vergleichen zu können, also zu synchronisieren, andererseits wurden »ganze Wörter und kleine Phrasen« übermittelt, um konkrete Arbeitsschritte aufeinander abzustimmen (Abb. 17).[94] Tatsächlich war der Telegraph, der in den frühen 1830er Jahren von Gauß und Weber entwickelt und in Betrieb genommen wurde, eine Art verkleinertes Magnetometer, das zwar auch durch den Erd-, vor allem aber durch gezielten Elektromagnetismus bewegt wurde. Auf beiden Seiten bestand dieser Fern-Schreiber im wesentlichen aus einem großen, an einem Faden aufgehängten Magnetstab, auf dem mittig ein Spiegel angebracht war, ähnlich wie bei Poggendorffs Magnetometer. In einem länglichen Holzrahmen untergebracht, war dieser Stab an beiden Enden mit Multiplikatorspulen umgeben. Die durch entsprechendes Schalten bewirkten Ablenkungen des Stabes – als ob es sich um einen Muskel handelte spricht Gauß von »Zuckungen« und »zuckenden Bewegungen«[95] – wurden über Spiegel, Fernrohr und Skala beobachtet und konnten mit Hilfe eines Codes in Buchstaben übersetzt und rückübersetzt werden. In gewisser Weise handelte es sich also um eine Kompromissbildung aus elektrischer und optischer Telegraphie. Mit letzterer war Gauß offenbar schon in den frühen 1820er Jahren, während seiner Arbeit für die Hannoversche Gradmessung, in Berührung gekommen.[96]

---

[94] Carl Friedrich Gauß, »Erdmagnetismus und Magnetometer« [1836], in ders. *Werke. Fünfter Band*, Göttingen 1867, S. 315-344, auf S. 338. Zur Frage der Synchronisierung von Beobachtungen im Magnetischen Verein siehe Matthias Dörries, »Balances, Spectroscopes, and the Reflexive Nature of Experiment«, *Studies in History and Philosophy of Science* 25/1 (1994): 1-36, besonders S. 15-21.

[95] Carl Friedrich Gauß und Wilhelm Weber, *Resultate aus den Beobachtungen des magnetischen Vereins im Jahre 1837*, Göttingen 1838, S. 17-18.

[96] Aschoff, *Geschichte der Nachrichtentechnik, Bd. 2*, S. 65-129. Für die einschlägigen Bild- und Textquellen zur Geschichte des Telegraphen von Gauß und Weber siehe den Anhang in Ernst Feyerabend, *Der Telegraph von Gauß und Weber im Werden der elektrischen Telegraphie*, Berlin 1933.

Als Helmholtz die Methode der Spiegelablesung von Gauß und Weber übernahm, war dies zum einen also die Umwandlung eines teils optischen, teils elektrischen Telegraphieverfahrens, das zwischen menschlichen Akteuren praktiziert worden war, in eine Telegraphie zwischen Mensch und Tier – auch wenn bei dieser nur von einer Stelle aus gesendet und empfangen, codiert und decodiert wurde: der des Experimentators. Zum anderen aber konnte Helmholtz bei dieser Übernahme alle theoretischen Erörterungen und praktischen Ratschläge, die Gauß und Weber mit Blick auf den Magnetometer veröffentlicht hatten, für seine Arbeit nutzbar machen – von der Frage störender Luftströme über das Problem der Torsionskraft der Seidenfäden bis hin zur Bestimmung der Schwingungsdauer des Magnetstabes (s.u.). Implizit folgte er damit den Hinweisen, die zunächst Gauß und später vor allem Weber zu dem Sachverhalt gegeben hatte, dass jeder Magnetometer auch als ein Instrument verwendet werden kann, mit dessen Hilfe elektrische Ströme in »äußerster Schärfe« gemessen werden können.[97] Indem Helmholtz die Bemerkungen, Beschreibungen und Erläuterungen zum Magnetometer auf die ungleich kleiner dimensionierten Gegebenheiten seines Galvanometers übertrug, das er im Sinne Pouillets als ein Chronometer benutzte, versetzte er ein technisches Verfahren aus dem Bereich der Geophysik in die neu entstehende Region der Chronophysiologie, importierte damit aber auch eine ganze Kultur der Genauigkeit in den Bereich der lebenswissenschaftlichen Forschung.[98]

Das Ergebnis konnte sich im wahrsten Sinne des Wortes sehen lassen. Mit seiner Forschungsmaschine verfügte Helmholtz über ein fast gänzlich durch Elektrizität und Licht vermitteltes Zeitmessverfahren. Weder das telegraphische Zucken des Froschmuskels noch das Ausschlagen der Galvanometernadel hinterließen bleibende Spuren. Beide Prozesse griffen vielmehr

---

[97] Siehe dazu Gauß, [Anzeige: Intensitas], S. 302.

[98] Siehe Diane Greco Josefowicz, »Experience, Pedagogy, and the Study of Terrestrial Magnetism«, *Perspectives on Science* 13/4 (2006): 452-494.

mit Hilfe einer Schaltung ineinander, um vorübergehend Zeitzeichen sichtbar zu machen: in Form eines im Fernrohr gesehenen Bilds von einem Faden, der vor einer Skala hing, welche über einen beweglichen Spiegel beobachtet wurde. Wenn Helmholtz später und an anderer Stelle von den neueren Verfahren der Kurzzeitmessung als von einer »Mikroskopie der Zeit« sprechen sollte, dann war das, was seine Forschungsmaschine in Königsberg realisierte, in einer Hinsicht zwar das genaue Gegenteil: keine Mikroskopie, sondern eine Teleskopie der Zeit. Durch diese Umkehrung bestätigte seine Forschungsmaschine aber den Sachverhalt, dass die ungewöhnlich präzisen Zeitmessungen, die er auf diese Weise durchführen konnte, auf einem skopischen, keinem graphischen Regime der experimentellen Praxis basierten.[99]

Mehr als fünfzig Jahre später würde sich das Verhältnis des Sehens und Schreibens von Zeit bei Proust erneut in ähnlicher Weise artikulieren. Natürlich war sein Roman eine geschriebene Maschine (ebenso musste sich Helmholtz neben dem Sehen auf das handschriftliche Notieren einlassen, um seine Ergebnisse sicher weiter verarbeiten zu können). Für den Leser der *Recherche* sollte dieser Roman aber als ein Fernrohr funktionieren, als ein »Teleskop, das auf die Zeit gerichtet ist«. Wie der Erzähler Marcel sich ausdrückt, sollte das entstehende Romanwerk den Sehwerkzeugen ähneln, »die der Optiker in Combray einem Käufer über den Ladentisch reichte«.[100] Die Benutzung dieses optischen Werkzeugs war dazu bestimmt, nicht nur in Bezug auf die eigene Zeit, sondern auch hinsichtlich jeweiliger (Zeit-)Um-

---

99 Siehe dazu auch Alexandre Métraux, »Le régime scopique du XIXe siècle et la vision selon Herman von Helmholtz«, *Philosophiae Scientiae* 7/1 (2003): 151-166.

100 Marcel Proust, *Auf der Suche nach der verlorenen Zeit. Die wiedergefundene Zeit*, übers. von Eva Rechel-Mertens, revid. von Luzius Keller, Frankfurt am Main 2002, S. 505, sowie ders., »[Brief an Camille Vettard (März 1922)]«, in Robert Proust, Paul Brach und Suzy Mante-Proust (Hrsg.), *Marcel Proust. Correspondance générale, III. Lettres à M. et Mme Sydney Schiff, Paul Souday, J.-E. Blanche [etc.]*, Paris 1932, S. 195.

gebungen zu neuen Wahrnehmungen, Empfindungen und Gedanken zu kommen. In diesem Sinne ist auch der Roman von Proust als eine Sehmaschine zu begreifen, auch wenn deren Präzision eine andere als die numerische ist.

Die Forschungsmaschine von Helmholtz war dagegen auf Messungen, auf Zahlen ausgerichtet. Konkret geschahen die Zeitmessungen in der Weise, dass einmal eine vom Muskel entfernter liegende Nervenstelle, ein anderes Mal eine näher liegende Stelle elektrisch gereizt wurde. In beiden Fällen wurde dann die Zeit bestimmt, die für die aus den Reizungen folgenden Muskelkontraktionen insgesamt benötigt wurde. Aus den Differenzen zwischen den erhaltenen Ergebnissen und durch Berücksichtigung der jeweiligen Nervenlänge konnte dann auf die Fortpflanzungsgeschwindigkeit der Reizung im Nerv zurückgeschlossen werden. Das war die erste Ausprägung jenes Schemas, das sich später als »Variations- und Subtraktionsmethode« für viele Untersuchungen auf dem Gebiet der psychophysiologischen Zeitforschung als enorm produktiv erweisen sollte. Im Unterschied zu Pouillet verließ sich Helmholtz beim Praktizieren dieser Methode aber nicht auf empirische Tabellen, um mit ihrer Hilfe Nadelausschläge in Zeiteinheiten zu übersetzen. Vielmehr unternahm er es, die Zeitwerte aus den beobachteten Ausschlägen zu errechnen. Im Anschluss an das von Gauß und Weber angegebene Verfahren legte er dabei die allgemeinen Eigenschaften des von ihm verwendeten Galvanometers zugrunde. Die entscheidende Größe war die Schwingungsdauer des Magnetstabes. In den *Resultaten* von 1836 hatte Weber die Bestimmung dieser Größe mit Blick auf kleine Magnetstäbe (60 mm) geschildert. In den *Resultaten* von 1837 hatte Gauß eine ausführliche »Anleitung zur Bestimmung der Schwingungsdauer einer Magnetnadel« folgen lassen. Helmholtz griff auf diese Darstellungen zurück. Explizit zitierte er Webers Text in den *Resultaten* von 1836. Zuerst bestimmte er die Schwingungsdauer des von ihm benutzten Magnetstabes. Sie betrug 24,607 Sekunden. Die zweite grundlegende Größe war die Ablenkung des Magnetstabs, die bei diesem Aufbau durch einen andauernden Strom bewirkt wurde. Sie musste vor

Beginn jeder Untersuchungsreihe durch teleskopische Blicke bestimmt werden. Da Helmholtz außerdem in Rechnung stellte, »dass der Magnet niemals dauernd in absolute Ruhe versetzt werden kann«,[101] sondern sich aufgrund von Luftströmen und anderen äußeren Einflüssen permanent in geringer Bewegung befand, war bei jeder einzelnen Beobachtung auch zu bestimmen, wie groß die Ablenkung vor und nach der Einwirkung des zeitmessenden Stroms war, um daraus eine Art Durchschnitt, den »Meridian«, zu berechnen. Das war die dritte bzw. vierte Größe, die für die Berechnung der gesuchten Zeitwerte erforderlich war. Als fünfte und letzte Größe schlug die Ablenkung zu Buche, die dann stattfand, wenn der zeitmessende Strom geschlossen, also die Kontraktion ausgelöst wurde. Somit waren insgesamt fünf unterschiedliche Größen zu berücksichtigen, um aus den Nadelausschlägen präzise Zeitangaben errechnen zu können. So ausgeklügelt dieses Vorgehen aber war, es hatte mit einer wichtigen Einschränkung zu kämpfen. Nicht nur die gemessenen Zeiten der Kontraktion, auch die gemessene Länge des Nervs ging in das Ergebnis ein. Diese Länge war aber aufgrund der »grossen Dehnbarkeit« der Nerven »eine sehr unsichere«.[102] Auch wegen dieser Unsicherheit war die Spannbreite der Ergebnisse zur Fortpflanzungsgeschwindigkeit der Nervenreizung, von denen Helmholtz im Januar 1850 berichtete, nicht unbeträchtlich: zwischen 25 und 43 Metern in der Sekunde. Durch die Untersuchungen, die er im Laufe der folgenden Monate anstellte, versuchte er dieses Ergebnis genauer einzugrenzen. In den »Messungen«, dem 90-Seiten Aufsatz vom Juni 1850, präsentierte er schließlich einen durchschnittlichen Wert von 26,4 Metern in der Sekunde.

---

[101] Helmholtz, »Messungen«, S. 298.

[102] Ebd., S. 339.

Vor dem Hintergrund des produktiven Betriebs seiner komplexen Forschungsmaschine und einer an Gauß und Weber geschulten Genauigkeitskultur benennt Helmholtz in den »Messungen« seine konkreten Gründe für die Abwendung von der Methode der Kurven. Wie er berichtet, habe er noch in Königsberg zunächst das Vorhaben weiterverfolgt, die Bewegungen von Muskeln mit Hilfe ihrer Selbstaufzeichnung zu untersuchen. Das explizit dafür in Anspruch genommene Vorbild war die kymographische Registrierung von Blutdruckschwankungen und Atmungsbewegungen durch Ludwig. Wie sich bei näherem Hinsehen zeigt (siehe Abb. 6 und 7), war dies aber ein eher abstraktes Modell. Angesichts der Schnelligkeit der Muskelkontraktionen und der Ausrichtung auf Präzisionszeitmessungen stellte die Verwendung eines drehenden Zylinders als Aufzeichnungsfläche andere technische Anforderungen als das vergleichsweise gemächliche Kurvenzeichnen des Pulses und der Atmung, das von Ludwig vorgenommen worden war. Für die Untersuchungen von Helmholtz musste der Zylinder vor allem leichter und von daher auch kleiner sein, um sich mit angemessener Geschwindigkeit drehen zu können. In den »Messungen« lässt Helmholtz im Rückblick daher keinen Zweifel daran aufkommen, dass die Struktur des »einfachen Apparats«, den er für diesen Zweck gebaut hatte, eine provisorische war. Er hatte vor allem dazu dienen sollen, praktische Erfahrungen zu sammeln, um daran anschließend dann einen »definitiven [Apparat] construiren zu können«. Ähnlich wie seine Potsdamer Froschzeichenmaschine hatte es die fragliche Vorrichtung erlaubt, die Bewegungen eines mit Gewichten belasteten Muskelpräparats mit Hilfe eines »Stahlstäbchens« zu registrieren, und zwar »entweder auf einer horizontal fortbewegten, leicht angerussten Glasplatte, oder auf einer rotirenden Cylinderfläche«. Das Ergebnis waren Spuren von Muskelkontraktionen gewesen, die zugleich Markierungen von Zeit darstellten: »Der zuckende Muskel zeichnete auf diese Weise Curven, deren horizontale Abscissen der Zeit proportional, deren vertikale Ordinaten der

Erhebung des Gewichts gleich waren.« Helmholtz betont, dass dieses Vorgehen zu »sehr zarten und genauen Curven« geführt hatte. Tatsächlich waren sie mit bloßem Auge kaum zu erkennen. Entsprechend aufwendig war ihre Darstellung im Rahmen eines wissenschaftlichen Aufsatzes. Zuerst wählte Helmholtz eine »der auf dem berussten Glasplättchen gezeichneten Linien« als für eine solche Darstellung besonders geeignete aus. Dann nahm er ein Mikroskop zur Hilfe, um die fragliche Linie von Hand zu kopieren. An dieser Stelle konnte man also buchstäblich von einer Mikroskopie der Zeit sprechen. Während des Abzeichnens sorgte Helmholtz auch dafür, dass die »vertikalen Erhebungen [der Kurve] 6 2/3 mal vergrössert« wurden. Auf diese Weise in ihrer »Gestalt« rekonstruiert, wurde die gezeichnete Kurve an einen Stecher weitergegeben, um schließlich auf der den »Messungen« beigefügten Tafel gedruckt zu werden.

Angesichts der mühseligen Arbeit, die das Abbilden dieser Kurve erforderte, scheint nachvollziehbar, dass Helmholtz sich bei ihrer Diskussion auf ihre »allgemeine Form« beschränkte. Diese Form, so erklärt er zunächst nüchtern, erlaube lediglich, einen »Ueberblick über den Verlauf der Zuckung« zu gewinnen. Dann die Volte. Dieser Überblick, so fährt er fort, genüge aber bereits, um gegen Eduard Weber die »bisher unbekannte Thatsache« zu etablieren, dass die »Energie« eines Muskels sich nicht im Augenblick seiner momentanen Reizung vollständig entwickelt, »sondern grössentheils erst nachdem diese schon aufgehört hat«. Das war die entscheidende Einsicht, die schon die Arbeit mit einer einfachen Kurvenmaschine vermittelte: der Muskel geriet durch seine Reizung keineswegs ›augenblicklich in Zusammenziehung‹, wie es bei Weber geheißen hatte. Zwischen Stimulation und Kontraktion verging vielmehr Zeit – nicht viel, aber doch in deutlich erkennbarer Weise. Die Unmittelbarkeit, von der Weber ausgegangen war, erwies sich damit tatsächlich als ein Intervall, als eine Spanne, ein gleichermaßen umschriebener wie leerer Zeitraum – eine »Zwischenzeit«, eine *temps perdu*. Das war aber nicht alles, was an der am Mikroskop nachgezeichneten Kurve erkennbar wurde. Die rekonstruierte Linie zeigte insgesamt, dass die »Energie« des Muskels allmählich zunimmt, dann schnell ein Maximum erreicht und schließlich langsam wieder abnimmt. Der ansteigende Teil zeigte aber auch, dass der Muskel das Gewicht nicht kontinuierlich nach oben zog, also keiner linearen Beschleunigung unterlag, sondern mit einer Reihe von aufeinanderfolgenden Schüben und Stößen arbeitete. Dementsprechend zeigte die Kurve in ihrem ersten Abschnitt eine Aneinanderreihung von konkaven und konvexen Stellen. Anders gesagt, der Muskel zog nicht einfach ein Gewicht hoch, sondern zitterte und zappelte es gewissermaßen nach oben. Für Helmholtz bildete diese Diskontinuität im folgenden die Grundlage dafür, die Muskeltätigkeit einer segmentierten Analyse zugänglich zu machen, also Messungen zu unterschiedlichen Zeitpunkten, in unterschiedlichen Phasen vorzunehmen, oder genauer: durch die stufenweise Vergrößerung der Gewichte (von 50 auf 100 Gramm, von 100 auf 150 Gramm usw.) diese Phasen in ihrer jeweiligen Dynamik zu rekonstruieren, um daraus dann den Gesamtprozess wie aus Einzelbildern zusammenzusetzen. In diesem Sinn kann die Verwendung der Pouillet-Methode als kinematographisch bezeichnet werden, obwohl sie keine Bewegungen aufzeichnete, sondern nur ziffernförmige Momentaufnahmen lieferte.

Obwohl sich die in den »Messungen« abgedruckte Kurve in Intervalle von Zehntelsekunden unterteilen ließ, war für Helmholtz schnell deutlich geworden, dass genauere Zeitmessungen auf diese Weise nicht angestellt werden konnten. Hauptverantwortlich dafür war ihm zufolge der »Einfluss der Reibung«.[103] Was späteren Verfechtern der graphischen Methode als deren größter Vorzug erscheinen sollte – nämlich, dass »die darzustellende Bewegung alle ihre Veränderungen, auch die schnellsten und vorübergehendsten, selbst markirt«[104] – erscheint damit als Hindernis für die präzise Zeitmessung. Nach einigen Versuchen

---

[103] Ebd., S. 279-284.

[104] Oskar Langendorff, *Physiologische Graphik. Ein Leitfaden der in der Physiologie gebräuchlichen Registrirmethoden*, Leipzig / Wien 1891, S. 10.

in dieser Richtung stand für Helmholtz jedenfalls fest, dass die für die Methode der Kurven charakteristische Berührung von Untersuchungsobjekt und Aufzeichnungsvorrichtung – mit Peirce gesprochen: ihr indexikalischer Charakter – unweigerlich dazu führe, dass »die gerade stattfindende Bewegung verlangsamt« werde.[105] Durch »die unvermeidliche Reibung der einzelnen Theile des Apparates« war sie für Präzisionszeitmessungen daher nicht zu gebrauchen. Die Konsequenz war, die physiologische Selbstaufzeichnung als eine »vorläufige Methode« zu betrachten. Ihr hauptsächlicher Wert bestand darin, den diskontinuierlichen Verlauf der Muskelzuckung in seiner allgemeinen Form zu fassen, zu betrachten und zu weiteren Untersuchungen anzuregen.

In dieser Einschätzung liegt einer der Gründe dafür, dass die Forschungsmaschine von Helmholtz nicht der »Ursprung« der psychophysiologischen Zeitforschung, sondern ihr weitverzweigter Anfang ist. Tatsächlich ist die Figur der Wiederholung tief in diesen Anfang eingeschrieben. Helmholtz' Kritik an der Methode der Kurven hat eine fast vollständige Umrüstung seiner Forschungsmaschine in Richtung Elektromagnetismus zur Folge. Dabei bleibt kaum mehr als der Froschmuskel erhalten. Um diese organische Komponente herum werden annähernd alle Bestandteile der Maschine ausgetauscht oder durch neue ergänzt. Der damit verbundene Übergang von der Chronographie zur Chronoskopie war allerdings keine äußere Angelegenheit, keine bloße Methodenfrage, keine einfache Entscheidung für eine andere Technik. Worauf dieser Übergang verweist, ist vielmehr ein inwendiger Umbruch des ganzen bisher verfolgten Forschungsvorhabens. In den »Messungen« kommt dies schon am Anfang klar zum Ausdruck. Dort schreibt Helmholtz, er habe nach Einsicht in die Unzulänglichkeiten der Kurvenmethode »den bisher verfolgten Weg verlassen«, um sich »einen andern zu bahnen«. Dieser andere Weg, diese neue Bahnung des Experiments führte zu Pouillets elektromagnetischen Zeitmessverfahren, aber auch zu einem neuen Forschungsgegenstand.

[105] Helmholtz, »Messungen«, S. 283-284.

Von der Frage der Muskelbewegung ging Helmholtz zum Problem der Nervenreizung über.

Motivierend für dieses Driften war zum einen die physikalisch fundierte Einsicht, dass nicht nur die von einem Muskel gezeichneten Kurven, mochten diese auch noch so ›fein und regelmäßig‹ sein, einen experimentellen Zugang zur geleisteten ›mechanischen Arbeit‹ eröffneten. Ebenso und vielleicht noch mehr war es die Zeit, die diesen Zugang eröffnete, stellte sie doch einen wesentlichen Parameter der Muskelleistung dar. Zum anderen war es die für das Erfassen dieses Parameters erforderliche und dank Pouillet auch erreichbare Präzision, die den Untersuchungen von Helmholtz im Winter 1849/50 jenen neuen »Weg gebahnt« hatte,[106] der schließlich zur Messung der Fortpflanzungsgeschwindigkeit der Nervenreizung führen sollte. Erst die Aussicht auf die Möglichkeit, Zeitmessungen im Bereich von einer Zehntausendstelsekunde durchzuführen, warf die Frage auf, an welcher Stelle der Muskel bei den Versuchen gereizt werden sollte: in der Mitte, an seiner dicksten Stelle, irgendwo oben oder genau an der Einfügung des motorischen Nervs? Vielleicht sogar an einer weiter entfernten Nervenstelle? Letztlich ist es das probeweise Ändern dieses Faktors, das Helmholtz dazu brachte, die Fortpflanzungsgeschwindigkeit im Nerv durch entsprechende Variationen und Subtraktionen genau zu bestimmen. Die neue Genauigkeit, die höhere Auflösung der Zeitmessungen warf insofern nicht nur eine Frage auf, die einen aus Sicht der Kurvenmethode letztlich nebensächlichen Aspekt der Muskelbewegung betraf. Sie lieferte auch eine neue Antwort auf diese Frage – eine Antwort allerdings, die zugleich die Frage veränderte. Was zur Debatte stand, waren nun nicht länger Muskelbewegungen, sondern Nervenreizungen.

---

[106] Ebd., S. 277.

Das gemeinsame Funktionieren der drei Bereiche der Forschungsmaschine – Froschgestell, Galvano-Chronometer, Ablese-Fernrohr – war zunächst eine Angelegenheit ihrer räumlichen Verteilung oder, wie Helmholtz sich ausdrückt, des »Zusammenpassen[s]«[107] ihrer Bestandteile: Aufbauen des Gestells, Einhängen des Stahlrahmens und Belasten des Präparats, Verkabelung von Nerv und Galvanometer mit den galvanischen Elementen, Einstellung der Muskelhöhe, Positionierung von Fernrohr, Spiegel und Skala usw. Darüber hinaus war es aber ein Problem der zeitlichen Koordinierung. Nicht nur, dass die einzelnen Bereiche der Maschine auf materielle Vorbilder mit unterschiedlichen Datierungen zurückverwiesen, die im Hier und Jetzt des Königsberger Versuchsraums unter neuen Gesichtspunkten kombiniert und insofern verändert und neu aufeinander abgestimmt werden mussten: E. Webers Anordnung mit hängendem Muskel (1846), Pouillets Zeitmessungen mit Galvanometer (1845) sowie die Spiegelablesung nach Gauß und W. Weber (1837) bzw. Poggendorff (1826). Wie Helmholtz erklärte, machte die Bedienung der gesamten Maschine, die auf diese Weise zusammengebastelt worden war, es außerdem erforderlich, in jedem Augenblick eine Vielzahl von Aspekten zu berücksichtigen: »Umlegen höchst verwickelter Drahtleitungen mit Nebenströmen zweiter Ordnung, Einstellen des Muskels, Auflegen der Gewichte, Ablesen der Skalenteile, rechtzeitiges Schließen und Öffnen der Kette«. Gegenüber du Bois-Reymond gesteht er ein, »vollständig konfus« zu werden, wenn er »auf so viele Dinge gleichzeitig achtgeben« sollte – zumal, wenn zu diesen Dingen auch noch ein »kleines Mikroskop« hinzukam, das zur genauen Bestimmung der Erhebungshöhen des Muskels diente.[108]

Wegen der irritierenden Simultaneität des Versuchsaufbaus, besonders aber wegen dieser zweiten Ablesestelle, lag es nahe,

---

[107] Helmholtz an du Bois-Reymond, 14. Oktober 1849, in *Dokumente einer Freundschaft,* S. 87.

[108] Helmholtz, »Messungen«, S. 332-333.

»einen Gehülfen« in die Arbeit einzubeziehen. Andernfalls hätte der Experimentator bei jedem einzelnen Versuch zwischen dem Muskelpräparat im Froschgestell und dem auf den Galvanometer ausgerichteten Fernrohr rochieren und darüber hinaus die vielfältigen, für die elektrische Reizung erforderlichen Handgriffe selbst ausführen müssen. Den Effekt eines solchen Arbeitens *tout seul* beschreibt Helmholtz gegenüber du Bois-Reymond: »Die einzelnen Verrichtungen an den galvanischen komplizierten Leitungen an den Aufhängungsapparaten waren so viele, daß ich fast jede 3. oder 4. Messung verprudelte, so lange ich selbst alles tat [...]«.[109] Im gleichen Atemzug legt Helmholtz dar, dass es sich bei dem schließlich in Anspruch genommenen Gehilfen um niemand anderes als um seine Ehefrau Olga handelte. Den Ausdruck »verprudeln« möchte man als versteckten Hinweis darauf lesen. Er bedeutet soviel wie »eine Handarbeit im Verfertigen verderben«, etwa ein Strickzeug oder eine Naht.

In der Korrespondenz mit du Bois-Reymond wird Helmholtz ganz explizit. Aus der laufenden Arbeit heraus berichte er stolz nach Berlin, dass Olga bei seinen Versuchen als »höchst geduldige und ausdauernde Assistentin und Protokollführerin« fungiere, die die von ihm jeweils im Fernrohr »beobachteten Skalenteile« notiere.[110] Zu einem späteren Zeitpunkt heißt es, sie habe am Mikroskop »die Ablesungen der Erhebungshöhen der Gewichte [...] mit ausgezeichneter Genauigkeit« übernommen.[111] In einem noch stärkeren Sinn als einige der folgenden Maschinen zur psychophysiologischen Zeitmessung war die Forschungsmaschine von Helmholtz also keine »Junggesellenmaschine« im trivialen Sinn. Mitte der 1860er Jahre verdankte der Utrechter Physiologe Franciscus Donders seiner Frau den Hinweis auf den Zeitschriftenbericht über ein neues Instrument, den Phonautographen, der wenig später zum entscheidenden Attraktor seiner psychophysiologischen Zeitexperimente werden

---

[109] Helmholtz an du Bois-Reymond, 15. Januar 1850, in *Dokumente einer Freundschaft*, S. 91.

[110] Helmholtz an du Bois-Reymond, 14. Oktober 1849, ebd., S. 88.

[111] Helmholtz an du Bois-Reymond, 15. Januar 1850, ebd., S. 91.

sollte. Doch während Ernestina Donders sich nicht direkt an der Forschungsarbeit ihres Mannes beteiligte, verschaffte Helmholtz seiner Frau als Schriftführerin, Assistentin und Versuchsperson Zutritt zu seinem Untersuchungsraum, um auf diese Weise die Leistungsfähigkeit seiner Experimentieranordnung weiter zu vergrößern.[112]

Einmal in Betrieb genommen, lieferte die Forschungsmaschine in Königsberg einen semiotischen *output*, der vergleichsweise einförmig war. Er bestand im Wesentlichen aus Zahlen. Der »Vorläufige Bericht« beschränkt sich auf summarische Zahlenangaben zur Länge der Froschnerven und der Sekundenbruchteile, die für die Fortpflanzungsgeschwindigkeit der Reizung in den Nerven erforderlich waren. Die »Messungen« warten dagegen mit ausführlichen Protokollen zu einzelnen Versuchsreihen auf, in denen – entsprechend des komplizierten Berechnungsverfahrens – eine Vielzahl von Größen festgehalten wurden. Nach dem Tagesdatum werden dort zunächst die Entfernung der beiden Nervenstellen voneinander sowie die Nadelausschläge vor und nach der eigentlichen Zeitmessung angegeben. In Spalten angeordnet folgen darunter dann die laufende Nummer der jeweiligen »Beobachtung«, die Größe des eingehängten Gewichts, die Erhebungshöhen sowie die Ausschläge der Galvanometernadel bei der Reizung von der »entfernteren« und der »näheren« Nervenstelle. Ergänzt wird diese Aufstellung durch die »nach den Regeln der Wahrscheinlichkeitsrechnung«[113] bestimmten Mittelwerte für die bei den unterschiedlichen Nervenstellen jeweils festgestellten Galvanometerausschläge. Hinzu kommt noch die Bestimmung des »wahrscheinlichen Fehlers« dieser Mittelwerte und der einzelnen Beobachtungen. Abschließend werden darauf basierend der »Zeitunterschied wegen der Fortpflanzung« sowie die »Fort-

[112] Henning Schmidgen, »The Donders Machine. Matter, Signs, and Time in a Physiological Experiment, c. 1865«, *Configurations* 13/2 (2005/2007): 211-256.

[113] Helmholtz, »Messungen«, S. 337.

pflanzungsgeschwindigkeit« angegeben, umgerechnet in Meter pro Sekunde (Abb. 18).

Wie das Labortagebuch verdeutlicht, das vom Forscherehepaar Helmholtz im Zeitraum zwischen März und Juni 1850 geführt wurde, basieren diese publizierten Protokolle auf einem handschriftlichen Notationssystem, in dem die an aufeinander folgenden Tagen gemachten Beobachtungen fortlaufend untereinander registriert wurden (Abb. 19). Die dafür im Inneren des Buches vorgenommene Formatierung war dementsprechend einfach. Mit Hilfe von Bleistiftstrichen waren die unlinierten Blätter horizontal in sieben rechteckige Kästen untergliedert worden. Vertikal war außen auf jeder Seite ein Rand ohne Kastenunterteilung gelassen worden, der ein Drittel bis ein Viertel des insgesamt zur Verfügung stehenden Platzes einnahm. Die Zahlen wurden dann nach einem mehr oder weniger gleichbleibenden Schema in die Kästen eingetragen: zunächst die Ausschläge der Nadel vor und nach der jeweiligen Beobachtung, dann die Belastung des Muskels, schließlich die Ausschläge der Galvanometernadel und die Erhebungshöhen des Muskels. Direkt neben den Kästen wurden zu Beginn der Versuchsreihe das Tagesdatum und die laufende Nummer der einzelnen Beobachtungen registriert. Der Rand bot auch Platz für erste Rechnungen und kurze Bemerkungen wie etwa: »Ajusté«, »Der Muskel war schlecht oben befestigt, riß zuletzt ab« oder »Nachmittag[s] mit dem zweiten Schenkel fortgefahren«.[114] Gelegentlich wurden solche Bemerkungen auch direkt in das Feld eines bestimmten Versuchs geschrieben: »Lange, unregelmäßige Zuckungen«, »Ohne Belastung« oder »Möglichst fein eingestellt«.[115] Darüber hinaus wurden einzelne Beobachtungen in diesem Laborbuch mit Bleistift durch einen bogenförmigen Strich

---

[114] Hermann Helmholtz und Olga Helmholtz, [Labornotizbuch, 29. März bis 9. Juni 1850], *Archiv der Berlin-Brandenburgischen Akademie der Wissenschaften,* NL Helmholtz 547, S. 13, S. 14 und S. 46. Dieses Laborbuch wird schon von Königsberger erwähnt, allerdings nur Olga Helmholtz zugeschrieben. Siehe Königsberger, *Hermann von Helmholtz*, Bd. 1, S. 113.

[115] Helmholtz, [Labornotizbuch], S. 8 und S. 33.

seitlich markiert, vermutlich bei einer nochmaligen Durchsicht von Ergebnissen. Keine der Versuchsreihen, die in diesem Buch protokolliert sind, ist aber in eine Veröffentlichung eingegangen. Zwar berichten die »Messungen« über Versuchsreihen vom Mai 1850. Insofern gibt es zeitliche Überschneidungen zwischen dieser Veröffentlichung und dem Laborbuch. Aber weder die Tagesdaten noch die römische Nummerierung der Versuchsreihen in den »Messungen« sind einzelnen Einträgen im Laborbuch zuzuordnen.

Bemerkenswert ist ferner, dass Art und Anzahl der Größen, die bei den Versuchen zahlenmäßig erfasst wurden, sich im Lauf der Untersuchung veränderten. Auch daran lassen sich, wenn auch in kleinerem Maßstab, neue Wege, andere Bahnungen des Experiments erkennen. Das betrifft beispielsweise die Aufbewahrungsdauer der Frösche. Bei den Versuchen, die dem »Vorläufigen Bericht« zugrunde liegen, hatte Helmholtz noch mit Tieren experimentiert, die, wie er rückblickend erklärt, »durch viermonatliche Gefangenschaft und Hunger entkräftet« waren.[116] Die Reizbarkeit dieser Frösche hatte sich dadurch in der Weise verändert, dass von verschiedenen Nervenstellen aus unterschiedliche intensive Ströme angewendet werden mussten, um »gleiche mechanische Wirkungen« hervorzubringen – eine unerwünschte Komplizierung der ohnehin schon aufwendigen Experimente, für die eine weitestgehende Identität der Wiederholung entscheidend war. In den publizierten Protokollen der »Messungen« wird daher nicht nur das jeweilige Laboralter der Frösche vermerkt, Helmholtz versuchte in seinen neueren Versuchen auch möglichst mit »frisch gefangenen Fröschen« zu arbeiten – dies war in den Wintermonaten nicht möglich gewesen. Die Frische der Frösche war aber nicht der einzige Faktor, der sich erst im Verlauf der Untersuchungen als wichtig herausgestellt hatte. Auch die Wärme schlug zu Buche. Zwar gibt schon der »Vorläufige Bericht« neben der Länge der Froschnerven und der Fortpflanzungsgeschwindigkeit der Nervenreizung die durchschnittliche Außen- und Innentemperatur an, von der

[116] Helmholtz, »Messungen«, S. 334.

für die Aufbewahrung der Frösche und die Durchführung der Versuche auszugehen war. Das reflektiert offenbar Helmholtz' frühere Beschäftigung mit dem Phänomen der organischen Wärme. Wie er in den »Messungen« erklärt, geschahen diese Angaben zur Temperatur in der Tat aufgrund der Vermutung, »dass wahrscheinlich die Fortpflanzungsgeschwindigkeit [der Reizung in den Nerven] mit der Temperatur abnehme«. Tatsächlich war er aber »erst später«, das heißt nach den Versuchen vom Winter 1849/50, konkret auf den Einfluss aufmerksam geworden, den die Temperatur auf die Fortpflanzungsgeschwindigkeit der Nervenreizung ausübt. Bei seinen ersten Versuchen hatte Helmholtz es noch »versäumt, die Temperatur des Zimmers zu bestimmen«. Der »Vorläufige Bericht« arbeitet demnach mit retrospektiven Schätzungen. Diese sollten aber immerhin ausreichen, um aus der Differenz der Temperaturwerte die Spannbreite der gefundenen Zeitwerte (0,0014 bis 0,0020 Sekunden) zu erklären. Die höheren Zeitwerte entsprechen demnach »den kälteren Tagen«. In den »Messungen« wird die Temperatur allerdings erst in den Protokollen von Versuchsreihen vermerkt, die im Mai 1850 durchgeführt wurden. Zweifellos hat Helmholtz diesem Faktor insgesamt große Bedeutung beigemessen, denn er hat ihn auch in gesonderten Versuchsreihen untersucht. So berichten die »Messungen« abschließend von einigen Experimenten, bei denen der Nerv an umschriebenen Stellen mit Hilfe kleiner Eisstückchen gekühlt wurde. Die Schlussfolgerung, die Helmholtz aus diesen Versuchen zog, lautet – analog zur oben zitierten Vermutung: »Die Fortpflanzungsgeschwindigkeit der Reizung in der erkalteten Stelle ist beträchtlich vermindert.« Noch im Schlussteil setzen die Untersuchungen von Helmholtz damit ihr Driften fort. Nachdem sie von der Chronographie zur Chronoskopie übergangen waren und von der Muskelbewegung zur Nervenreizung, nachdem Helmholtz sein Arbeiten *tout seul* aufgegeben hatte und im folgenden mit seiner Frau Olga kooperierte, erschien die Nervenreizung nun nicht mehr nur als ein rein temporales, sondern ebenso als thermisches Phänomen (siehe dazu auch die Kommentare im Laborbuch, Abb. 19).

Wahrscheinlich ist es diese Stelle, an der die Zeitmessungen am Nerv am deutlichsten mit den früher durchgeführten Untersuchungen zur Muskelaktivität in Verbindung stehen, die ja besonders auf das Problem der Wärme zentriert waren. In der 1848 veröffentlichten Studie »Ueber die Wärmeentwicklung bei der Muskelaction« hatte Helmholtz gezeigt, dass die Kontraktionen eines Muskels Wärme hervorbringen und damit der älteren Auffassung, dass Körperwärme allein durch das Blut entsteht, einen entscheidenden Stoß versetzt. An gleicher Stelle hatte Helmholtz auch einige Beobachtungen »Ueber Wärmeentwicklung in den Nerven« mitgeteilt, allerdings nur »verschwindend kleine« Temperaturänderungen gefunden. Auf dieses Phänomen kam er nun, am Ende der »Messungen« wieder zurück, weil er einen Zusammenhang zwischen Zeit und Wärme beobachtet hatte. Was zunächst nur als Zeitverhältnis im Inneren des organischen Körpers erschien, entpuppte sich als abhängig von der Umgebungstemperatur – innerhalb und außerhalb des Körpers. Mit Blick auf den isolierten Froschmuskel könnte man insofern sagen *que le temps* (die Zeit) *se prolongeait ici dans le temps* (das Wetter).

Für Proust wäre das keine Überraschung gewesen. Empfindlich gegen Staub, Lärm und Licht hatte der Schriftsteller in seiner Wohnung am Boulevard Haussmann alles Mögliche unternommen, um sich in seinem Zimmer von der Außenwelt abzuschirmen – fast wie ein Laborpräparat unter einer Glasglocke. Die Läden an den beiden großen Fenstern des Zimmers, das im zweiten Stock und zur Straße hin gelegen war, blieben immer verschlossen. Die Gardinen und die mit Baumwolle gefüllten Vorhänge waren stets zugezogen. Große Korkplatten, mit denen Wände und Decke seit Juli 1910 verkleidet waren, sollten für Lärmschutz sorgen.[117] Auch hier erwiesen sich die Abgeschiedenheit und Ruhe, die Proust damit im Inneren seiner

---

[117] Henri Raczymow, *Le Paris littéraire et intime de Marcel Proust,* Paris 1997, S. 41, Marcel Proust, *Nachgeahmtes und Vermischtes,* übers. von Henriette Beese, Ludwig Harig und Helmut Scheffel, Frankfurt am Main 1989, S. 21.

Wohnung gewann, als paradoxe Voraussetzungen für eine gesteigerte Wahrnehmung des Außen. Ähnlich wie sein Erzähler Marcel befand sich der Schriftsteller nun in einem Zimmer, in dem »jedes Geräusch nur dazu dient[e], die Stille hervortreten zu lassen, indem es sie von der Stelle schiebt«,[118] und es ist anzunehmen, dass Proust – wie sein Erzähler – genau dadurch in die Lage versetzt wurde, innerlich zu zucken und zu springen »wie eine Maschine, die sich nicht vom Platz rühren kann«. Tatsächlich gelingt es Marcel in seinem verschlossenen Zimmer noch intensiver als sonst an den alltäglichen Geschehnissen in seiner Umwelt teilzuhaben. Nach der Selbsteinschließung mit Albertine als Gefangener beobachtet er zum Beispiel folgendes: »[I]n mir selbst vernahm ich freudetrunken den neuen Klang, den die innere Geige erklingen ließ. Ihre Saiten werden durch einfache, von außen erzeugte Unterschiede in Temperatur oder Beleuchtung gespannt oder entspannt. In unserem inneren Wesen, einem Instrument, das die Einförmigkeit der Gewohnheit zum Verstummen gebracht hat, entsteht der Gesang aus solchen Abweichungen, solchen Variationen, der Quelle jedweder Musik: An gewissen Tagen führt uns das Wetter alsbald von einer Klangfarbe zu einer anderen. [...] Nur diese inneren, obgleich von außen kommenden Modifikationen erneuerten für mich die äußere Welt. Verbindungstüren, die seit langem zugemauert waren, öffneten sich in meinem Hirn.«[119] Unter musikalischem Vorzeichen löst sich die Zeit hier von äußeren Instanzen wie etwa Uhren ab und erweitert sich tatsächlich zum Wetter, einem periodisch variablen, ebenso räumlich wie zeitlich bestimmten Phänomen, das den ganzen Körper erfasst und diesen selbst als »Zeit-Raum« neu definiert. Helmholtz scheint, das legen seine abschließenden Beobachtungen zum Verhältnis von Nerventätigkeit und Wärme nahe, in den »Messungen« ebenfalls einem solchen Zeit-Raum auf der Spur gewesen zu sein.

---

118 Proust, *Nachgeahmtes und Vermischtes*, S. 230.

119 Marcel Proust, *Auf der Suche nach der verlorenen Zeit. Die Gefangene*, übers. von Eva Rechel-Mertens, revid. von Luzius Keller, Frankfurt am Main 2000, S. 30-31.

4. Netzwerke der Technik, Netzwerke des Wissens

We are the synchronizers.
We are electronic performers.
Air

Verschränkungen des Internen mit dem Externen lassen sich auch am Betrieb der Forschungsmaschine in Königsberg beobachten, vor allem in Hinsicht auf die zeitliche Koordinierung ihrer Effekte. Obwohl sie im physiologischen Abseits und der Ruhe eines Universitätsgebäudes in Ostpreußen funktionierte, stand diese Maschine in enger Verbindung mit den vergleichsweise hektischen Wissenschafts- und Technikaktivitäten in Berlin und Paris. Neben den Veröffentlichungen, die in dichter Folge an sie anschlossen, war es besonders der Briefwechsel mit du Bois-Reymond, durch den Helmholtz sein wissenschaftliches Umfeld über den Fortgang seiner Maschinenarbeit auf dem Laufenden hielt. Über du Bois-Reymond erreichte er zum einen die Physikalische Gesellschaft in Berlin, vor allem aber die Preußische Akademie der Wissenschaften sowie die Académie des Sciences in Paris. Zum anderen hielt er so den Kontakt zu Johannes Müller, Gustav Magnus und – Alexander von Humboldt, immer noch eine wichtige Mittlerfigur zwischen germanophoner und frankophoner Wissenschaftskultur.[120] Im Gegenzug kanalisierte du Bois-Reymond den in diesem Kontext jeweils neuesten Stand der elektrophysiologischen Forschung und übermittelte ihn per Brief an Helmholtz, teils informell, teils in Gestalt von Publikationen. Bereits 1848, noch bevor Helmholtz nach Königsberg gewechselt war, hatte du Bois-Reymond den ersten Band seiner *Untersuchungen über thierische Elektricität* veröf-

[120] Ulrich Päßler, *Ein »Diplomat aus den Wäldern des Orinoko«. Alexander von Humboldt als Mittler zwischen Preußen und Frankreich*, Stuttgart 2009. Zur Physikalischen Gesellschaft siehe Horst Kant, *Ein »mächtig anregender Kreis« – die Anfänge der Physikalischen Gesellschaft zu Berlin*, Berlin 2002.

fentlicht und Johannes Müller gewidmet, 1849 brachte er die erste Abteilung des zweiten Bands heraus und widmete sie Alexander von Humboldt. Während Helmholtz sich 1850 in Königsberg an die Abfassung der »Messungen« machte, war du Bois-Reymond in Berlin mit der Redaktion von Abteilung 2 des zweiten Bands seiner *Untersuchungen* beschäftigt. Besonders zu dieser Zeit gehen die zwischen den beiden Physiologen gewechselten Briefe ins wissenschaftliche und technische Detail. Man kann von einer Kooperation auf Distanz sprechen, den Ausstülpungen lokaler Forschungsgefüge, über die sich zentral- und ostpreußische Laborpraktiken miteinander verbunden haben, fast schon von der personell wie räumlich verteilten Organisation eines einzigen wissenschaftlichen Projekts. Tatsächlich schreibt du Bois-Reymond in dieser Zeit an Helmholtz: »Wir arbeiten nun einander ordentlich in die Hände, und so kann etwas zustande kommen, da für einen die Arbeit zu viel ist.« Angesichts von Parallelen, die sich auch ohne vorherige Absprache in einzelnen Formulierungen der von beiden publizierten Texte zeigten, mutmaßt er gegenüber Helmholtz sogar, dass dies auf eine »Konformität in den Bewegungen unserer Gehirnmolekeln« zurückzuführen sei.[121]

Zumindest die Rede von der ineinandergreifenden Handarbeit war nicht allein metaphorisch gemeint. In der Tat ging es den beiden Wissenschaftlern um mehr als den Austausch und die Abstimmung von physiologischen Inhalten, Konzepten oder Gedanken. So hielt Helmholtz, obwohl er die Mehrzahl der technischen Komponenten für seine Versuchsaufbauten in Königsberg anfertigen ließ,[122] über du Bois-Reymond beispielsweise Kontakt zu den Berliner Mechanikern. Dazu zählten unter anderem der Feinmechaniker und Spiegelschleifer Johann Oertling

---

[121] Du Bois-Reymond an Helmholtz, 19. März 1850, in *Dokumente einer Freundschaft,* S. 93, sowie du Bois-Reymond an Helmholtz, 18. März 1851, ebd., S. 106.

[122] Siehe dazu Helmholtz an A. F. J. Helmholtz, 19. März 1850: »Die Apparate, welche ich zu meinen bisherigen Arbeiten gebraucht habe, sind mir hier auch ganz gut angefertigt worden.« Zit. n. Leo Königsberger, *Hermann von Helmholtz*, Bd. 1, S. 121.

sowie der Elektrotechniker Johann Georg Halske, in dessen gemeinsam mit Werner Siemens geführter »Telegraphen-Bauanstalt« du Bois-Reymond sich seine Galvanometer fertigen ließ und teilweise selber fertigte.[123] Ebenfalls durch Briefe an du Bois-Reymond wickelte Helmholtz seine Verhandlungen mit Moritz Veit und anderen Verlegern in Berlin ab: ob es um Korrekturen am Textmanuskript der »Messungen« ging, um Änderungen an den zugehörigen Zeichnungen (sollten die Kontakte im hängenden Stahlrahmen des Froschgestells geöffnet oder geschlossen dargestellt werden?) oder um den richtigen Kupferstecher für die Umsetzung der Zeichnungen in den Druck. Sogar die Frage, auf welchem Papier die entsprechende Tafel gedruckt werden sollte, wurde zwischen Helmholtz und du Bois-Reymond brieflich erörtert.[124]

Neben öffentlichen und privaten Schriften – also den Publikationen und der Korrespondenz – verkoppelte sich die Forschungsmaschine von Helmholtz auch auf der Ebene der materiellen Kultur mit den weiter im Westen gelegenen Zentren der wissenschaftlichen und technischen Aktivität. Innerhalb des Untersuchungsraums an der Königsberger Universität war diese Maschine ein netzwerkartiges Gefüge aus heterogenen Bestandteilen. Innerhalb Preußens oder gar Europas wurde sie zum Knotenpunkt eines weitaus größer dimensionierten Netzwerks von unterschiedlichsten Vorhaben in Forschung und Technik. Was letztere angeht, so kam die Verkopplung zu der Maschine in Königsberg hauptsächlich durch den Rückgriff auf das von Pouillet angegebene »Mittel zur Messung äußerst kurzer Zeiträume« zustande. Durch diesen Rekurs schloss Helmholtz an eine ebenso lebhafte wie weitverzweigte Auseinandersetzung an, die seit Mitte der 1840er Jahre zwischen Wissenschaftlern, Instrumentenbauern und Militärs über die Anwen-

---

[123] Siehe dazu insgesamt Sven Dierig, *Wissenschaft in der Maschinenstadt. Emil Du Bois-Reymond und seine Laboratorien in Berlin*, Göttingen 2006.

[124] Zu Veit siehe Anne-Katrin Ziesak, *Der Verlag Walter de Gruyter, 1749-1999*, Berlin / New York 1999, S. 105-140.

dung des Elektromagnetismus auf das Problem der präzisen Bestimmung und Übermittlung von Zeit geführt wurde. Prägend für diese Auseinandersetzung waren Erfahrungen im Telegraphenbau, sowie die Erwartung, entsprechende Zeitmessgeräte in die Ballistik einführen und dort verbreiten zu können, mithin also das Interesse, sie in großer Stückzahl an das Militär zu verkaufen. In Gang gebracht worden war diese Debatte durch eben jenen Vortrag, mit dem Pouillet am 23. Dezember 1844 seine Methode der elektromagnetisch basierten Zeitmessung in der Académie des Sciences in Paris vorgestellt hatte. Wenige Tage nach Pouillets Referat, am 20. Januar 1845, stellte der Physiker, Uhrmacher und Telegraphenbauer Louis François Clément Breguet derselben Akademie eine Vorrichtung für Präzisionszeitmessungen vor, die er gemeinsam mit einem russischen Militär namens Konstantin I. Konstantinoff entwickelt hatte. Breguet zufolge war diese Vorrichtung, die mit Hilfe eines elektromagnetisch gesteuerten Stifts Zeitmarkierungen auf einen rotierenden Zylinder anbrachte, für die »Messung der Geschwindigkeit von Projektilen an unterschiedlichen Punkten ihrer Flugbahn« geeignet. Ähnlich wie Pouillet, der seine Methode mit einem ballistischen Pendel verglichen hatte (siehe Kap. 3), stellte damit auch Breguet den Bezug zu militärischen Anwendungen her. Zugleich stellte er heraus, dass er die Idee für eine Anwendung der Elektrizität auf die Messung kurzer Zeiträume deutlich früher als Pouillet gehabt hatte. Zumindest liege die Konstruktion des jetzt vorgestellten Geräts mittlerweile schon »ungefähr ein Jahr« zurück.[125]

Wenige Wochen später reagierte der englische Physiker und Instrumentenbauer Charles Wheatstone auf diese Intervention von Breguet, ebenfalls mit einem Vortrag vor der Académie des Sciences. Am 26. Mai 1845 beanspruchte Wheatstone dort, bereits Anfang 1840 ein entsprechendes Instrument konstruiert

---

[125] Louis Breguet, »Note sur un appareil destiné à mesurer la vitesse d'un projectile dans différents points de sa trajectoire«, *Comptes rendus hebdomadaires des séances de l'Academie des sciences de Paris* 20 (1845): 157-162.

zu haben, »um rasche Bewegungen und besonders die Geschwindigkeit von Geschossen zu messen«.[126] Seither habe er eine ganze Reihe solcher Instrumente konstruiert, die allesamt als »Ableitung« aus dem elektrischen Telegraphen zu verstehen seien, den er 1837 gemeinsam mit William Cooke entwickelt hatte. Besonderen Nachdruck verlieh er seinem Anspruch dadurch, dass er einen Ausdruck in die Debatte einbrachte, den weder Breguet noch Pouillet verwendet hatten: »Chronoskop«, aus dem griechischen *chrónos,* Zeit, und *skopein,* betrachten oder sehen. Dieser Terminus war zwar schon im England des 18. Jahrhunderts als Synonym für »Zeitmesser« gebräuchlich gewesen. Bei Wheatstone jedoch fungierte er als neuer Sammelname für elektromagnetisch gesteuerte Uhren und Präzisionszeitmesser und verband sich mit einer Reihe von ähnlichen Ausdrücken, die der englische Physiker für andere von seinen Instrumenten eingeführt hatte: »Rheoskop« und »Elektroskop« etwa (beides Geräte zur Strommessung), »Gyroskop« (ein Instrument zur Veranschaulichung von Kreiselbewegungen und zum Beweis der Achsendrehung der Erde), »Pseudoskop« (zur Umkehrung von optischen Reliefeffekten) und nicht zuletzt das berühmte »Stereoskop«. Die elektromagnetisch gesteuerten Uhren rückten damit in ein regelrechtes Arsenal von Skopen ein.

Nach dieser Einleitung enthüllte Wheatstone dann, dass auch er Konstantinoff kenne. Schon 1842 habe er in London dessen Bekanntschaft gemacht und wenig später für ihn ein »elektromagnetisches Chronoskop« angefertigt. Dieses habe er im Januar 1843 nach Paris geschickt, wo sich der russische Militär mittlerweile aufhielt. Die Botschaft war klar: Wheatstone unterstellte, dass Breguet sich mit Konstantinoffs Hilfe bei der Konstruktion der Zeitmessungsvorrichtung – freundlich formu-

---

[126] Charles Wheatstone, »Note sur le chronoscope électromagnetique«, *Comptes rendus hebdomadiares des séances de l'Académie des Sciences* 20 (1845): 1554-1561, hier zitiert nach der deutschen Übersetzung »Ueber das elektro-magnetische Chronoskop«, *Annalen der Physik und Chemie* 65 (1845): 450-461, auf S. 451.

liert – an seine (Wheatstones) Erfindung angelehnt hatte, es sich also – weniger freundlich formuliert – um ein Plagiat handelte. Der englische Physiker warf Breguet dieses Abkupfern vor, kritisierte dessen Zeitmessapparat aber auch mit deutlichen Worten: »Wäre Herr Breguet besser von den Mitteln unterrichtet gewesen, durch welche ich eine Reihe successiver Messungen an einer selben [Geschoss-]Trajectorie erhalten musste, so würde er gefunden haben, dass das, was er, selbst mit einem Dutzend Elektromagnete, zu erhalten suchte, auf eine wirksamere Weise mit einem einzigen zu erhalten seyn würde.«[127] Der von Breguet präsentierte Kurzzeitmesser war in Wheatstones Augen »viel weniger genau«, »viel complicirter und kostspieliger«, als alle Chronoskope, die er selbst seit 1840 entworfen und gebaut hatte. Konkretere Nachweise für diese Argumente blieb Wheatstone allerdings schuldig, nicht zuletzt deswegen, weil er, genau wie seine Vorredner, die Veröffentlichung seiner Intervention in den *Comptes rendus* nicht durch Abbildungen ergänzen konnte. So blieb nur ein Beteuern im Nachhinein, dass er schon 1841 einigen Mitgliedern der Pariser Akademie Zeichnungen von seinen Chronoskopen vorgelegt hatte. Pouillet seien einige davon sogar zum Kopieren überlassen worden.

Obwohl es eine Reihe von historischen Studien gibt, die sich mit den elektromagnetisch gesteuerten Kurzzeitmessern des 19. Jahrhunderts beschäftigen, ist es bislang nicht gelungen, den genauen Anfangspunkt ihrer Abstammungslinie ausfindig zu machen.[128] Wahrscheinlich gibt es den *einen* Moment, in dem

---

[127] Wheatstone, »Ueber das elektro-magnetische Chronoskop«, S. 459-460.

[128] Zum Begriff der Abstammungslinie (*lignée*) technischer Objekte siehe Gilbert Simondon, *Du mode d'existence des objets techniques*, Édition augmentée d'une préface de John Hart et d'une postface de Yves Deforge, Paris 1989, S. 40-49. Zur Geschichte physiologischer und psychologischer Zeitmessinstrumente im 19. Jahrhundert siehe Horst Gundlach, »Time-Measuring Apparatus in Psychology«, in *A Pictorial History of Psychology*, hrsg. von Wolfgang G. Bringmann u.a., Chicago u.a. 1997, S. 111-116, sowie Rand B. Evans, »Chro-

»das« Chronoskop erfunden wurde, auch gar nicht. Nach allem, was man weiß, kam es nie zu einer Patentierung. Letztlich war es schon 1845, als Breguet und Wheatstone vor die französische Wissenschaftsakademie traten, für einen Ursprung in diesem Sinn zu spät. Mitte der 1840er Jahre war die Anwendung des Elektromagnetismus auf das Problem der Zeit längst keine Neuigkeit mehr. Wie das Beispiel von Gauß und Weber zeigt (siehe Kap. 3), stand, sobald von elektrischer Telegraphie die Rede war, die Möglichkeit dieser Anwendung im Raum. 1839 ließ sich der Physiker und Telegraphenpionier Carl August Steinheil, der mit Gauß und Weber in Göttingen korrespondierte, ein System »galvanischer Uhren« patentieren. 1840 hatte Wheatstone eine elektromagnetisch gesteuerte Uhr in den »Apartments« der *Royal Society* vorgestellt, und in dieselbe Zeit reicht Alexander Bains Arbeit an Netzwerken von sogenannten »elektrischen Uhren« zurück (Abb. 20). Wheatstones Hinweis, dass das Chronoskop sich als Derivat seiner Beschäftigung mit der Telegraphie verstehen ließ, war offenbar dem Versuch geschuldet, einen Anspruch auf Priorität zu sichern. Durch eben diesen Hinweis gestand Wheatstone aber auch ein, nur die Rechte auf die Ableitung aus einer Technologie zu reklamieren, die ihrerseits nichts anderes als eine Ableitung darstellte. Und weil dies so war, stand es anderen Wissenschaftlern und Technikern frei, eigenständige Ableitungen aus dem Elektromagnetismus vorzunehmen, um die Arbeit an den entstehenden Netzwerken der Kommunikation und der Zeit auf ihre Weise voranzutreiben – und zwar nicht bloß in technischer Hinsicht.

Tatsächlich zog die Auseinandersetzung um Zeit, Telegraphie und Geschwindigkeit rasch weitere Kreise. Im Herbst 1845 wurde sie in Berlin aufgenommen und fortgesetzt, vor dem Forum der Physikalischen Gesellschaft, der du Bois-Reymond als Mitbegründer und Helmholtz als eines der ersten aufgenommenen Mitglieder angehörten. Am 3. Oktober 1845 meldete sich dort Werner Siemens, zu dieser Zeit Leutnant der Preußi-

---

noscope«, in *Instruments of Science,* hrsg. von Robert Bud und Deborah J. Warner, New York / London 1998, S. 115-116.

schen Artillerie, mit einem Vortrag »Ueber die Anwendung des elektrischen Funkens zur Geschwindigkeitsmessung« zu Wort. In Siemens' Augen war die in der Pariser Akademie ausgetragene Debatte in der Tat nichts anderes als ein »Prioritätsstreit«. Er zögerte nicht, sich aktiv daran zu beteiligen. Zum einen beanspruchte Siemens, dass es die Artillerie-Prüfungs-Kommission zu Berlin gewesen sei, die als erste einen elektromagnetisch gesteuerten Präzisionszeitmesser entwickelt hatte. Bereits im Februar 1839, also noch ein Jahr vor Wheatstone, habe diese Kommission den Berliner »Uhrmacher Hr. Leonhardt« beauftragt, einen Chronometer zu bauen, »welcher sich zur Angabe sehr kleiner Zeittheile eignete und durch magnetische Kraft engagirt und arretirt werden könnte«.[129] Wenig später wurde Leonhardt – wie Siemens war auch er ein frühes Mitglied der Physikalischen Gesellschaft – durch den Generalstab der preußischen Armee beauftragt, Probeversuche zur elektrischen Telegraphie durchzuführen, an welchen sich Siemens ebenfalls beteiligte.[130] Zum anderen kritisierte Leutnant Siemens die von Wheatstone *und* Breguet beschriebenen Zeitmessinstrumente und machte Verbesserungsvorschläge, die sich auf die praktischen Erfahrungen stützten, die er selbst mit dem Instrument in Berlin gesammelt hatte. Besonders die Tatsache, dass sowohl Wheatstone wie auch Breguet die Aufzeichnung der »Zeitmarken« mit Hilfe von elektromagnetisch gesteuerten »Ankern« auf der Oberfläche eines rotierenden Zylinders vornehmen ließen, erschien ihm als problematisch. Solche Anker würden »im Augenblicke des Stosses auf den Cylinder eine beträchtliche

---

[129] Werner Siemens, »Ueber die Anwendung des elektrischen Funkens zu Geschwindigkeitsmessungen«, *Annalen der Physik und Chemie* 142/11 (1845): 435-445, auf S. 436.

[130] Artur Fürst, *Werner von Siemens. Der Begründer der modernen Elektrotechnik*, Stuttgart / Berlin 1916, S. 39. Konkret ging es um die Erprobung eines Zeigertelegraphen nach Wheatstone, bei dem Sender und Empfänger synchron laufen mussten – eine Anforderung, die offenbar erst Siemens umsetzen konnte. Siehe Siegfried von Weiher, *Werner von Siemens. Ein Leben für Wissenschaft, Technik und Wirtschaft*, Göttingen u.a. 1970, S. 20-21.

Reibung erzeugen, welche störend auf die gleichförmige Bewegung desselben einwirkt«.[131] Auch die »beträchtliche Reibung in den Schraubengewinden« des Zylinders trage zu Störungen der Gleichmäßigkeit der Drehungsgeschwindigkeit bei – eine Kritik, die Helmholtz in ihren Grundzügen in den »Messungen« wieder aufnehmen sollte, um seine Abwendung von der Methode der Kurven zu begründen. Wie wir bereits gesehen haben, war das Phänomen der Reibung auch für den Physiologen der Hauptgrund dafür, dass mit dieser Methode keine präzisen Zeitmessungen möglich waren.

Die Verbesserungsstrategie, die Siemens seit 1842 bei seiner Arbeit am Zeitmessapparat der Prüfungskommission verfolgt hatte, zeichnete die Entwicklung der Forschungsmaschine von Helmholtz ebenfalls in einem bestimmten Aspekt vor. Wie Siemens vor der Physikalischen Gesellschaft erklärte, sei er hauptsächlich bestrebt gewesen, »jedes mechanische Zwischenelement zwischen der Kugel [d.h. dem Geschoss, dessen Geschwindigkeit gemessen werden soll] und dem Zeitangeber zu beseitigen«. Zwar setzte das von ihm entwickelte »elektrische Chronoskop« weiterhin auf einen rotierenden Zylinder. Doch statt mit einem zeichnenden Stift wurden die Zeitmarkierungen auf dem Zylinder durch einen überspringenden elektrischen Funken vorgenommen. Eine Berührung von Zylinder und Stift fand also nicht mehr statt. Die Reibungen blieben aus. Zudem drehte sich der Zylinder nicht mehr auf einem Gewinde nach oben, sondern die funkengebende Vorrichtung wanderte nach unten, um die Aufzeichnung aufeinanderfolgender Versuche zu gewährleisten. In den Augen von Helmholtz war das eine rundum überzeugende Lösung. In diesem Sinne erklärte er sich jedenfalls Ende 1850, in einem populären Vortrag »Ueber die Methoden, kleinste Zeittheile zu messen, und ihre Anwendung für physiologische Zwecke«. Darin ließ Helmholtz große Teile des Prioritätsstreits Revue passieren, über den Siemens in seinem Referat und einer anschließenden Publikation in den *Fortschritten der Physik* (dem Publikationsorgan der Physikalischen

---

131 Siemens, »Ueber die Anwendung des elektrischen Funkens«, S. 439.

Gesellschaft) berichtet hatte. Zugleich stellte er heraus, dass Siemens die »glückliche Idee« gehabt habe, »sämmtliche mechanische Vermittlungsstücke ganz zu beseitigen, und die Electricität selbst zeichnen zu lassen«.[132] Die Forschungsmaschine, die den Zeitbestimmungen zugrunde lag, welche Helmholtz im »Vorläufigem Bericht« und den »Messungen« mitteilte, hatte sich vom rotierenden Zylinder zwar gänzlich verabschiedet. Dennoch stimmte die Galvanometer-Methode, die stattdessen zum Einsatz kam, in einer Hinsicht mit dem Chronoskop von Siemens überein. Auch bei ihr kam der eigentliche Vorgang der Zeitmessung fast ohne ›mechanische Vermittlungsstücke‹, also ohne Reibung aus, denn er geschah im wesentlichen elektromagnetisch, durch die Ausschläge einer Galvanometernadel, die an Seidenfäden über einer Spule hing (siehe Abb. 14). In gewisser Weise war es also auch hier die Elektrizität ›selbst‹, die ein Bild der Zeit ›zeichnete‹ – auch wenn sie dabei keine dauerhaften Spuren hinterließ. Durch seine Bezugnahme auf die Pouillet-Methode griff Helmholtz somit nicht einfach auf den Auftakt zu einer Auseinandersetzung um elektromagnetisch basierte Zeitmessverfahren zurück. Das tat er zwar auch; zugleich erklärte er aber das Funktionieren seiner Forschungsmaschine im Rückgriff auf Argumente, die im Verlauf dieser Auseinandersetzung und ihrer Verlagerung von Paris nach Berlin vorgebracht worden waren.

Das italienische Problem

Auf diese Verkopplung mit der sich in Paris und Berlin entwickelnden Materialkultur von Telegraphie und Präzisionszeitmessung pfropften sich nun die Verbindungen auf, die die Forschungsmaschine von Helmholtz zu ihrem im engeren Sinne

---

[132] Hermann Helmholtz, »Ueber die Methoden, kleinste Zeittheile zu messen, und ihre Anwendung für physiologische Zwecke«, *Königsberger naturwissenschaftliche Unterhaltungen* 2/2 (1851): 169-189, auf S. 175.

wissenschaftlichen Kontext unterhielt. Angesichts des intensiven Austauschs, der im Milieu der Physikalischen Gesellschaft zwischen Wissenschaft, Industrie und Militär bestand, überrascht es kaum, dass Helmholtz nicht der einzige und auch nicht der erste Organische Physiker war, der Interesse an den neuen Methoden der Präzisionszeitmessung zeigte – zumal das Problem der Zeit für die Physiologen in Berlin keineswegs ein unvertrautes war. Bereits 1838 hatte Johannes Müller, der akademische Lehrer von Helmholtz und du Bois-Reymond, in seinem *Handbuch der Physiologie des Menschen* Stellung dazu bezogen. Bemerkenswert nüchtern hatte Müller seinen Abschnitt über die »Mechanik des Nervenprincips« mit der Einschätzung eröffnet, dass die Physiologen wohl »nie die Mittel gewinnen [würden], die Geschwindigkeit der Nervenwirkung zu ermitteln«.[133] Hintergrund für diese Einschätzung war der Vergleich mit den von Astronomen entwickelten Verfahren zur Bestimmung der Lichtgeschwindigkeit, bei denen die Beobachtung der Bewegung von Jupitermonden mit ihrer rechnerisch zu erwarteten Position abgeglichen wurde. Während dieses Verfahren auf einer »Vergleichung ungeheurer Entfernungen« basierte, war ein entsprechendes Vorgehen bei den räumlichen Gegebenheiten des lebenden Körpers nicht möglich. Sieben Jahre später standen nun aber neuartige Mittel für die Bestimmung von Geschwindigkeiten auf deutlich verbessertem Präzisionsniveau zur Verfügung – und sie waren zum kaum übersehbaren Kristallisationskern einer in Paris und Berlin öffentlich geführten Auseinandersetzung geworden.

Es war du Bois-Reymond, nicht Helmholtz, der in dieser Situation als erster reagierte. Wiederum in einem vor der Physikalischen Gesellschaft gehaltenen Vortrag lenkte du Bois-Reymond am 7. März 1845 die Aufmerksamkeit auf die neuen Methoden der Kurzzeitmessung und stellte erste Überlegungen zu ihrem Einsatz in der physiologischen Forschung an. Zu einem Zeitpunkt also, als die Auseinandersetzung um die Chro-

---

[133] Johannes Müller, *Handbuch der Physiologie des Menschen für Vorlesungen*, 3., verbesserte Aufl., Bd. 1, Coblenz 1837, S. 686.

noskopie in Paris bereits im Gange war, ihren Höhepunkt allerdings noch nicht erreicht hatte, regte der Verfasser der *Untersuchungen* schon an, die Muskel- und Nerventätigkeit im Rückgriff auf das von Pouillet angegebene Verfahren näher zu untersuchen. Eine entsprechende Publikation in der Zeitschrift der Gesellschaft, den *Fortschritten der Physik,* blieb zwar aus. Dort sollte sein Vortrag erst drei Jahre später erwähnt werden, in der denkbar knappen, wenig aufschlussreichen Form des Einzeilers: »Methode zur Messung der Geschwindigkeit der Muskel- und Nerventhätigkeit«.[134] Etwas ausführlicher war dagegen der Bericht, mit dem die französische Öffentlichkeit über das von du Bois-Reymond skizzierte Projekt unterrichtet wurde. Unter der Überschrift »Progrès des sciences physiques hors de France« brachte die *Revue scientifique et industrielle* bereits 1846 eine kurze Passage über den Vortrag des Berliner Physiologen: »Herr du Bois-Reymond hat das Projekt einer Methode vorgestellt, um die Geschwindigkeit der Fortpflanzung des Nervenprinzips und der der Muskeltätigkeit experimentell zu bestimmen. Diese Methode beruht wesentlich auf dem von Herrn Pouillet angegebenen Prinzip für die Messung [...] äusserst kurzer Zeiträume.«[135] Konkretisierend wird hinzugefügt: »Man muss dies nur so anstellen, dass der Strom durch die Wirkung und genau im Augenblick der Kontraktion unterbrochen wird, welche durch die Herstellung des [Strom-]Kreislaufs bewirkt worden ist.«[136] Das war, in einem Satz, ein grundlegendes Merkmal der Maschine, mit der Helmholtz vier Jahre später in Königsberg arbeiten sollte, und zwar in den beiden von du Bois-Reymond benannten Anwendungsbereichen: sowohl der Muskel- wie auch der Nervenphysiologie. Freilich war 1846 noch nicht absehbar, welche Probleme die dauerhafte Schließung des zeitmessenden Stromkreises aufwerfen würde.

---

[134] Gustav Karsten, »Vorbericht«, *Fortschritte der Physik im Jahre 1846*, Berlin 1848, S. III-XVIII, auf S. XV.

[135] Anonymus, »Progrès des sciences physiques hors de France«, *Revue scientifique et industrielle* 11 (1846): 81-96, auf S. 82.

[136] Ebd., S. 83.

Selbst du Bois-Reymond und Helmholtz waren aber nicht allein. Auch sie waren keineswegs die einzigen Physiologen, die sich im Gefolge des Schlagabtauschs zwischen Pouillet, Breguet, Wheatstone und Siemens für die Anwendung der elektromagnetischen Kurzzeitmessung in den Lebenswissenschaften zu interessieren begannen. 1847 wandte sich Carlo Matteucci, ein italienischer Physiker und Telegraphenexperte, der seit den 1830er Jahren zur Elektrophysiologie arbeitete, ebenfalls den neuen Chronoskopen und Chronographen zu.[137] Matteucci forschte und lehrte an der Universität in Pisa, hatte aber in Paris studiert und verfügte über intensive Wissenschaftskontakte nach Frankreich, Deutschland und England. Er korrespondierte unter anderem mit François Arago in Paris, mit Alexander von Humboldt und Johannes Müller in Berlin sowie mit Michael Faraday in London. Einen Großteil seiner Forschungsarbeiten publizierte Matteucci in französischer Sprache, teilweise in Buchform – wie zum Beispiel den *Traité des phénomènes électro-physiologiques des animaux* (1844) –, vor allem aber in Form von Zeitschriftenaufsätzen. Allein zwischen 1845 und 1850 waren es knapp fünfzig, im Laufe seiner ganzen Karriere mehr als 250. In kurzen Abständen erschienen Matteuccis Berichte über neue »Experimente« und »Forschungen«, aber auch entsprechende »Briefe« an Arago oder von Humboldt in den *Comptes rendus* der Académie des Sciences, gefolgt von Übersetzungen ins Deutsche, besonders in den *Notizen auf dem Gebiet der Natur- und Heilkunde*, sowie von englischsprachigen Versionen, unter anderem im *Electrical Magazine* oder dem *American Journal of Science*

---

[137] Zu Matteucci siehe Edwin Clarke und Leon S. Jacyna, *Nineteenth-Century Origins of Neuroscientific Concepts*, Berkeley u.a. 1987, S. 196-211. Zu Matteucci und der graphischen Methode siehe Hebbel E. Hoff und Leslie A. Geddes, »Graphic Registration before Ludwig. The Antecedents of the Kymograph«, *Isis* 50/159 (1959): 5-21, auf S. 14-17. Richard Kremer, *The Thermodynamics of Life*, S. 328, Anm. 47, datiert den Gebrauch entsprechender Aufzeichnungsmethoden durch Matteucci noch früher: »Carlo Matteucci in 1844 had invented a recording myograph [...].« Siehe dagegen Schröer, *Carl Ludwig*, S. 104-114.

and Arts. Nachdem Matteucci 1844 für seine Beiträge zur Elektrophysiologie von der Royal Society in London mit der Copley-Medaille ausgezeichnet worden war, wurde eine weitere Reihe seiner »Electro-physiological Researches« in kurzen Abständen in den prestigeträchtigen *Philosophical Transactions* veröffentlicht. Im Rahmen dieser Reihe konkretisierte sich sein Interesse für die neuen Möglichkeiten der Präzisionszeitmessung in der physiologischen Forschung.

Im Juni 1847, also rund zwei Jahre nach du Bois-Reymonds Vortrag vor der Physikalischen Gesellschaft in Berlin, stellte Matteucci dort als vorläufigen Schluss- und Höhepunkt seiner »Researches« einige Experimente vor, die darauf abzielten, die »Dauer der Kontraktionen« von Froschmuskeln zum Gegenstand präziser Messungen zu machen.[138] Ähnlich wie Helmholtz es tun sollte, arbeitete Matteucci mit hängenden Muskelpräparaten vom Frosch, die durch Gewichte belastet und durch elektrischen Strom gereizt wurden, und ganz wie Helmholtz schloss er dabei an die Verfahren an, die im Prioritätsstreit um die elektromagnetische Zeitmessung präsentiert und diskutiert worden waren. Zunächst noch in etwas gewundener Form erklärte Matteucci, dass es sich bei dem »Chronometer«, den er bei seinen Experimenten verwendet hatte, um einen Apparat handelte, der »analog zu dem erscheint, auf dem die von den Herren Wheatstone und Breguet erfundenen Instrumente zur Messung der Geschwindigkeit von Projektilen basieren.« Wie er im weiteren Verlauf seines Berichts allerdings deutlich machte, hatte er sich dieses Zeitmessinstrument von niemand anderem als von Breguet in Paris anfertigen lassen. Auch alle übrigen Teile seines Versuchsaufbaus, wie zum Beispiel das Froschgestell, stammten aus der Werkstatt Breguets, mit der er schon seit einigen Jahren zusammenarbeitete. Die Zeitmessversuche, die

[138] Carlo Matteucci, »Electro-Physiological Researches. Seventh and Last Series. Upon the Relation between the Intensity of the Electric Current, and That of the Corresponding Physiological Effect«, *Philosophical Transactions of the Royal Society London* 137 (1847): 243-248, auf S. 246.

der italienische Physiker mit der auf diese Weise erhaltenen Ausstattung durchgeführt hatte, betrafen zwei Aspekte der Muskelbewegung. In einer ersten Reihe von Versuchen untersuchte Matteucci den Zeitraum zwischen den Kontraktionen, die sich am Schenkelmuskel des Froschs bei fortgesetzten momentanen Reizungen beobachten ließ. Diese Zeitbestimmungen geschahen über die Öffnung und Schließung von Kontakten durch den kontrahierenden Muskel, der damit einen Stromkreis öffnete und wieder schloss, welcher seinerseits über einen Magneten einen Anker in Gang setzte, »der bei jeder Bewegung gegen den Knopf eines Chronometers schlägt«.

Matteucci bediente sich also *nicht* des Pouillet-Verfahrens, und er versuchte, die Zeit *zwischen* zwei Kontraktionen zu messen, nicht die der Muskelkontraktion selbst oder gar die der Nervenreizung. Dennoch kann das Grundprinzip seines Versuchsaufbaus als eine Umsetzung des von du Bois-Reymond skizzierten Plans verstanden werden, bei dem der Strom genau im Augenblick der Kontraktion unterbrochen werden sollte, die ihrerseits durch die Schließung eines Stromkreislaufs bewirkt worden war. Allerdings ließ Matteucci weitgehend im Dunklen, nach welchem Prinzip sein Chronometer arbeitete. Allem Anschein nach handelte es sich um ein mechanisches Uhrwerk, das mit Hilfe des Elektromagnetismus in Gang gesetzt und wieder angehalten wurde (Abb. 21). Dies war *eine* Version der von Wheatstone entwickelten Chronoskope und ein Funktionsprinzip von elektrischen Uhren, das 1847 durchaus verbreitet war. Bei dem gemeinsam mit Konstantinoff entwickelten Zeitmessinstrument hatte Breguet sich aber an einer anderen Version des Wheastone'schen Chronoskops orientiert und einen rotierenden Zylinder zur Aufzeichnung von Kurven verwendet. Das war in den ersten Versuchsreihen von Matteucci offensichtlich nicht der Fall. Möglicherweise bewegten sich die Messergebnisse, zu denen er gekommen war, auch deshalb auf einem vergleichsweise geringen Genauigkeitsniveau. Dem italienischen Forscher war dies bewusst, und so beschränkte er sich auf die Mitteilung, dass das Intervall zwischen zwei Muskelkontraktionen im Verlauf der Zeit größer wird, sich im Abstand von jeweils zehn bis fünfzehn Sekunden zunächst von 0,25 auf 0,33 Sekunden, dann auf 0,41 und schließlich auf 0,58 Sekunden beläuft – ein Effekt der *fatigue*, wie es später heißen sollte.

In einer zweiten Versuchsreihe nahm Matteucci die zeitliche Vermessung der beiden Phasen der Muskelbewegung in Angriff: der eigentlichen Kontraktion, also der Aufwärtsbewegung des Gewichts, und der darauf folgenden Dilatation, das heißt der Abwärtsbewegung des Gewichts. Ohne weitere Gründe dafür anzugeben, ersetzte er bei diesen Untersuchungen die zuvor verwandte elektromagnetische Methode durch ein anderes Zeitmessverfahren. Jetzt bediente er sich der Aufzeichnung von Kurven, die auch beim Zeitmessgerät von Breguet und Konstantinoff eine Rolle gespielt hatte. Wie Matteucci erneut etwas gewunden erläuterte, handelte es sich dabei, »um dieselbe Methode, die [...] zuerst durch den berühmten Watt aufgegriffen wurde, um die Geschwindigkeit der Kolben in seinen Maschinen zu bestimmen«. Im selben Jahr, 1847, in dem Ludwig den Kymographen in die physiologische Laborforschung einführte, ohne sich dabei allerdings auf Watt zu berufen,[139] und mehr als ein Jahr vor der Froschzeichenmaschine, die Helmholtz in Potsdam konstruieren sollte, hatte Matteucci allem Anschein nach also ein zeitsensitives Kurvenzeichnungsverfahren für die (muskel-)physiologische Forschung in Gebrauch genommen, das sich explizit an der Technik der Indikatordiagramme orientierte, wie sie bei stationären und mobilen Dampfmaschinen zum Einsatz kam. Allerdings verwendete er selbst *keinen* rotierenden Zylinder, wie aus seiner kurzen Beschreibung der Experimentieranordnung hervorgeht, die in diesem Abschnitt leider nicht von einer Abbildung begleitet wird: »Eine feine Spitze [point] wurde an einem kleinen Schaft angebracht, der am Bein des Frosches festgemacht war. Während der Kontraktion kratzte diese Spitze über eine sich schnell drehende berußte Scheibe,

[139] Dies wird Ludwig erst in seinem Lehrbuch tun, siehe *Lehrbuch der Physiologie des Menschen*, Bd. 1, Heidelberg 1852, S. 333 (unter Bezugnahme auf Helmholtz), sowie Bd. 2 (1856), S. 85 (unter Bezugnahme auf seine eigenen Arbeiten).

deren Umdrehungen vollkommen einförmig waren.« Wie Matteucci hinzufügte, ermögliche es die Spur, die die Spitze während der Muskelkontraktion und der folgenden Dilatation auf der runden Scheibe hinterlässt, die Dauer dieser Kontraktion sowie der Dilatation zu bestimmen, da genau bekannt sei, wie lange eine einzelne Umdrehung der Scheibe dauert. Das Ergebnis, zu dem er auf diesem Wege und durch »eine große Anzahl von Experimenten« gekommen war, bestand aber wiederum nur in einer summarischen Feststellung. Die Dauer der Kontraktion sei deutlich kürzer als die der Dilatation, und dieser Unterschied nehme zu, wenn der Muskel länger beansprucht werde. Wie Helmholtz nach ihm konnte also schon Matteucci mit der graphischen Methode keine genauen Zeitmessungen vornehmen. Abschließend gab er nur eine Schätzung der Zeitdauer für die »reale Kontraktion«, das heißt ohne Dilatation, ab: »weniger als 1/100 Sekunde«.[140]

Du Bois-Reymond mit Helmholtz gegen Matteucci

So fragmentarisch der Bericht von Matteucci insgesamt war, so unklar die Funktionsweise des von ihm verwendeten Breguet-Chronometers blieb und so wenig präzise die Ergebnisse seiner Zeitmessungen ausgefallen waren, zweifellos hatte der italienische Physiker erste Schritte in Richtung auf die Realisierung des zuerst von du Bois-Reymond ins Auge gefassten Projekts getan, nämlich die neueren Methoden der Zeitmessung auf Problemstellungen der Muskel- und Nervenphysiologie anzuwenden. Mehr noch, durch die Verwendung des Elektromagnetismus *und* der graphischen Methode hatte Matteucci bereits jene Polarität des Technischen abgesteckt, zwischen der sich auch die Forschungsmaschine von Helmholtz bewegen sollte: Chronoskopie einerseits, Chronographie andererseits. Das physiologische Berlin wird dies interessiert, aber auch einigermaßen beunruhigt zur Kenntnis genommen haben. Zumindest für du

---

[140] Matteucci, »Electro-Physiological Researches«, S. 246-247.

Bois-Reymond musste die Tatsache, dass dieser Vorstoß ausgerechnet auf das Konto von Matteucci ging, eine ungute Déjà-vécu-Erfahrung sein. Seit er sich in den frühen 1840er Jahren der elektrophysiologischen Forschung zugewandt hatte, hatte er zwar durchaus häufig auf die Arbeit des italienischen Physikers Bezug genommen, stand ihr aber alles andere als unkritisch gegenüber. 1841 hatte der junge du Bois-Reymond von Johannes Müller, seinem akademischen Lehrer, Matteuccis gerade erschienenen *Essai sur les phénomènes électriques des animaux* in die Hand gedrückt bekommen, »mit der Aufforderung, die darin enthaltenen Versuche über den Froschstrom zu wiederholen und wo möglich weiter fortzuführen«.[141] Entsprechend eng war seine anfängliche Orientierung an den Arbeiten Matteuccis gewesen. Vielfach hatte du Bois-Reymond dessen Fragestellungen aufgegriffen und sich an der Methodik des sieben Jahre älteren Kollegen in Pisa ausgerichtet, gleichzeitig aber versucht, insgesamt sorgfältiger und kohärenter zu arbeiten – sowohl in theoretischer wie auch in praktischer Hinsicht.[142]

Letzteres betraf technische Aspekte, vor allem die Konstruktion und den Gebrauch der Galvanometer, umfasste aber auch die Frage des Schreibens und des Veröffentlichens. 1843 hatte du Bois-Reymond einen »Vorläufigen Abriss« über die ersten Ergebnisse seiner elektrophysiologischen Studien in den *Annalen der Physik und Chemie* veröffentlicht. Von der Bedeutung dieser Veröffentlichung überzeugt, fertigte er eine französische Übersetzung an, die er über Alexander von Humboldt der Académie des Sciences in Paris zukommen ließ, damit sie in den *Comptes rendus* publiziert werde. Doch die Publikation ließ auf sich warten. Sie fand nie statt. Schlimmer noch, zwei Jahre später erschien in den *Comptes rendus* einer der »Briefe« Matteuccis an von Humboldt, in dem der Italiener die Feststellung von grundlegenden Tatsachen für sich in Anspruch nahm, die schon in du Bois-Reymonds Aufsatz beschrieben worden

---

[141] Du Bois-Reymond, *Untersuchungen*, Bd. 1, S. V.

[142] Siehe dazu Finkelstein, »M. du Bois-Reymond goes to Paris«, besonders S. 264-269 sowie S. 292-294.

waren – zum einen, dass es keinen eigenen »Froschstrom«, sondern nur eine einzige Art von Elektrizität gibt, zum anderen, dass die Muskeln von organischen Individuen Elektrizität hervorbringen können.[143]

Jetzt nahm Matteucci die Entdeckung dieser Sachverhalte für sich in Anspruch. Zumindest war dies die Wahrnehmung des aufstrebenden Physiologen in Berlin, kurz nach Erscheinen von Matteuccis Brief in den *Comptes rendus*. Erzürnt hatte du Bois-Reymond im Mai 1845 dann seinerseits einen Brief an von Humboldt aufgesetzt, in dem er die Einrückung einer entsprechenden Gegendarstellung in die Zeitschrift der Pariser Académie forderte: »Mit Bedauern unternehme ich diesen Schritt, aber ich kann nicht unterlassen, die unbestrittenen Prioritätsrechte zu beanspruchen, die ich in diesem Punkte zu besitzen glaube [...]« – ohne ›diesen Punkt‹ allerdings näher zu benennen.[144] Das mag *einer* der Gründe dafür gewesen, dass du Bois-Reymond letztlich darauf verzichtete, den Brief abzuschicken. Der eigentliche Tatbestand tendierte gewissermaßen dazu, im Eifer des Gefechts zu verschwinden. Andere Gründe ergeben sich aus dem weiteren Inhalt des zurückgehaltenen Schreibens. Dort zeigt sich, dass die Frage der Priorität für du Bois-Reymond Teil eines sehr viel größeren Problems war, das zum einen mit der Zeitschriftenkultur zu tun hatte, die in den Wissenschaften seiner Zeit schon existierte, aber eben auch rasch expandierte, zum anderen aber auf grundlegende Unterschiede im Verständnis des Experimentierens verwies. Vermutlich war dieser auf übergreifende Aspekte gerichtete Blick des Berliner Physiologen durch den heftigen Streit geschärft worden, der in den 1830er

---

[143] Carlo Matteucci, »Nouvelles recherches sur l'électricité animale. Du courant musculaire et du courant propre. Extrait d'une lettre de M. Mateucci à M. de Humboldt (Pisa, 27.3.1845)«, *Comptes rendus hebdomadaires des séances de l'Académie des Sciences* 20 (1845): 1096-1098.

[144] Du Bois-Reymond an Humboldt, 20. Mai 1845 (nicht abgesendet), in *Briefwechsel zwischen Alexander von Humboldt und Emil du Bois-Reymond*, hrsg. von Ingo Schwarz und Klaus Wenig, Berlin 1997, S. 77.

Jahren in England und Deutschland über die Frage geführt worden war, ob Marshall Hall oder Georg Prochaska als Entdecker des physiologischen Mechanismus der Reflexhandlung zu gelten habe – ein Streit, in dem es auch um die Frage der Priorität von Hall gegenüber Johannes Müller, dem Lehrer du Bois-Reymonds, gegangen war. Schon dabei hatten nämlich Publikationsformate eine Rolle gespielt: Hall hatte seine Beiträge zumeist in Form von Aufsätzen publiziert, unter anderem in eben jenen *Philosophical Transactions*, in denen später auch Matteucci veröffentlichen sollte; Müller hingegen hatte seine Beobachtungen und Erkenntnisse in die umfassende Darstellung seines *Handbuchs* eingebettet. 1833 hatte er dort einräumen müssen, dass Hall in Sachen Reflexmechanismus »in der Priorität« sei – auch wenn es sich dabei nur um einen Vorsprung von wenigen Wochen handelte.[145] Rund zehn Jahre später schien sich dieses Muster im Bereich der Elektrophysiologie nun erneut auszuprägen. Während Matteucci nämlich in kurzen Abständen Berichte über seine Forschungsarbeit veröffentlichte, die mit einer Vielzahl von Rück- und Querbezügen auf eigene Schriften durchsetzt waren, zielte du Bois-Reymond auf eine grundlegende, umfassende und möglichst abschließende Darstellung ab, die neben neuesten wissenschaftlichen Ergebnissen auch die Entwicklung der entsprechenden elektrophysiologischen Forschungen von anderen Experimentatoren beinhalten sollte. Der Physiker in Pisa publizierte in italienischen, französischen, deutschen und englischen Zeitschriften, und seine Buchveröffentlichungen basierten auf der »geordneten Sammlung« entsprechender Artikel, die erneut durchgesehen und, wenn nötig, korrigiert und revidiert worden waren, freilich ohne dies im einzelnen zu dokumentieren.[146] Der Physiologe in Berlin dagegen

---

[145] Müller, *Handbuch der Physiologie des Menschen für Vorlesungen*, Bd. 1, S. 718. Siehe dazu auch die Darstellung von du Bois-Reymond, in ders., *Gedächtnisrede auf Johannes Müller*, Berlin 1860.

[146] Carlo Matteucci, *Traité des phénomènes électro-physiologiques des animaux, suivi d'Études anatomiques sur le système nerveux et sur l'organe électrique de la torpille*, Paris 1844, S. xvii.

wollte seine laufende Forschungsarbeit nicht auf solch unübersichtliche Weise in eine rasche Folge von Publikationen übersetzen. Er setzte stattdessen auf die Veröffentlichung eines in sich geschlossenen Buchs in deutscher Sprache – selbst wenn es erforderlich sein sollte, dieses Buch in mehreren Bänden zu liefern. Der letzte Teil der *Untersuchungen* sollte 1884 publiziert werden, mehr als 35 Jahre nach Erscheinen des ersten Bandes. In diesem Sinne machte sich du Bois-Reymond auch gegenüber Helmholtz für ein nachhaltiges Experimentieren und Publizieren stark, unter anderem mit der im Frühjahr 1850 geäußerten Bitte, endlich einmal bei dem begonnenen »Zug von Versuchen« zu bleiben. Angesichts der späteren Klagen von Helmholtz, durch die eigene Arbeit von seinen »ursprünglich« verfolgten Forschungszielen immer »weiter abgeführt« zu werden, scheint diese Aufforderung durchaus nachvollziehbar.[147]

Solche Unterschiede von Veröffentlichungs- und Forschungsstrategien sind es, die bereits 1845, im Entwurf des Protestbriefs von du Bois-Reymond deutlich werden. Offenkundig haben diese Differenzen mit der Frage von Anerkennung, Wertschätzung und Belohnung zu tun, die im modernen Wissenschaftssystem eine zunehmend wichtige Rolle spielt. Worauf sie ebenso verweisen, ist aber das Verhältnis der Wissenschaft zur Zeit und zur Geschichte. So kritisiert du Bois-Reymond in seinem Brief-Entwurf, zunächst ohne konkret auf Matteucci Bezug zu nehmen, was er als Auswüchse des wissenschaftlichen Zeitschriftenwesens sah. In deutlichen Worten erklärte er, dieser »Art frühreife[r] Veröffentlichungen verachtend« gegenüberzustehen, »die in unseren Tagen so verbreitet ist, die die Journale mit einzelnen Fakten und Beobachtungen ohne gemeinsame Verbindung ebenso überschüttet, wie mit überstürzten Besitzan-

[147] Du Bois-Reymond an Helmholtz, 19. März 1850, in *Dokumente einer Freundschaft*, S. 93, sowie Helmholtz an du Bois-Reymond, 11. April 1851, ebd., S. 111. Zur experimentellen Ästhetik von du Bois-Reymond siehe Brigitte Lohff, »Emil du Bois-Reymonds Theorie des Experiments«, in *Naturwissen und Erkenntnis im 19. Jahrhundert. Emil du Bois-Reymond*, hrsg. von Gunter Mann, Hildesheim 1981, S. 117-128.

sprüchen«.[148] Er selbst wolle dagegen mit seiner Forschungsarbeit solange nicht an die Öffentlichkeit treten, als bis er in der Lage wäre, »ein Ganzes zu produzieren« – ein Ganzes, das ein Zeichen in der von ihm betriebenen Wissenschaft setzen könne, »sowohl durch die Zahl neuer Fakten, die sich dort angehäuft fänden, als auch durch die innige Beziehung, die sie alle gegenseitig verbände, sowie durch die Folgerungen, die sich aus ihrem Zusammenhang ableiten ließen«. Damit war die in Angriff genommene Arbeit an seinem mehrbändigen Werk, den *Untersuchungen*, gemeint. Konkreter auf seine Erfahrung mit Matteucci bezogen polemisierte du Bois-Reymond aber auch gegen den Mangel an Geschichtssinn in der naturwissenschaftlichen Forschung. Nicht »Autoreneitelkeit« oder »Ruhmsüchteleien« waren in seinen Augen die Hauptursache für das Fehlen von angemessenen persönlichen Bezugnahmen und damit der Anerkennung von Urheberschaft, sondern die zunehmende Ablösung der naturwissenschaftlichen Disziplinen von ihrer eigenen Geschichte sowie, damit verbunden, die immer stärker werdende Ahistorizität wissenschaftlicher Veröffentlichungen.[149] Nachdem er den Namen Matteucci genannt hatte, wandte sich du Bois-Reymond in diesem Sinn gegen die »Tendenz einiger Physiker, das Studium ihrer eigenen Untersuchungen vorausgegangener Schriften völlig zu unterlassen und niemals die Namen derjeni-

---

[148] Du Bois-Reymond an Humboldt, 20. Mai 1845 (nicht abgeschickt), S. 77.

[149] Zweifellos liegt hier eine der Wurzeln für du Bois-Reymonds spätere Beiträge zur Wissenschaftsgeschichte. Siehe dazu Canguilhem, *Die Herausbildung des Reflexbegriffs*, S. 171-175 und S. 193-194, sowie Dietrich von Engelhardt, *Historisches Bewußtsein in der Naturwissenschaft von der Aufklärung bis zum Positivismus*, Freiburg / München 1979, und Nicholas Jardine, »The Mantle of Müller and the Ghost of Goethe. Interactions between the Sciences and Their Histories«, in Donald R. Kelley (Hrsg.), *History and the Disciplines. The Reclassification of Knowledge in Early Modern Europe*, Rochester 1997, S. 297-317.

gen zu nennen, denen sie mitunter die grundlegende Idee ihrer Arbeiten verdanken«.[150]

Das war auf die proliferierenden Publikationen des Kollegen und Konkurrenten aus Italien gemünzt, bezog sich ebenso aber auf eine Problemlage, mit der du Bois-Reymond als Gründungsmitglied der Physikalischen Gesellschaft in Berlin zu tun hatte. Diese Gesellschaft war im Januar 1845 gegründet worden, im Juli 1846 erschien der erste Band der von ihr herausgegebenen Zeitschrift, *Die Fortschritte der Physik*. Ausdrückliches Ziel dieses als Jahrbuch konzipierten Periodikums war es, dem »Mangel an einer Litteraturgeschichte in der Physik« entgegenzuwirken. Vor allem durch das Aufkommen der »periodischen Zeitschriften« sei eine Situation entstanden, in der »einzelne Beobachtungen, kleinere Aufsätze, und solche Arbeiten, die nicht von Mitgliedern der gelehrten Gesellschaften herrühren, schnell und ausführlich bekannt« gemacht werden können. Genau dafür mochte Matteucci mit seinen zahlreichen Aufsatzveröffentlichungen ein Beispiel sein. So begrüßenswert diese Entwicklung für die physikalische Wissenschaft nun prinzipiell sei, so problematisch sei die »unvermeidliche Häufung des Materials«. Der Redakteur der *Fortschritte,* Gustav Karsten, pointiert dies im »Vorbericht« zum ersten Band des neuen Periodikums folgendermaßen: »[D]ie Litteratur der Physik drohte den Physikern über den Kopf zu wachsen.« Zwar hätten bereits andere Journale, Annalen, Repertorien und auch Wörterbücher auf diese Situation zu reagieren versucht, aber – so Karsten – bislang nicht mit zufriedenstellenden Ergebnissen. Wünschenswert sei nämlich nicht nur ein Bericht über »Resultate«, sondern auch eine Darstellung zum »Gang der Untersuchungen«, die innerhalb eines bestimmten Zeitraums, am besten eines ganzen Jahres, durchgeführt und vorgelegt worden waren. Die *Fortschritte* wollten also nicht bloß ein »literarischer Nachweiser« sein. Es ging vielmehr um thematisch gegliederte Jahresberichte, die »die Fortschritte schnell und vollständig zur Kenntnis des hierfür

---

[150] Du Bois-Reymond an Humboldt, 20. Mai 1845 (nicht abgeschickt), S. 77.

interessirten Publikums« bringen.[151] Anders gesagt, der Existenz eines Physiker, der es gänzlich unterlässt, die Schriften zu studieren, die seinen eigenen Untersuchungen vorausgegangen waren, sollte auf diese Weise eine Art Riegel vorgeschoben werden – zumindest im deutschsprachigen Raum.

Allgemeine Absichtserklärungen und zurückgehaltene Briefe änderten aber nichts an den fortlaufenden Forschungen und Veröffentlichungen von Matteucci. 1850, nachdem die ersten beiden Teile der *Untersuchungen* erschienen waren, veröffentlichte du Bois-Reymond auf den Seiten der *Fortschritte* daher zumindest das, was er selber als eine »geharnischte Polemik« gegen den ungeliebten Forscher, den »Leichtsinnigen« und »unermüdlichen Vielschreiber« in Pisa verstand. Bemerkenswerterweise kommt du Bois-Reymond in dieser Polemik auch auf die Zeitexperimente zu sprechen, über die Matteucci 1847 in den *Philosophical Transactions* berichtet hatte. Im Vordergrund stehen allerdings nicht die Verfahren, die der italienische Physiker und Physiologe zum Zweck der Zeitmessung eingesetzt hatte. Folglich ging es auch nicht zentral um die Frage, ob er sich dabei von du Bois-Reymonds frühzeitigem Hinweis auf eine entsprechende Untersuchungstechnik hatte anregen lassen. Stattdessen richtete sich die Kritik gegen die theoretischen Grundlagen der Experimente von Matteucci und, vor allem, deren ungenauen Ergebnisse. Du Bois-Reymond sagte es ohne Umschweife. Für ihn waren »Hrn. Matteucci's Zahlen gerade soviel werth [...], als ob er sie nur so aus dem Stegreif hingeschrieben hätte.« Damit nicht genug. Insgesamt handele es sich bei dem fraglichen Bericht in den *Philosophical Transactions* ebenso wie bei allen früheren um eine »Mystification« wie sie »in der Wissenschaft noch nicht dagewesen« sei.[152]

---

[151] Gustav Karsten, »Vorbericht«, *Fortschritte der Physik im Jahre 1845*, Berlin 1847, S. III-X, auf S. V.

[152] Emil du Bois-Reymond, »Elektrophysiologie«, *Die Fortschritte der Physik im Jahre 1847*, Berlin 1850, S. 392-450, auf S. 402-403, S. 435 und S. 426.

Fünf Jahre zuvor, im Mai 1845, hatte du Bois-Reymond sich noch nicht so weit vorgewagt. Den Brief an von Humboldt hatte er nie abgeschickt und somit auch nicht darauf insistiert, eine Gegendarstellung in den *Comptes rendus* zu erwirken. Zum einen war sein »Abriss« nie in französischer Sprache erschienen, das drängte ihn von vornherein in eine defensive Rolle; zum anderen stellte sich die grundlegende Frage, ob man als Nachwuchswissenschaftler mit einer einzigen Zeitschriftenveröffentlichung wirksam gegen eine andere Zeitschriftenveröffentlichung angehen könne, die nicht nur von einem zweifellos besser etablierten Kollegen stammte, sondern auch Teil einer ganzen Reihe solcher Publikationen war. Offensichtlich verneinte du Bois-Reymond die Frage und setzte statt dessen auf die längerfristige Arbeit an dem Buch, das als »Ganzes« ein Zeichen setzen sollte, das seinerseits ebenso längerfristig wirken würde – auch und vor allem im Vergleich zu den fortlaufenden Zeitschriftenveröffentlichungen. Nichts sprach allerdings dagegen, sich in Aufsätzen und Mitteilungen zu äußern, sobald das Buch einmal fertig und der eigene Status nicht mehr der eines Nachwuchswissenschaftlers war. Und was von Humboldt anging, so konnte du Bois-Reymond auch andere Wege als den der Schrift beschreiten, um seine Sicht der Dinge darzulegen, vor allem den des persönlichen Gesprächs. Jedenfalls wusste von Humboldt bald auch ohne den nie abgeschickten Brief von 1845, was von Matteucci zu halten sei. Der Physiker in Pisa war, wie es von Humboldt Ende der 1840er Jahre formulierte, zum »intimen Feinde« von du Bois-Reymond geworden.[153] Matteuccis Schriften wirkten auf den jungen Elektrophysiologen, so sah es nun der mit beiden befreundete *senior scholar*, wie »das rothe Tuch auf den edlen Stier«.[154]

Im Vergleich dazu wurde auf den Schriftwegen zwischen Berlin und Königsberg Klartext gesprochen. So ist bei du Bois Reymond und Helmholtz wiederholt vom »Lump Matteucci« die

---

[153] Humboldt an du Bois-Reymond, 8. Mai 1849, in *Briefwechsel zwischen Alexander von Humboldt und Emil du Bois-Reymond*, S. 86.

[154] Humboldt an du Bois-Reymond, 12. Mai 1849, ebd., S. 88.

Rede, dem aus Berlin die Cholera und andere Krankheiten gewünscht werden, auf dass er »das Feld von seiner Gegenwart reinige«. Auch Claude Bernard erscheint in dieser Korrespondenz als »Lump«, als, wie Helmholtz meint, »dürftiger Bursche«. In seinen Veröffentlichungen formulierte Helmholtz vorsichtiger. So heißt es 1852 bei ihm über Matteucci etwa, dieser habe »mit anerkennenswerthem Fleisse eine große Anzahl mühevoller Versuche« angestellt. Allerdings wird auch hinzugefügt, dass die theoretischen Vorstellungen Matteuccis »voll von Widersprüchen und unlöslicher Verwirrung« seien.[155]

Du Bois-Reymond war also nicht entgangen, dass Matteucci Anfang Juni 1847 in den *Philosophical Transactions* über die Anwendung der neuen Methoden der Präzisionszeitmessung auf Fragestellungen der Muskel- und Nervenphysiologie berichtet hatte – wiederum ohne Erwähnung desjenigen, dem er vielleicht auch in diesem Fall ›die grundlegende Idee‹ dazu verdankte. Möglicherweise hat er jenen abschließenden Teil der »Electro-physiological Researches«, in dem Matteucci seine chronoskopischen und chronographischen Versuche zur Muskelkontraktion beschrieb, sogar gegenüber Helmholtz erwähnt. Bezugnehmend auf ein Gespräch über die Veröffentlichungen des Kollegen in Pisa schreibt Helmholtz jedenfalls Ende Juli 1847 an du Bois-Reymond: »Es würde mir lieb sein, wenn Du mir den Aufsatz von Matteucci verschaffen könntest.«[156] Um welchen Aufsatz es sich handelte und warum er für Helmholtz nicht erhältlich war, lässt sich nicht mehr eruieren. Fest steht nur, dass Helmholtz knapp ein Jahr später eine eigene Froschzeichenmaschine zusammengebaut hatte und einige weitere Monate danach von der zuerst verwendeten Methode der Kurve zu dem elektromagnetischen Verfahren der genauen Zeitmes-

---

[155] Hermann Helmholtz, »Die Resultate der neueren Forschungen über thierische Electricität«, *Allgemeine Monatsschrift für Wissenschaft und Literatur* (1852): 294-309, auf S. 297-298. Siehe insgesamt in *Dokumente einer Freundschaft*, S. 105, S. 133 und S. 211.

[156] Helmholtz an du Bois-Reymond, 21. Juli 1847, in *Dokumente einer Freundschaft*, S. 82.

sung übergegangen war – gleichsam in Gegenrichtung auf dem von Matteucci beschrittenen Weg.

Von Wheatstone über Hipp zu Proust

Während der Physiologe in Königsberg seine eigenen Untersuchungsbahnen ausbaute und benutzte, entwickelten sich die Netzwerke der Präzisionszeitmessung und der Telegraphie auf ihre Weise weiter – in Preußen, in Frankreich und andernorts. Als besonders folgenreich für die weitere Geschichte der experimentellen Physiologie und Psychologie sollte sich dabei ein Instrument erweisen, das 1848 durch den aus Reutlingen in der Nähe von Stuttgart stammenden Mechaniker und Uhrmacher Matthäus Hipp vorgestellt wurde. Angelehnt an die entsprechende Konstruktion von Wheatstone stellte Hipp dem deutschsprachigen Publikum ein weiteres Chronoskop vor, mit dem kurze Zeiträume bis auf 1/1000 Sekunde genau gemessen werden konnten. Ähnlich wie dem englischen Physiker schwebte auch Hipp die Nutzung dieses neuen Zeitsehers durch das Militär vor, und folgerichtig präsentierte er seine elektromagnetisch gesteuerte Uhr als Instrument, das »zu Versuchen über die Geschwindigkeit der Flintenkugeln« dienen konnte. Es war jedoch vor allem der Physikunterricht, in dem das Hipp'sche Chronoskop zunächst verwendet wurde. Physiker wie Friedrich Reusch und Wilhelm Eisenlohr benutzten es in den 1850er Jahren, um die Gesetze des freien Falls von festen Körpern zu demonstrieren. Als Wilhelm Wundt 1874 das erste große Lehrbuch für die physiologische Psychologie veröffentlichte, kam er darin aber auf das Chronoskop zurück und empfahl es für den Einsatz in physiologischen und psychologischen Laboratorien, besonders bei Reaktionszeitversuchen, da die Ablesung an den Zifferblättern »unmittelbar die absolute Zeit angibt« (Abb. 22).[157] In den folgenden Jahren und Jahrzehnten fand das Chronoskop

[157] Wilhelm Wundt, *Grundzüge der physiologischen Psychologie*, Leipzig 1874, S. 772.

von Hipp tatsächlich Eingang in fast alle Laboratorien für Physiologie und Psychologie. Es wurde damit zum Inbegriff des zuerst von Wheatstone wieder eingeführten Namens. 1902 rühmte sich der Nachfolger Hipps, die Firma Peyer und Favarger, entsprechende Instrumente an insgesamt mehr als 65 wissenschaftliche Einrichtungen in Europa und den Vereinigten Staaten geliefert zu haben, unter anderem nach Philadelphia, Straßburg, Basel, Madrid, Berlin, Zürich, Wien, Turin, Paris, Göttingen und Moskau.[158]

Wheatstone hatte sein Chronoskop 1845 als eine »Ableitung« aus dem Telegraphen beschrieben. Bei Hipp war die Situation umgekehrt: Erst über die elektromagnetisch gesteuerte Präzisionsuhr kam er mit der Telegraphie in Berührung. Drei Jahre nach der Premiere seines Chronoskops, 1851, stellte er in der Leipziger *Illustrirten Zeitung* einen »nach amerikanischem Vorbild« eingerichteten Schreibtelegraphen vor (Abb. 23). Dabei handelte es sich um einen Kopiertelegraphen, der die Übermittlung von 24 Buchstaben erlaubte. In seiner einfachsten Form bestand er aus zwei Teilen, aus dem »zeichengebenden (die Ursache) und aus dem schreibenden Theile (die Wirkung)«. Auf den zeitlich genau koordinierten Walzen der beiden Telegraphenteile wurden die Buchstaben zunächst per Tastendruck aufgezeichnet (Sendung) und dann durch einen Schreiber wieder reproduziert (Empfang). Mitentscheidend für das Funktionieren des Telegraphen war eine »außerordentliche Gleichmäßigkeit des Ganges bei dem Uhrwerke sowohl im Schreib- wie im Zeigerapparat.« Es überrascht also kaum, dass Hipp bei der Synchronisierung der Walzen auf jene Konstruktion zurückgriff, die er schon im Chronoskop verwendet hatte: Beide Walzen des Telegraphen wurden durch Uhrwerke mit Gewicht getrieben, die wie beim Chronoskop durch Federn reguliert waren, welche

---

[158] Siehe *Prix-Courant de la Fabrique de Télégraphes & Appareils électriques. Fondée par M. Hipp, en 1860. Peyer, Favarger & Compagnie, Catalogue E: Horloges électriques*, Neuenburg 1902, S. 31.

1000 Schwingungen pro Sekunde vollführten.[159] Begeistert äußerte sich die *Illustrirte Zeitung* über die Perspektiven, die eine chronoskopisch fundierte Schreibtelegraphie eröffnete: »Es wird wahrscheinlich nur noch weniger Jahre bedürfen und die Erde ist mit einem Netz von Leitungen für galvanische Ströme übersponnen, welche die Mittheilungen mit der Schnelligkeit des Gedankens gestatten«[160] – eine Prognose, in der noch keine Ahnung davon enthalten war, was sich in Helmholtz' Untersuchungen seit gut einem Jahr abzeichnete: dass nämlich auch die Gedanken keineswegs so schnell waren wie die Elektrizität.

Kurz darauf wurde Hipp an die neu gegründete staatliche Telegraphenwerkstätte in Bern berufen und avancierte dort bald zu deren alleinigem Leiter. Ziel dieser Werkstätte war es, für die gesamte Schweiz die Zusammenstellung der telegraphischen Apparate sowie deren Prüfung und Reparatur sicherzustellen. Hipps Aufgabenfeld umfasste die »Besorgung der materiellen und insbesondere der galvanischen Apparate«, die für den nationalen Telegraphendienst erforderlich waren. Unter seiner Leitung gingen rund 30 Arbeiter an die kommunikationstechnische Erschließung der Schweiz. Nach einer Reihe von Auseinandersetzungen um die Rechnungsführung der Berner Werkstätte (Hipp produzierte und verkaufte auch weiterhin seine eigenen Instrumente) reichte er schließlich im Sommer 1860 seine Demission ein. Wenig später ließ er sich als freier Unternehmer in Neuenburg nieder. Dort bestand eine seiner ersten Aufgaben darin, die neu errichtete Sternwarte mit allen elektrischen und telegraphischen Apparaten auszustatten, die für eine weiträumige Kommunikation von Zeit erforderlich waren – insbesondere für die telegraphische Versendung von Zeitsignalen an die Uhr-

---

[159] Anonymus, »Der neue Buchstaben-Schreibtelegraph des Mechanikus Mathias Hipp aus Reutlingen«, *Illustrirte Zeitung* 17, Nr. 442 (1851): 491-492. Zur Geschichte des Kopiertelegraphen siehe auch Christian Kassung, »Isochronie und Synchronie. Zur apparativen und epistemologischen Genese des Kopiertelegraphen«, in *Lebendige Zeit. Wissenskulturen im Werden*, hrsg. von Henning Schmidgen, Berlin 2005, S. 196-209.

[160] Anonymus, »Der neue Buchstaben-Schreibtelegraph«, S. 492.

macherwerkstätten im Juragebirge, damit auch die Hersteller einfacher Uhren die Qualität ihrer Produktion verbessern konnten.[161] Schon kurz nach Aufnahme des Zeitdienstes funktionierte dieser so effektiv, dass sich auch das Post- und Telegraphenamt in Neuenburg von der Sternwarte aus mit Zeitsignalen versorgen ließ. Wenig später wurde damit begonnen, diese Zeitsignale an alle anderen Telegraphenstationen in der Schweiz weiterzugeben. Ausgehend von der Neuenburger Sternwarte entstand damit »in der Schweiz erstmals eine Standard- oder Einheitszeit für einen grösseren geografischen Raum«.[162] Hipp leistete mit seiner Produktion und dem Verkauf von elektrischen Uhrenanlagen konkrete Beiträge zu dieser Entwicklung, auch über die Schweiz hinaus. 1862 lieferte er ein erstes System elektrischer Uhren an die Stadt Genf. Es folgten entsprechende Systeme in Neuenburg, wo die Nutzung durch die Stadt und andere »Abonnenten« erfolgte, 1865 in Zürich, mit 135 angeschlossenen Uhren, 1869 in Winterthur und Königsberg (das Helmholtz allerdings längst verlassen hatte). In der Folgezeit lieferte Hipp solche Uhrensysteme bis nach Rom, London und Philadelphia.[163]

Paris sollte sich allerdings für ein anderes System entscheiden. Um 1845 war die französische Hauptstadt zwar ein Zentrum der elektromagnetischen Präzisionszeitmessung. Doch die Benutzung der Telegraphie zur Verteilung von genauer Zeit setzte sich nur langsam durch. Zwar wurde Mitte der 1850er

---

[161] Zur Geschichte der Neuenburger Sternwarte, siehe *L'observatoire cantonal neuchâtelois, 1858-1912. Souvenir de son Cinquantenaire et de l'Inauguration du Pavillon Hirsch*. Neuenburg 1912, E. Guyot, »L'observatoire cantonal de Neuchâtel, 1858-1938. Son histoire, son organisation et ses buts actuels«, *Bulletin de la Société neuchâteloise des Sciences naturelles* 63 (1938): 5-36.

[162] Messerli, *Gleichmässig, pünktlich, schnell*, S. 74.

[163] Anonymus, *Notice historique concernant les horloges électriques du système inventé et adopté par M. Hipp*, 1881. Siehe auch Hipps umfangreiche Artikelreihe über elektrische Uhren, »Die Electricität als Motor für Uhren«, in der *Deutschen Uhrmacher-Zeitung* 3 (1879) und 4 (1880).

Jahre eine Verbindung zwischen der Pendeluhr auf der Sternwarte und dem zentralen Telegraphenbüro hergestellt, doch sollte es noch mehr als zwanzig Jahre dauern, bis in Paris von einer standardisierten Kommunikation von Zeit die Rede sein konnte. Erst Ende der 1870er Jahre begann man, zwei entsprechende Projekte mehr oder weniger unabhängig voneinander zu verfolgen. Auf der einen Seite installierte die Stadt im Jahre 1880 ein System elektrischer Uhren. Öffentliche Einrichtungen wie die Rathäuser und Schulen der verschiedenen Arrondissements wurden durch telegraphische Zeitsignale versorgt, die von der Sternwarte geliefert wurden (Abb. 24). Es war geplant, dieses Netz elektrischer Uhren weiter auszudehnen, in der Praxis überließ man dies aber der Initiative interessierter Privatpersonen und -institutionen innerhalb der jeweiligen Stadtteile sowie den Rathäusern der jeweiligen Arrondissements.[164] Diese Selbstorganisation des elektrischen Uhrensystems war nicht sonderlich erfolgreich, zumal sie durch die private Einrichtung und Ausbreitung eines weiteren Netzes zur Kommunikation von Zeit konterkariert wurde.

1878 hatte Österreich auf der Weltausstellung in Wien ein System pneumatischer Uhren vorgestellt, das in der österreichischen Hauptstadt seit einiger Zeit erfolgreich in Betrieb war. Noch im selben Jahr entwickelte sich in Paris ein spürbares Interesse an der Einführung eines vergleichbaren Uhrensystems.[165] Ende 1878 genehmigte die Stadt der *Société des Horlo-*

---

[164] Alfred Niaudet, »L'unification de l'heure à Paris«, *La Nature* 9 (1881): 99-102. Siehe dazu David Aubin, »The Fading Star of the Paris Observatory in the Nineteenth Century. Astronomers' Urban Culture of Circulation and Observation«, *Osiris* 18 (2003): 79-100.

[165] Über die pneumatischen Uhren auf der Weltausstellung in Wien siehe Alphonse F. Noguès, »Les horloges pneumatiques à l'Exposition universelle«, *La Nature* 6 (1878): 161-162. Über das pneumatische Uhrensystem, das die Zeit in der französischen Hauptstadt verteilte, siehe Edouard Hospitalier, »Les horloges pneumatiques. La distribution de l'heure à domicile«, *La Nature* 8 (1880): 407-409, sowie Anonymus, »Das Betriebssystem der pneumatischen Uhren in Paris«, *Deutsche Uhrmacherzeitung* 6 (1882): 24-25; 31-32; 39-40.

gers die Inangriffnahme eines entsprechenden Projekts. Wenig später wurden in der *Revue chronométrique* die Details seiner technischen Realisierung erörtert. Nach der ausführlichen Beschreibung der hydro-pneumatischen Uhren von Eugène Bourdon und der etwas knapper gehaltenen Darstellung der pneumatischen Uhr, die Eadweard Muybridge, später vor allem für seine Chronophotographien bekannt, für San Francisco angefertigt hatte,[166] entschied sich die Pariser Uhrmachergesellschaft schließlich für die Übernahme des Wiener Systems. Anfang der 1880er Jahre begann eine neu gegründete *Compagnie générale des horloges pneumatiques* mit dem Bau einer entsprechenden Anlage. Ausgehend von einer Zentraluhr, die via Telegraphie täglich an der Sternwartenzeit ausgerichtet wurde, wurde zum Teil durch neu verlegte Röhrensysteme, zum Teil durch schon vorhandene Pressluft – das öffentliche Rohrpostsystem war seit 1879 in Betrieb – die Zeit in der Stadt verteilt. Im März 1880 gab es die ersten Berichte über die pneumatischen Uhren, die auf den öffentlichen Plätzen der Hauptstadt und bei einer »großen Anzahl« von Abonnenten in Betrieb waren (Abb. 25). Mit Genugtuung stellte man fest, dass die auf hohen Säulen angebrachten Uhren in den Straßen von Paris die Zeit deutlich sichtbar machten: »die Zeit läßt sich aus hinreichender Entfernung in klarer Weise erkennen«. Hervorgehoben wurden auch die Vorzüge des Zeitabonnements in den eigenen vier Wänden: »Für einen Sou pro Tag empfangen die Abonnenten die auf eine Minute genaue Sternwartenzeit, ohne sich jemals um das Aufziehen, das Stellen oder die Pflege der Uhren kümmern zu müssen.«[167]

Es gibt eine präzise Stelle, an dem diese Uhren in die Arbeit von Proust eingreifen. Im Januar 1910, rund dreißig Jahre nach der ersten Aufstellung pneumatisch betriebener Uhren im öffent-

---

[166] Eugène Bourdon, »Horloge à tube flexible et son moteur hydro-pneumatique«, *Revue chronométrique* 24 (1879): 202-207, und Anonymus, »Horloge pneumatique de M. E.-J. Muybridge de San Francisco«, *Revue chronométrique* 24 (1879): 285-286.

[167] Hospitalier, »Les horloges pneumatiques«, S. 407.

lichen Raum der Stadt (aber noch drei Jahre vor Veröffentlichung des ersten Teils der *Recherche*) wurden Paris und seine Umgebung von langen und schweren Regenfällen heimgesucht. Der Regen war so heftig, dass die Seine über ihre Ufer trat. In der Nacht des 22. Januars blieben dann alle pneumatischen Uhren um zehn nach elf stehen: Die Keller, in denen die Pressluft produziert wurde, standen unter Wasser. Proust gehörte offensichtlich nicht zu den Abonnenten der pneumatisch kommunizierten Zeit, denn es vergingen zwei Tage, ehe er vom historischen Stillstand der Pariser Uhren erfuhr. In einem Brief vom 25. Januar berichtete ihm Lionel Hauser von dem bedeutungsträchtigen Ereignis – ohne dieses allerdings inhaltlich auf Prousts Romanarbeit zu beziehen. Hauser war einer der finanziellen Berater des Schriftstellers und wollte diesen lediglich davor bewahren, noch mehr Geld in Industrieaktien zu investieren. In diesem Zusammenhang wies er auf die Gefahren hin, denen industrielle Betriebe wie die Pariser Pressluftgesellschaft ausgesetzt waren.[168] In seinem Antwortschreiben an Hauser ging Proust nicht weiter auf das Stehenbleiben der pneumatischen Uhren ein, zeigte sich aber besorgt, ob das Rohrpostsystem wieder arbeitete. Dieses System benutzte er häufig, um Briefe auf ihren Weg quer durch die Metropole zu bringen. Seine intensive Korrespondenz stellte eine Vielfalt von Kontakten zu Freunden, Verwandten und Partnern sicher. Und dabei ging es nicht nur um das Versenden handbeschriebener Papiere, sondern auch um Photographien, insbesondere um Porträts, die Proust sammelte, um sie als visuellen Rohstoff für sein Schreiben zu verwenden.[169] Weitere Kontakte zur Außenwelt vermittelte ein Telefon, das in Prousts Wohnung am Boulevard Haussmann installiert worden war. Dieses diente beispielsweise dazu, Taxis zu rufen oder den Mann seiner Haushälterin in einem nahe gelegenen Café mit Besorgungen zu beauftra-

---

[168] Lionel Hauser, »[Brief an Marcel Proust vom 25. Januar 1910]«, in Philip Kolb (Hrsg.), *Marcel Proust, Correspondance, X. 1910-1911*, Paris 1983, S. 36-39, auf S. 36.

[169] Brassaï, *Proust und die Liebe zur Photographie*, S. 30-40.

gen.[170] Darüber hinaus verschaffte sich Proust auch durch die Tageszeitungen Zugang zu den Gleichzeitigkeiten der Metropole. Er schrieb Artikel für den *Figaro* und andere Pariser Blätter, deren Wirtschaftsteile er als Aktieninhaber zugleich aufmerksam studierte.

Seit 1913 war Proust zudem beim *théâtrophone* abonniert, einem seit den 1890er Jahren in Paris angebotenen Service, der es ermöglichte, Theateraufführungen und Konzerte via Telefon in der eigenen Wohnung zu verfolgen (Abb. 26). Durch diese Einrichtung wurden die schriftlichen und visuellen Rohstoffe, die Proust per Post in seiner Wohnung empfing, um eine ganze Bandbreite von akustischen Materialien ergänzt. Eine zeitgenössische Schilderung erläutert die Effektivität des *théâtrophone*: »Was nun die Abonnenten des Telephonnetzes betrifft, so ergeht es ihnen am besten, können sie doch glauben, bei sich zu Hause in ihr bevorzugtes Theater versetzt zu werden – ohne ihre Wohnung zu verlassen und sogar während sie im Bett bleiben. Wenn es sich um ein bekanntes Stück handelt, sieht man die Bühnenbilder und das Spiel der Akteure wirklich vor sich, denn man erkennt ihre Stimme wieder, und man verpasst nicht eine Note, nicht eine Silbe.«[171] Nicht nur die Besuche von Theater und Konzert, auch die alltäglichen Bewegungen innerhalb der weitläufigen Wohnung Prousts wurden durch ein Kabelnetz vermittelt. Das kombinierte Schlaf- und Arbeitszimmer des Schriftstellers war mit den übrigen fünf Räumen seiner Wohnung durch elektrische Leitungen verbunden. Neben dem Tisch, auf dem Proust seine Photographien aufbewahrte, gab es einen Schaltkasten, der es ihm erlaubte, das Licht an und auszuschalten, nach seiner Haushälterin zu klingeln und einen elektrischen Kessel zu bedienen – auch dies sogar während er

---

[170] Zu diesen und den folgenden biographischen Details siehe Ronald Hayman, *Marcel Proust. Die Geschichte seines Lebens*, übers. von Max Looser, Frankfurt am Main 2002, und Céleste Albaret, *Monsieur Proust: Souvenirs recueillis par Georges Belmont*, Paris 1973.

[171] Georges Mareschal, »Le théâtrophone«, *La Nature* 20 (1892): 55-58, auf S. 58.

im Bett blieb. In den zur selben Zeit existierenden Laboratorien für Physiologie und Psychologie war die Situation zweifellos eine andere. Dennoch verfügten diese Gebäude über ein ähnliches Netzwerk von Kabeln und Leitungen, zum Telefonieren zwischen einzelnen Zimmern, zur Anzeige der Laborzeit in den Untersuchungsräumen sowie zur Darbietung von Reizen und zur (Zeit-)Messung von Reaktionen in den schallisolierten Kammern, in denen Versuchspersonen untergebracht waren. An der Pouillet-Methode, dem Chronoskop von Hipp und vergleichbaren Präzisionszeitmessern auf Basis des Elektromagnetismus lässt sich die Verbindung der psychophysiologischen Zeitforschung zu der sich entwickelnden Kultur von Telegraphie und Telefonie mit Händen greifen. Es ist diese Kultur, in der Helmholtz und Proust wortwörtlich zu Zeitgenossen geworden sind.

5. Zeit zu veröffentlichen

Die Zeit ist zu unruhig,
nichts wird beachtet.
Humboldt

In der Praxis ihrer jeweiligen Forschungen waren Helmholtz, Proust und andere Zeitexperimentatoren des 19. und frühen 20. Jahrhunderts auf eine kollektive Arbeit an der Materialisierung von Simultanität bezogen, zu der Telegraphenbauer und Uhrmacher, Fabrikbesitzer und Zeitungsverlage, Postunternehmen und Eisenbahngesellschaften auf jeweils eigene Weise und oftmals unabhängig voneinander beitrugen.[172] Das lässt sich an der Pouillet-Methode ablesen, aber auch an den Entwürfen zur Eingangsszene der *Recherche*. Diese zeigen einen im Bett liegenden Marcel bei der Lektüre der Morgenzeitung. Proust lässt seinen Erzähler dann zuerst die Zeit bestimmen, die dessen Gehirn benötigt, um im *Figaro* einen von ihm geschriebenen Text als den seinigen zu identifizieren: »eine Sekunde lang fährt mein Denken, das von der einmal angenommenen Geschwindigkeit mitgezogen wird [...], weiter fort zu glauben, daß er es nicht ist«, dass also jemand anderes diesen Text geschrieben habe.[173] In einem weiteren Schritt geht es um die Frage, wie durch ein Journal, diesem Produkt einer »geheimnisvolle[n] Vervielfältigung«, zur gleichen Zeit, nämlich an einem Morgen, »Tausende erweckter Aufmerksamkeiten« entstehen können: »in dem jetzigen Augenblick gieße ich nicht langsam jeden Satz in mein eigenes Denken, sondern in das von abertausend erwachten Lesern, denen man gerade den *Figaro* gebracht hat.« Einer der Urszenen der *Recherche* ist somit die Verwunderung

---

[172] Siehe dazu Wolfgang Pircher, »Gleichzeitigkeit«, in Erhard Chvojka, Andreas Schwarcz und Klaus Thien (Hrsg.), *Zeit und Geschichte. Kulturgeschichtliche Perspektiven*, Wien/München 2002, S. 44–58.

[173] Marcel Proust, *Gegen Sainte-Beuve*, übers. von Helmut Scheffel, Frankfurt am Main 1997, S. 54.

darüber eingeschrieben, dass die »wunderbaren Gedanken« eines Schriftstellers »im gleichen Augenblick in all die Gehirne« eindringen können, die mit der Lektüre einer Zeitung beschäftigt sind.[174] Genau diese Verbindung räumlich auseinander liegender Ereignisse durch die Zeit ist es, die im Roman dann aus Sicht des Erzählers in immer neuen Situationen befragt wird, und wie der definitive Anfang verdeutlicht, bemisst sich die Fragwürdigkeit dieser Verbindungen eher in »Sekunden«, »Momenten« und »Augenblicken« als in Tagen, Wochen, Jahren oder gar Jahrzehnten.

Auch die engen Verbindungen, die die Forschungsmaschine von Helmholtz zu den wissenschaftlich-technischen Kontexten in Berlin und Paris unterhielt, nähern sich an eine Vergleichzeitigung an. Zumindest übersetzten sie sich im Winter 1849/50 in ein klares Erfordernis der zeitlichen Koordinierung (siehe dazu noch einmal oben, Tabelle 1, in der Einleitung). Angesichts der allem Anschein nach dynamischen Kooperation von Matteucci und Breguet war bei der Publikation des semiotischen *outputs* von Helmholtz' Maschine möglichst schnell zu verfahren. Durch seine Untersuchungen hatte der Physiologe in Königsberg festgestellt, dass bei der Fortpflanzung von Reizungen im Nerv eine messbare Zeit vergeht; nun war es an ihm, bei der Veröffentlichung dieser Feststellung keine Zeit verstreichen zu lassen, um sie ›in all die Gehirne‹ eindringen zu lassen, die mit der Lektüre von wissenschaftlichen Zeitschriften beschäftigt waren, auch wenn sich Helmholtz, im Unterschied zum skizzierenden Proust, sicher sein konnte, dass dies streng genommen nicht im ›gleichen Augenblick‹ geschehen würde. Unbelastet von Buchprojekten verfasste er also seinen berühmten »Vorläufigen Bericht«. Im Prinzip war die Abfassung eines solchen Reports nichts Ungewöhnliches. Seit den 1830er Jahren kannte das deutschsprachige Zeitschriftenwesen im Bereich der Physiologie das Genre der »vorläufigen« Mitteilungen, Bemerkungen oder eben Berichte, und bekannte Wissenschaftler wie Christian Gottfried Ehrenberg, Jan Evangelista Purkinje, Robert Remak

---

[174] Ebd., S. 56-58.

und Johannes Müller hatten sich seiner bedient. Helmholtz ging es aber nicht allein darum, erste Resultate einer neu begonnenen und einstweilig unterbrochenen Forschungsarbeit zugänglich zu machen, die durch spätere Untersuchungen bestätigt oder wieder verworfen werden konnten – von ihm selbst oder von anderen Physiologen. Sein Bericht zielte ebenso darauf ab, ein individuelles ›Zeichen‹ in der von ihm betriebenen Wissenschaft zu setzen, also ein persönliches Datum in der Geschichte der Physiologie zu hinterlassen – allerdings nicht wie du Bois-Reymond durch ein umfassendes Ganzes, ein Buch oder Handbuch, sondern eher wie Matteucci durch eine schnelle Veröffentlichung, einen Zeitschriftenaufsatz, einen vorläufigen und in diesem Sinne auch vorauslaufenden Bericht.

Gleich im ersten Satz des Briefes, mit dem er eine der Druckvorlagen für diesen Report an du Bois-Reymond schickte, wird diese Ambition deutlich. Dort bittet Helmholtz seinen Berliner Freund darum, »ihn [den »Vorläufigen Bericht«] offiziell in der physikalischen Gesellschaft vorzulegen und in ihren Akten zu deponieren als Prioritätswahrung [...]«.[175] Die Vorrangigkeit, die damit festgeschrieben werden sollte, bezieht sich nicht abstrakt auf Müller, der in seinem *Handbuch,* wie die neueren technischen Entwicklungen zeigten, die Perspektiven der Präzisionsmessung doch allzu nüchtern beurteilt hatte. Dafür war der Respekt gegenüber dem akademischen Lehrer zu groß, Müllers gegenwärtige Forschungsarbeit aber auch inhaltlich wie formal zu weit entfernt. Helmholtz' Anspruch auf Priorität betraf allerdings auch nicht das konkrete Projekt der muskel- und nervenphysiologischen Zeitmessung, das du Bois-Reymond 1845 vorgeschlagen, aber nie realisiert hatte. Dafür war das Verhältnis zwischen den beiden zu kollegial, zu kooperativ, zu freundschaftlich. Mit dem Stichwort ›Prioritätswahrung‹ positioniert und temporalisiert Helmholtz seine Arbeit vielmehr mit dem präzisen Blick auf die laufende Forschungsaktivität im internationalen Maßstab, insbesondere in Hinsicht auf die Zusammenarbeit von Matteucci und

---

175 Helmholtz an du Bois-Reymond, 15. Januar 1850, in *Dokumente einer Freundschaft,* S. 90.

Breguet. Du Bois-Reymond hatte Mitte der 1840er Jahre noch tatenlos ansehen müssen, wie Matteucci in den *Comptes Rendus* der Pariser Wissenschaftsakademie die Feststellung von elektrophysiologischen Tatsachen für sich in Anspruch nahm, von denen er glaubte, er habe sie selbst schon zwei Jahre zuvor beschrieben. Nachdem die beiden ersten Teile seiner *Untersuchungen* erschienen waren, konnte du Bois-Reymond endlich reagieren. Im Frühjahr 1850 begab er sich nach Paris, um vor dem Forum der Académie des Sciences, die jeweils montags ihre Treffen abhielt, und im Zeitschriftenformat der *Comptes rendus* in die öffentliche Auseinandersetzung mit Matteucci einzutreten. Wie wir jetzt sehen werden, fügte sich der »Vorläufige Bericht« von Helmholtz in den Zusammenhang dieser Interventionen als ein zusätzliches Element ein, mit dem die Vorrangigkeit und damit auch die Vorherrschaft der durch die Müller-Schüler betriebenen physiologischen Forschung demonstriert werden konnte – vorausgesetzt, es erfolgten schnelle Kommunikationen und Publikationen, und zwar auch in Französisch.

Parallel zu dem Brief, mit dem er den »Vorläufigen Bericht« Mitte Januar 1850 an du Bois-Reymond sendete, schickte Helmholtz also entsprechende Schreiben an Johannes Müller und Alexander von Humboldt, jeweils mit dem Ziel, den Bericht an die Wissenschaftsakademien in Berlin und Paris weiterzuleiten. Der Effekt dieser Briefsendungen aus Königsberg war eine regelrechte Kaskade von Mitteilungen im deutschsprachigen Raum. Johannes Müller machte den Auftakt. Am 21. Januar 1850 trug er Helmholtz' »Vorläufigen Bericht« in der Akademie der Wissenschaften zu Berlin vor. Zehn Tage später war du Bois-Reymond an der Reihe. Er verlas den Report von Helmholtz am 1. Februar vor der Physikalischen Gesellschaft. Dann folgte die Dokumentation im Druck. In insgesamt drei deutschsprachigen Zeitschriften wurde der »Vorläufige Bericht« im Laufe des Jahres veröffentlicht, zuerst im *Bericht über die zur Bekanntmachung geeigneten Verhandlungen der Königlich Preussischen Akademie der Wissenschaften zu Berlin* (den sogenannten *Monatsberichten der Berliner Akademie*), dann in dem von Müller herausgegebenen *Archiv für Anatomie, Physio-*

logie und wissenschaftliche Medicin, und schließlich in Poggendorffs *Annalen der Physik und Chemie.*[176]

So schnell und breit gestreut diese Veröffentlichungen erfolgten, so niederschmetternd waren die Resultate der konzertierten Kommunikationsaktion. Im März 1850 schreibt ein sichtlich ernüchterter du Bois-Reymond »mit Stolz und Trauer« an Helmholtz, dass die im Bericht geschilderten Untersuchungen in Berlin lediglich von ihm selbst »verstanden und gewürdigt« worden seien. Die Ursache dafür lag du Bois-Reymond zufolge allerdings nicht in der Radikalität der Neuheit, über die Bericht erstattet wurde, sondern – im »Vorläufigen Bericht«. An Helmholtz schreibt er: »Du hast die Sache nämlich, nimm es mir nicht übel, so maßlos dunkel dargestellt, daß Dein Bericht höchstens für eine kurze Anleitung zur Wiedererfindung der Methode gelten konnte. Die Folge war, daß Müller sie nicht wieder erfand und die Akademiker nach seinem Vortrage sich vorstellten, Du hättest die Zeit, die auf den Vorgang im Muskel verfließt, nicht zu eliminieren gewußt. Ich mußte sie nacheinander, Riess, Dove, Magnus, Poggendorff, Mitscherlich, endlich Müller selbst, der gar nicht daran wollte, aufklären.«[177]

›Wiedererfindung der Methode‹ ist zweifellos eine bemerkenswerte Formulierung. Was üblicherweise als schöpferische Leistung, oft sogar als unvermitteltes Hervorbringen einer neuen Erkenntnis oder einer neuen Technik begriffen wird, erscheint damit als ein durchaus reproduzierbares Phänomen. Durch ›kurze Anleitung‹ wird es demnach nicht nur prinzipiell möglich, eine Erfindung erneut zu machen. Du Bois-Reymond hat vielmehr auch die konkrete Gewissheit darüber, dass das Resultat der reproduzierten Innovation mit der anfänglich gemachten übereinstimmt – was man als weiteren Beleg für die von du

[176] Nur die Veröffentlichung in Müllers *Archiv* gibt übrigens den vollständigen Titel des Manuskripts wieder. Die beiden anderen Periodika übergehen die Manuskriptzeile »Vorläufiger Bericht« und beschränken sich auf »Ueber die Fortpflanzungsgeschwindigkeit der Nervenreizung«.

[177] Du Bois-Reymond an Helmholtz, 19. März 1850, in *Dokumente einer Freundschaft,* S. 92.

Bois-Reymond so genannte ›ineinandergreifende Handarbeit‹ der beiden Wissenschaftler in Berlin und Königsberg nehmen kann. Mit Abstrichen, denn Helmholtz war sich der Schwierigkeiten des »Vorläufigen Berichts« durchaus bewusst. Worum es in seinen Augen ging, war aber keine vollständige Wiederholung, sondern lediglich die Ergänzung einer notwendigerweise komprimierten Darstellung: »Die Abfassung einer solchen Note ist deshalb so schwer, weil sie doch hauptsächlich nur eine kurze Andeutung für den Sachverständigen sein soll, zu welcher dieser sich das Einzelne hinzu erfinden muß [...]«.[178] Ob nun Hinzuerfindung, also eigenständige Ergänzung von Details, oder Wiedererfindung, auf der Ebene der Kommunikation war das Ergebnis dasselbe: Der »Vorläufige Bericht« wurde in Berlin nur mit Zurückhaltung aufgenommen. Ironischerweise bestätigte sich damit implizit, auf einer anderen Ebene sowie in größerem Maßstab eben das, was Helmholtz gleich zu Beginn seiner Untersuchungen über den zeitlichen Verlauf der Muskeltätigkeit ›gefunden‹ hatte. Auch die Mitteilung einer wissenschaftlichen Tatsache entfaltet ihre Wirkung keineswegs im Augenblick der Reizung, also der Mitteilung, sondern größtenteils erst nachdem diese schon aufgehört hat. Wie die physiologische Kommunikation im Körper kannte auch die öffentliche Verständigung unter Physiologen ihre ›stillen dunklen Zeiten‹. Oder mit einer Analogie gesprochen, die Marey in einem späteren Werk zur Erläuterung der *temps perdu* heranzieht: Ein Brief kann durchaus schon an seinem Bestimmungsort angekommen sein. Das heißt aber nicht, dass er auch schon in Empfang genommen worden ist.[179]

Ein ähnlicher Aufschub bahnte sich im französischsprachigen Kontext an. Auch Alexander von Humboldt, der den Bericht an die Pariser Akademie weiterleiten sollte, blieben die Einzel-

---

178 Helmholtz an du Bois-Reymond, 22. April 1850, ebd., S. 96-97.

179 Etienne-Jules Marey, *La machine animale. Locomotion terrestre et aérienne*, Paris 1873, S. 41-42, sowie ders., *La méthode graphique dans les sciences expérimentales et particulièrement en physiologie et en médecine*, Paris 1878, S. 145-146. Siehe dazu auch Thomas Schestag, »Wiedergefunden: ›du temps perdu‹«, S. 84-85, und Berz, *08/15*, S. 367.

heiten des »Vorläufigen Berichts« verschlossen. Das musste als besonders ärgerlich erscheinen. Denn einerseits genoss, wie Siemens rückblickend bemerkt, die Académie des Sciences zu dieser Zeit ein Ansehen als »erst[e] wissenschaftlich[e] Behörde der Welt«.[180] Andererseits und vor allem aber sah es diese Behörde seit ihrem Bestehen als zentrale Aufgabe an, »die richtige Datierung von Entdeckungen« vorzunehmen.[181] Doch es half nichts. Von Humboldt stockte. Er stutzte und zögerte. Fast schon ungläubig schrieb er am 18. Januar an du Bois-Reymond, dass nirgendwo im »Vorläufigen Bericht« die angewandte Methode der Zeitmessung erklärt sei: »Die Anlage des vortreflichen Helmholtz [das heißt den »Vorläufigen Bericht«] werde ich gern nach Paris schicken, doch stehe ich vor dieser mir selbst ganz unverständlichen Form: es ist von 14/10000 einer Secunde die Rede ohne daß man andeutet, wie solcher Zeittheil gemessen ist.«[182] Erneut versuchte du Bois-Reymond, als Aufklärer zu wirken. Vor dem Hintergrund seiner Wiedererfindung der Helmholtz'schen Methode und der Aussicht auf den baldigen Eintritt in die öffentliche Auseinandersetzung mit Matteucci bot er sich als Übersetzer an. Einerseits war er bereit, den deutschsprachigen Text in eine französische Fassung zu bringen, die in den *Comptes rendus* veröffentlicht werden konnte. Andererseits schlug er vor, den Text von Helmholtz zugleich »zur Verständlichkeit umzuarbeiten«.[183]

Tatsächlich unterscheiden sich die deutsche und die französische Version des Helmholtz'schen Berichts beträchtlich voneinander. Zunächst in bezug auf ihre Übersichtlichkeit: Helmholtz unterteilt seinen Bericht in sechs Absätze, du Bois-Reymond macht insgesamt zehn und nummeriert zwei von ihnen.

---

[180] Werner Siemens, *Lebenserinnerungen*, Berlin 1892, S. 85.

[181] Crosland, *Science under Control*, S. 248.

[182] Humboldt an du Bois-Reymond, 18. Januar 1850, in *Briefwechsel zwischen Alexander von Humboldt und Emil du Bois-Reymond*, S. 101.

[183] Du Bois-Reymond an Helmholtz, 19. März 1850, in *Dokumente einer Freundschaft,* S. 92.

Helmholtz verpackt seine Botschaft in 19 Sätze, du Bois-Reymond gliedert sie in 35 auf. Helmholtz setzt die Zusammenfassung seiner numerischen Ergebnisse an den Anfang, du Bois-Reymond platziert den entsprechenden Absatz an das Ende des Texts. Auch inhaltliche Unterschiede lassen sich erkennen. Helmholtz beschreibt seinen Versuchsaufbau vor allem mit Blick auf die ablaufenden Prozesse (»Die Reizung des Nerven geschah...«, »Der Strom kreiste solange durch den Multiplikator...«, »Der Ausschlag, welchen der Strom während seines Durchgangs dem Magnetstab des Multiplikators ertheilt...« usw.), du Bois-Reymond stellt dagegen die räumliche Verteilung und Anordnung der experimentellen Komponenten in den Vordergrund (»Ich füge das Hüftgeflecht in den Stromkreis [...] ein...«, »Der Muskel ist derart angeordnet...« usw.). Helmholtz bettet die Diskussion möglicher Messfehler von Anfang an in die Darstellung der jeweiligen Teilprozesse des Experiments ein, du Bois-Reymond sammelt sie am Schluss seiner Schilderung des Versuchsaufbaus. Vor allem aber verdeutlicht du Bois-Reymond die Variations- und Subtraktionsmethode, die den Übergang von der Messung der Muskelkontraktion zur Messung der Nervenreizung erlaubt hatte. Helmholtz hatte sich diesbezüglich auf einen eher beiläufigen Satz beschränkt (»Es geht [...] aus den Ausschlägen des Magneten hervor, dass dieselbe mechanische Wirkung bei Reizung des unteren Nervenendes um ein Gewisses früher eintritt, als die nach Reizung des oberen«) – was möglicherweise eine der Ursachen dafür war, dass Müller und andere zunächst geglaubt hatten, er habe die Kontraktionszeit ›nicht zu eliminieren gewußt‹. Du Bois-Reymond hingegen verteilte mehrfache Erklärungen im Schlussteil der »Note«, die das Verfahren des Änderns und Abziehens verdeutlichen sollten, das für die Nervenzeitmessungen entscheidend war (»indem man die Länge des Reizungswegs im Nerv variiert«, »wenn man abwechselnd den oberen Teil des Nervs und den unteren reizt«, »es reicht also, die Zahlen der beiden Experimente zu vergleichen« usw.).

An mehreren Stellen wird die Darstellung von Helmholtz durch du Bois-Reymond auch ausführlicher gestaltet, vor allem durch Verweis auf andere, frühere Autoren, die – abgesehen von Pouillet – bei Helmholtz gänzlich unerwähnt bleiben. In gewisser Weise historisiert du Bois-Reymond also den Helmholtz'schen Kurztext, auch wenn dabei der Name von Matteucci, wie kaum anders zu erwarten, fehlt. Wenn Helmholtz beispielsweise notiert: »Ich mass die Ablenkungen mit Spiegel und Fernrohr«, heißt es in der Fassung von du Bois-Reymond: »Die Messungen sind mit Hilfe des Spiegels und des Fernrohrs gemacht worden, wie in den Apparaten von Gauß und Weber.« Helmholtz bemerkt in einem Nebensatz: »was den bekannten Erfahrungen über das Absterben ausgeschnittener Nerven vom centralen Ende her entspricht«, du Bois-Reymond formuliert an gleicher Stelle: »Dieses Phänomen entspricht dem, was Valli und Ritter an Fröschen beobachtet haben, die nach Art von Galvani präpariert waren.« Hinzugefügt wird außerdem noch eine Fußnote, in der die Umrechnung der von Helmholtz gemessenen Hundertstel- und Tausendstelsekunden in Meter pro Sekunde angegeben wird. Diese Übersetzung geschah vermutlich nicht nur, um insgesamt die Anschaulichkeit der gefundenen Resultate zu erhöhen, sondern auch um Vergleiche mit den Messungen zur Geschwindigkeit des Lichts und der Elektrizität zu erleichtern, für die von Humboldt sich im gerade erschienenen dritten Band seines *Kosmos* interessiert hatte. Dort war die vorherrschende Einheit »Meter pro Sekunde« gewesen.[184]

Endlich war er also zufrieden. Für von Humboldt besaß die französische Fassung des Helmholtz'schen Berichts jetzt den Status einer »neue[n] Abschrift«. Auch dies ist, wie schon die Rede von der ›Wiedererfindung‹, eine bemerkenswerte Formulierung – als ob es sich bei der französischen Fassung des »Vorläufigen Berichts« um eine Kopie handelte, die zugleich ein Original darstellte. In gewisser Weise *war* die Abschrift auch ein Original, denn sie basierte auf der Wiedererfindung der von

[184] Alexander von Humboldt, *Kosmos. Entwurf einer physischen Weltbeschreibung*, Bd. 3, Stuttgart u.a. 1850, S. 93-96. Siehe in der von Ottmar Ette und Oliver Lubrich betreuten Neuausgabe in einem Band, Frankfurt am Main 2004, S. 427-431.

Helmholtz in Königsberg durchgeführten Versuche durch du Bois-Reymond in Berlin. Letztlich konnte niemand wissen, wie viele Differenzen bei dieser Wiederholung eingeführt worden waren. Was von Humboldt meinte, war freilich etwas anderes. Gegenüber Helmholtz erklärte er es so: Durch die Übersetzungsarbeit des Berichts sei in diesem »Einiges sprachlich richtiger und deutlicher gemacht« worden.[185] In ähnlichem Sinn teilte du Bois-Reymond seinem Freund und Kollegen mit, er habe bei der Übersetzung und Umarbeitung »nicht ein einziges Detail zugesetzt«, sondern sich »streng« an das »Gegebene« gehalten, dieses »aber induktorisch entwickelt«.[186] Das sollte heißen, dass das experimentelle Vorgehen in der Abfolge dargestellt worden war, die es vermutlich tatsächlich gehabt hatte, wobei du Bois-Reymond allerdings davon ausging, dass diese Abfolge zugleich einer logischen Folgerichtigkeit entsprach.[187] Auf der Ebene des Texts bezieht sich dieses ›induktorische‹ Moment der Rekonstruktion offensichtlich auf die Umstellung des ersten Absatzes vom Anfang an den Schluss. Die zahlenförmigen Ergebnisse der experimentellen Untersuchung erscheinen dadurch erst nach der Beschreibung des Versuchsaufbaus und der Darstellung der Durchführung der Messungsversuche. Darüber hinaus erstreckt sich dieses Moment aber auf die insgesamt weniger prozessuale und weniger problemdurchsetzte Darstellung des Versuchsaufbaus, die von du Bois-Reymond zugleich stärker in aufeinanderfolgende Schritte untergliedert worden war. Den Nachvollzug und die Einschätzung aller anderen Details seiner doppelten Vermittlungsarbeit überließ der Übersetzer der Aufmerksamkeit seines Freundes in Königsberg,

---

[185] Humboldt an Helmholtz, 12. Februar 1850, zit. n. Leo Königsberger, *Hermann von Helmholtz*, Bd. 1, S. 118.

[186] Du Bois-Reymond an Helmholtz, 19. März 1850, in *Dokumente einer Freundschaft,* S. 92.

[187] Emil du Bois-Reymond, »Über die Geschichte der Wissenschaft« [1872], in Estelle du Bois-Reymond (Hrsg.), *Reden von Emil du Bois-Reymond in zwei Bänden,* Bd. 1, Leipzig 1912, 431-440, bes. auf S. 432-436. Siehe dazu auch Hans-Jörg Rheinberger, *Historische Epistemologie zur Einführung*, Hamburg 2007, S. 15.

mit einer Ausnahme: »Die Anmerkung über die Geschwindigkeit in der Sekunde ist nicht von mir, sondern von Humboldt.«[188]

In dieser Form – von du Bois-Reymond logisch und historisch folgerichtig umgeschrieben sowie durch von Humboldt mit einer erläuternden Fußnote ergänzt – wurde der »Vorläufige Bericht« in der Sitzung vom 25. Februar 1850 in der Académie des Sciences in Paris als »Note sur la vitesse de propagation de l'agent nerveux dans les nerfs rachidiennes« präsentiert, die von Helmholtz verfasst worden war. Übrigens geschah dies direkt im Anschluss an die Vorstellung einer Mitteilung des scheinbar allgegenwärtigen Matteucci, der diesmal allerdings ein physikalisches Thema behandelte, den Voltaischen Bogen.[189]

Öffentlich in der Schwebe

Sämtliche Abwandlungen und Ergänzungen zur »Note« von Helmholtz konnten nichts daran ändern, dass sie auch im französischsprachigen Raum keine schnelle Wirkung entfaltete. Um auf Mareys Analogie zurückzukommen, die Mitteilung war zwar an ihrem Bestimmungsort angekommen, konnte dort aber nicht in Empfang genommen werden. Oder vielmehr, sie wurde durchaus empfangen, allerdings keineswegs in der gewünschten Weise. Umgehend mokierte sich nämlich die Pariser Presse über die Zeitmessungen von Helmholtz. Nur zwei Tage nach der Präsentation der »Note« in der Académie des Sciences brachte die liberale Tageszeitung *Le National* im Rahmen ihres monatlichen Wissenschaftsfeuilletons einen kurzen Bericht über diese Messungen. Nach einer eher nüchtern zusammenfassenden Wiedergabe der in der »Note« enthaltenen Ergebnisse merken die »D. et T.« zeichnenden Autoren an: »Es braucht nicht extra

---

[188] Du Bois-Reymond an Helmholtz, 19. März 1850, in *Dokumente einer Freundschaft,* S. 92.

[189] Carlo Matteucci, »Nouvelles expériences sur l'arc voltaïque«, *Comptes rendus hebdomadaires des séances de l'Académie des Sciences* 30 (1850): 201-204.

gesagt zu werden, daß es Frösche sind, die für diese Arbeit herhalten mußten. Von den Fröschen abgesehen, läßt die Arbeit von M. Helmottz [sic] etwas zu wünschen übrig.«[190]

Das war apodiktisch formuliert und ganz offenbar gegen den humanen Akteur gewendet, der der Akademie seine Untersuchungen vorgelegt hatte. Was genau mit *quelque chose à désirer* gemeint war, bleibt dem heutigen Leser aber weitgehend verschlossen. Nur so viel lässt sich sagen. Der Bericht von D. und T. war in eine wissenschaftskritische Reflexion über die Académie des Sciences eingebettet, in der das »schöne Wort« gepriesen, die »Sache« selbst aber in Frage gestellt wurde: »Sie [die Akademie] ist so wie es den Göttern gefällt... und den Akademikern. Über letztere beklagen wir uns.« In Anspielung auf eine Fabel von La Fontaine, *Wie Simonides von den Göttern beschützt ward*, wird die Académie dann mit einem Helden verglichen, über den es nichts zu berichten gibt, und der Berichterstatter mit einem Dichter, der zwar das Loblied auf einen Athleten singen wolle, angesichts des »schlichten und dürft'gen Stoffs«[191] aber schnell zum Abschweifen gezwungen sei. Dann fügen D. und T. an: »Unser eigener Held [das heißt die Akademie] tut nichts, sagt nichts, hört nichts – er, der so viele Dinge weiß!«[192] Monat für Monat müsse man daher eine »Zusammenfassung kleiner Neuigkeiten« veröffentlichen – eine Klage, die sich auf überraschende Weise mit du Bois-Reymonds früherer Sicht auf das wissenschaftliche Zeitschriftenwesen überschneidet. Tatsächlich kehrt sich hier die Kritik, die der Elektrophysiologe einige Jahre zuvor noch gegenüber von Humboldt an den ›Journalen‹ geäußert hatte, die mit unzusammenhängenden Fakten und Beobachtungen ›überschüttet‹ würden, gegen die mit so großer Sorgfalt präparierte und platzierte »Note« von

---

[190] D. et T., »Feuilleton du National. 27 février. Académie des Sciences«, *Le National* (Mittwoch, 27. Februar 1850): 1.

[191] Jean de La Fontaine, »Wie Simonides von den Göttern beschützt ward«, in *Sämtliche Fabeln*, übers. von Ernst Dohm und Gustav Fabricius, Düsseldorf 2003, S. 32-34, auf S. 32.

[192] D. et T., »Feuilleton du National «, S. 1.

Helmholtz. Zumindest war es diese »Note«, die als erste unter den wissenschaftlichen Neuigkeiten im Feuilleton des *National* fungierte. Das Etwas, das der entsprechenden Mitteilung fehlte, war in den Augen von D. und T. somit ganz offenbar, über das Einerlei der wissenschaftsalltäglichen Nachrichten hinauszugehen und dadurch zur Rettung der »hilflosen Akademie« beizutragen.

Helmholtz zeigte sich wenig beeindruckt. Er konnte den Artikel von »D. et T.« nicht selber lesen, weil der *National* im fernen Ostpreußen nicht erhältlich war.[193] Durch du Bois-Reymond war er aber davon in Kenntnis gesetzt worden, dass man sich in dieser Zeitung über ihn »lustig gemacht« habe.[194] Das genügte für eine Reaktion, die abgeklärt war und die ganze Angelegenheit auf der Ebene nationaler und kultureller Unterschiede verortete. An seinen Vater schrieb Helmholtz: »[E]ine gutwillige Aufnahme solcher Sachen ist von Deutschen bei den Franzosen einmal nicht möglich, und der vorläufige Zweck ist erreicht, sie überhaupt darauf aufmerksam zu machen.«[195] Der ›*vorläufige* Zweck‹ des »*Vorläufigen* Berichts«, in dieser Doppelung des Provisorischen resümiert sich der Sachverhalt der Datierung, der Temporalisierung, um den es Helmholtz bei seiner ersten Mitteilung an die Pariser Akademie vor allem ging.

Du Bois-Reymond nahm die Sache weniger kühl. Ihm schien es, als würde sich hier ein bekanntes Muster wiederholen. Ein Jahr zuvor, im Mai 1849, waren in den *Comptes rendus* die ersten Mitteilungen über seine elektrophysiologischen Experimente erschienen. Von Humboldt hatte der Académie immer wieder informell von den Fortschritten berichtet, die die Arbeit des jungen Elektrophysiologen in Berlin machte. Im Frühjahr 1849 hatte ihn ein demonstratives Experiment von du Bois-Reymond beson-

---

[193] Siehe Helmholtz an du Bois-Reymond, 22. April 1850, in *Dokumente einer Freundschaft*, S. 97: »Der National mit seinem Spottartikel existiert hier nicht.«

[194] Du Bois-Reymond an Helmholtz, 19. März 1850, ebd., S. 93.

[195] Helmholtz an A. F. J. Helmholtz, 29. März 1850, zit. n. Leo Königsberger, *Hermann von Helmholtz*, Bd. 1, S. 121.

ders beeindruckt, bei dem dieser eine Galvanometernadel durch die Anspannung seiner Armmuskulatur zur Ablenkung gebracht hatte. Seinem Freund Arago hatte er daraufhin mehrfach davon berichtet. Eine Mitteilung über dieses Experiment, die von Humboldt und du Bois-Reymond am 21. Mai 1849 gemeinsam in den *Comptes rendus* veröffentlichten, fand allerdings ein geteiltes Echo. Das Wissenschaftsfeuilleton des *National* wertete das Experiment zwar als »große Entdeckung« des »Physikers aus Berlin«.[196] Das *Journal des débats* brachte hingegen eine scharfe Kritik, die umso ernstzunehmender war, als sie vom Akademie-Mitglied León Foucault verfasst worden war. Foucault präsentierte den Elektrophysiologen aus Berlin als einen »eifrigen jungen Entdecker«, der durch einen überempfindlichen Galvanometer auf eine vollkommen falsche Fährte gelockt worden sei. Du Bois-Reymond glaube nun allen Ernstes, dass der menschliche Wille eine Magnetnadel bewegen könne. Für Foucault stand fest, dass ein solcher Satz »aufs Wunderbare« ziele und »von dem deutschen Geiste geprägt [sei], der ihn formuliert hat«.[197] Im Anschluss daran wurde in einer anderen Zeitschrift, der *Gazette des Hospitaux civils et militaires*, vor allem gegen von Humboldt polemisiert. Dieser solle, so lautete die Forderung, in seinen Beschreibungen des Experiments von du Bois-Reymond zur »Sachlichkeit der Sprache« zurückkehren, um nicht dem »Scharlatanismus« Vorschub zu leisten.[198]

Angesichts des kurz angebundenen Zeitungsberichts über die Zeitmessungen von Helmholtz fürchtete du Bois-Reymond nun offenbar, es könne sich eine ähnliche Polemik gegen die Forschungsarbeit des Physiologen in Königsberg entwickeln. Obwohl der Bericht, den D. und T. im *National* über Helmholtz

---

[196] Anonymus, »Feuilleton du National. 30 mai. Académie des Sciences«, *Le National* (Mittwoch, 30. Mai 1849): 1.

[197] Léon Foucault, »Feuilleton du Journal des débats du 1er juin 1849. Académie des Sciences. Séances des 21 et 28 mai«, *Journal des débats* (1. Juni 1849), S. 1, hier zitiert nach der Übersetzung in *Briefwechsel zwischen Alexander von Humboldt und Emil du Bois-Reymond*, Anhang, Dokument IV, S. 165.

[198] Ebd., S. 168 (Dokument VI).

veröffentlicht hatten, deutlich weniger pointiert war als die frühere Kritik von Foucault, stand man in Paris anscheinend im Begriff, einen weiteren Wissenschaftler aus der Müller-Schule anzugreifen. Das jedenfalls war die Einschätzung der Lage, die du Bois-Reymond von Berlin aus nach Königsberg weitergab. Die Presse in Paris ziehe über ihn, Helmholtz, so her »wie damals über mich«.[199] Konkreter Anhaltspunkt dafür konnte allerdings nur die Tatsache sein, dass der *National* den Namen von Helmholtz zu »Helmottz« [sic] gemacht und ihn als »Professeur de pathologie«, nicht als Physiologen eingeführt hatte. »J'y mettrai ordre«, versprach du Bois-Reymond stilsicher, aber doch ohne eigentlich dazu aufgefordert worden zu sein, und machte sich am 15. März 1850 von Berlin aus auf den Weg in die »Hauptstadt des 19. Jahrhunderts«.

Der erste und hauptsächliche Grund für diese Reise war die Vorstellung der beiden ersten Bände seiner *Untersuchungen über thierische Elektricität*, die mittlerweile seit knapp einem Jahr vorlagen.[200] Gestützt auf dieses ›Ganze‹ wollte du Bois-Reymond nun endlich zum Schlag gegen Matteucci ausholen und seine lange zurückgehaltenen Ansprüche auf Priorität nicht nur anmelden, sondern sie auch ausführlich begründen. Der zweite Anlass für die Reise nach Paris waren die Missverständnisse und Gerüchte, die dort seit Sommer 1849 um das Demonstrationsexperiment zur Ablenkung der Galvanometernadel durch den Armmuskel kursierten. So wie die Vorstellung der *Untersuchungen* war auch dies eine wissenschaftliche Mission und zugleich eine Angelegenheit der Polemik. Gegenüber Helmholtz spricht du Bois-Reymond in diesem Sinn davon, in der Stadt der Lumières »das Gesindel in die Pfanne [...] hauen« zu wollen, was Helmholtz im Gegenzug übersetzt als »die Köpfe

---

[199] Du Bois-Reymond an Helmholtz, 19. März 1850, in *Dokumente einer Freundschaft*, S. 93.

[200] Siehe dazu grundlegend Finkelstein, »M. du Bois-Reymond goes to Paris«, sowie Eugenie Rosenberger, *Felix du Bois Reymond, 1782-1865*, Berlin 1912, S. 282-286, und Wilhelm Haberling, »du Bois-Reymond in Paris 1850«, *Deutsche medizinische Wochenschrift* 52 (5. Februar 1920): 250-252.

der Pariser über deutsche Wissenschaft aufzuklären«.[201] Der dritte, ergänzende Grund für die Paris-Reise des Elektrophysiologen war die Erläuterung der Helmholtz'schen Messungen zur Fortpflanzungsgeschwindigkeit der Nervenreizung – ein Anliegen, das du Bois-Reymond wohl auch deswegen am Herzen lag, weil er selbst erheblichen Anteil an der Abfassung der diesbezüglichen Mitteilung in den *Comptes rendus* hatte.

Kurz nach seiner Ankunft in Paris stellte sich heraus, dass die Reise noch einen vierten, nicht vorhersehbaren Grund hatte. Am 28. März traf Werner Siemens in der Stadt ein. Siemens hatte vor, an der Académie das von ihm entwickelte Modell des elektrischen Telegraphen vorzustellen. Gleich nach seiner Ankunft hatte er seine Karte an du Bois-Reymond geschickt, zog kurz darauf in dasselbe Hotel am Jardin des Plantes und verbrachte in den kommenden vier Wochen viel Zeit gemeinsam mit dem Physiologen, der ihm von der Physikalischen Gesellschaft in Berlin gut bekannt war. Wie das Reisetagebuch von du Bois-Reymond zeigt, gingen die beiden gemeinsam zum Abendessen, besichtigten die Maschinensammlung im Conservatoire des Arts et Métiers und nahmen im Theater »Bonne Nouvelle« sogar an einer *Seánce magnétique* mit dem damals berühmten Medium Prudence Bernard teil.[202] Wie für Helmholtz wurde du Bois-Reymond auch für Siemens im Sinne eines Aufklärers und Vermittlers tätig. Während seines gut zweimonatigen Aufenthalts in Paris übersetzte er die umfangreiche Darstellung von Sie-

---

201 Du Bois-Reymond an Helmholtz, 19. März 1850, in *Dokumente einer Freundschaft*, S. 93, sowie Helmholtz an du Bois-Reymond, 5. April 1850, ebd., S. 94.

202 Emil du Bois-Reymond, [Reisetagebuch], in Nachlass Emil du Bois-Reymond, Staatsbibliothek zu Berlin, Preußischer Kulturbesitz, Kasten 1, Mappe 7, S. 2-4. Zu »Mademoiselle Prudence« siehe Auguste Lassaigne, *Mémoires d'un magnétiseur, contenant la biographie de la somnambule Prudence Bernard*, Paris 1851. Am 15. September 1850 wurde Prudence in einer Sitzung der Akademie der Wissenschaften in Mailand untersucht. Siehe dazu Lassaigne, *Mémoires d'un magnétiseur*, S. 79-89, und insgesamt Alan Gauld, *A History of Hypnotism*, Cambridge 1992, S. 169-170.

mens' Telegraphensystem ins Französische. In der Akademie-Sitzung vom 15. April wurde eine kurze Zusammenfassung der knapp 50-seitigen »Mémoire« vorgestellt und anschließend in den *Comptes rendus* veröffentlicht. Der vollständige Text wurde später in den *Annales de Chimie et de Physique* publiziert. Darauf basierend erscheint die »Mémoire« wenig später auch in Buchform in Berlin. Wieder zurück aus Paris, sollte du Bois-Reymond ein Exemplar dieses französischsprachigen Werks – »von mir in Paris geschrieben« – an Helmholtz schicken.[203]

Aus akademischer Sicht war dieser Einsatz für Siemens durchaus erfolgreich. Schon Ende April stellte eine von der Académie des Sciences eingesetzte Kommission die Überlegenheit des von Siemens konstruierten elektrischen Telegraphen gegenüber anderen Modellen fest, die zur gleichen Zeit in Paris vorgestellt und erörtert wurden. Auch in eigener Sache konnte du Bois-Reymond Erfolge verbuchen, wenn auch etwas weniger rasch. Am 25. März und 8. April hielt er Vorträge an der Académie, in denen er die wesentlichen Ergebnisse aus den beiden Bänden seiner *Untersuchungen* vorstellte und – ohne allerdings Matteucci zu erwähnen – auch an seinen »Abriss« von 1843 erinnerte. Der Physiker in Pisa brauchte nicht lange, um zu verstehen und zu reagieren. Am 22. April reklamierte er die »Priorität« für die von du Bois-Reymond beschriebenen Beiträge zur Elektrophysiologie. Du Bois-Reymond hielt dagegen, mit zwei »Antworten«, die er in den Sitzungen vom 29. April und 6. Mai vortrug. Matteucci widersprach erneut, am 3. Juni. Zu diesem Zeit-

[203] Du Bois-Reymond an Helmholtz, 18. März 1851, in *Dokumente einer Freundschaft*, S. 106. Siemens blieb bis zum 26. April in Paris. Siehe Werner Siemens, »Sur la télégraphie électrique«, *Comptes rendus hebdomadaires des séances de l'Académie des Sciences* 30 (1850): 434-437, ders., »Sur la télégraphie électrique«, *Annales de Chimie et de Physique* 29 (1850): 385-430 sowie ders., *Mémoire sur la télégraphie électrique*, Berlin 1851. Aus der Sicht von Siemens siehe auch den Brief vom 27. April aus Paris an Wilhelm Siemens, in dem er sich darüber beklagt, dass die Beschreibung seines Telegraphen »ohne Zeichnung« veröffentlicht wird, in Conrad Matschoß (Hrsg.), *Werner Siemens. Ein kurzgefaßtes Lebensbild nebst einer Auswahl seiner Briefe*, Bd. 1, Berlin 1916, Anhang, S. 79.

punkt hatte du Bois-Reymond Paris allerdings bereits verlassen. Er war also auch nicht dabei, als am 15. Juli eine Kommission einen Bericht präsentierte, in dem eine Bestandsaufnahme der von du Bois-Reymond präsentierten Ergebnisse und eine Stellungnahme zur Auseinandersetzung mit Matteucci erfolgte. Zurück in Berlin wertete du Bois-Reymond den ausführlichen Rapport in den *Comptes rendus* aber als einen Sieg: »Matteucci ist abgewiesen mit seinen Reklamationen, [...] meine Gesetze und Terminologie offiziell angenommen«, schreibt er an Helmholtz. Dann setzte er in den *Comptes rendus* noch einmal nach, am 22. Juli, mit einer abschließenden Antwort an Matteucci.[204]

Was die Zeitexperimente von Helmholtz anging, so ergab sich kein vergleichbarer Erfolg. Zwar hatte du Bois-Reymond gleich die erste Gelegenheit für eine entsprechende Intervention genutzt. Bei seinem ersten Vortrag an der Académie, am 25. März, hatte er sich auf eine Darstellung der historischen und methodologischen Voraussetzungen des elektrophysiologischen Arbeitens konzentriert, ähnlich wie in der Einleitung zum ersten Band der *Untersuchungen*. Nach einigen Ausführungen zur Irritationslehre des 18. Jahrhunderts und den Einwänden, die schon von Haller und Lecat gegen die Gleichsetzung der *esprit animaux* und der Elektrizität vorgebracht hätten, sprang du Bois-Reymond in die Gegenwart, zur Arbeit seines Freunds und Kollegen in Königsberg: »Die Experimente von Helmholtz haben gezeigt, daß die Geschwindigkeit der Fortpflanzung des Nervenprinzips mehr als zehnmal kleiner ist als die des Schalls in der Luft, folglich mehr als hunderttausendmal kleiner als die Geschwindigkeit der Elektrizität im Kupfer! [...] Demnach ist es unmöglich, das Nervenprinzip mit der Elektrizität gleichzusetzen.«[205] So engagiert du Bois-Reymond aber zur Sache ging, so wenig konnte er mit diesem Vortrag ausrichten. Tatsächlich wa-

[204] Du Bois-Reymond an Helmholtz, 25. August 1850, in *Dokumente einer Freundschaft*, S. 100.

[205] Du Bois-Reymond, »[Vorlesung in französischer Sprache]«, in Nachlass Emil du Bois-Reymond, Staatsbibliothek zu Berlin, Preußischer Kulturbesitz, Kasten 1, Mappe 7, Nr. 3, S. 4.

ren die anwesenden Mitglieder der Académie durch die langatmigen historischen Ausführungen von du Bois-Reymond einigermaßen überrascht, und zwar negativ überrascht. Für die entsprechende Veröffentlichung in den *Comptes rendus* reduzierte du Bois-Reymond die historische Einführung daher auf ein Mindestmaß und konzentrierte sich auf die Darstellung der Wirkung von Kontraktionen auf den Muskelstrom, eines der Kernthemen der *Untersuchungen*. Was die von ihm einleitend erwähnten Zeitexperimente von Helmholtz angeht, so waren die Reaktionen offenbar noch verheerender ausgefallen. »Deine Messung der Geschwindigkeit des Nervenprinzips ist in der Akademie verhöhnt worden«, wird du Bois-Reymond später nach Königsberg berichten.[206] Einigermaßen fassungslos schreibt er noch aus Paris an Carl Ludwig über seine dortigen Kollegen in der Physiologie: »Helmholtz halten sie für einen Verrückten.«[207] Dennoch machte er noch einen Anlauf, in einem Vortrag, den er am 30. März in der Société Philomatique hielt. Doch auch hier scheint das Echo verhalten gewesen zu sein: »[O]bschon niemand etwas öffentlich einzuwenden wagte, wurde ich dennoch im Stillen mit den dümmsten Zweifeln und Einwürfen geplagt«.[208]

Insgesamt überraschen diese Reaktionen. Denn Paris, zumindest das Paris, das du Bois-Reymond besuchte, war seit den Chronoskop-Streitigkeiten zwischen Pouillet, Breguet und Wheatstone zu einem Zentrum der Präzisionszeitmessexperimente geworden (siehe Kap. 4). Allein während seines Aufenthaltes hörte du Bois-Reymond eine ganze Reihe entsprechender Vorträge, beispielsweise am 15. April in der Académie von Hippolyte Fizeau über die Geschwindigkeit des elektrischen Stroms, am 30. April in der Sorbonne von Pouillet über die Ge-

---

[206] Du Bois-Reymond an Helmholtz, 25. August 1850, in *Dokumente einer Freundschaft*, S. 100.

[207] Du Bois-Reymond an Carl Ludwig, 9. April 1850, in *Zwei große Naturforscher des 19. Jahrhunderts. Ein Briefwechsel zwischen Emil du Bois-Reymond und Karl Ludwig*, hrsg. von Estelle du Bois-Reymond, Leipzig 1927, S. 88-89.

[208] Du Bois-Reymond an Helmholtz, 25. August 1850, in *Dokumente einer Freundschaft*, S. 100.

schwindigkeit des Lichts und am 6. Mai wiederum in der Académie von Foucault über die Geschwindigkeit des Lichts in der Luft und im Wasser. Von Arago ließ du Bois-Reymond sich einen rotierenden Spiegel zeigen, der 1600 Umdrehungen pro Sekunde machte. Einen ähnlichen Spiegel hatte Wheatstone in seinen Messungen zur Elektrizitätsgeschwindigkeit verwendet und an diese Technik schlossen Fizeau ebenso wie Foucault an.[209]

So vertraut nun die Durchführung solcher Hochgeschwindigkeitsmessungen und so unbestritten das wissenschaftliche Interesse dieser Messungen gewesen zu sein scheint, so ungewohnt war offenkundig ihre Ausdehnung von physikalischem auf physiologisches Gebiet. Die entsprechenden Experimente von Helmholtz galten als die Versuche eines ›Verrückten‹ – das war eine massive Stellungnahme. Helmholtz reagierte auf sie mit einer zweiten Mitteilung, die im September 1851 in der Pariser Académie verlesen und wenig später als »Deuxième Note« in den *Comptes rendus* abgedruckt wurde. Wie bei du Bois-Reymond und bei Siemens wurde kurz darauf eine Kommission eingesetzt, um den Inhalt der Mitteilungen von Helmholtz genauer zu untersuchen und zu beurteilen. Der Bericht dieser Kommission sollte aber nie erscheinen. Stattdessen wurde 1855 eine Kurzzusammenfassung der »Messungen« publiziert, des 90-Seiten-Aufsatzes von 1850 – allerdings nicht in einem physiologischen Periodikum, sondern in jenen *Annales de Chimie et de Physique*, in denen auch Siemens' Darstellung des elektrischen Telegraphen erschienen war. Im selben Jahr wurden die zeitmessenden Experimente im Physiologie-Handbuch von Jules Béclard erwähnt.[210] Erst Mitte der 1860er Jahre sollte die

---

[209] Du Bois-Reymond, [Reisetagebuch], S. 3-5. Zu Fizeau siehe Jan Frercks, »Creativity and Technology in Experimentation. Fizeau's Terrestrial Determination of the Speed of Light«, *Centaurus* 42 (2000): 249–287. Zu Wheatstone (und Helmholtz) siehe Siegert, *Passage des Digitalen,* S. 357-368.

[210] Hermann Helmholtz, »Mémoire sur la contraction des muscles de la vie animale et sur la vitesse de propagation de l'action nerveuse« [Auszüge zusammengestellt von Marcel Verdet], *Annales de chimie*

Rezeption der Helmholtz'schen Zeitexperimente in der französischsprachigen Welt wirklich in Gang kommen, und zwar durch die Veröffentlichungen von Marey. Dieser ist es also, der – um noch einmal das von ihm geprägte Bild aufzunehmen – die Zustellung der längst in Paris angekommenen Wissenschaftspost aus Königsberg übernimmt. Allerdings lag, um weiter im Bild zu bleiben, in der entsprechenden Sendung die graphische Methode obenauf. Von dem Verfahren nach Pouillet war kaum mehr die Rede.

---

et de physique 43/3: 367-379, und Jules Béclard, *Traité élémentaire de physiologie humaine*, Paris 1855, S. 760-762.

6. Nachrichten vom großen Zeh

Was wir thun, wissen
wir nicht unmittelbar.
Helmholtz

Während du Bois-Reymond im Frühjahr 1850 in Paris weilte und sich für Helmholtz engagierte, war das Driften der Forschungsmaschine in Königsberg in vollem Gange. Schon kurz nachdem der »Vorläufige Bericht« abgefasst und versendet worden war, bewegte sich das Gefüge aus Froschgestell, Galvano-Chronometer und Ablese-Fernrohr von der Arbeit mit geschwächten Winterfröschen hin zu einem Betrieb mit frischen Frühlingsfröschen und ging von der Beschäftigung mit der Nervenreizung als temporal bedingtem Phänomen zu einer Auseinandersetzung mit dieser als einer auch thermisch konditionierten Erscheinung über. Helmholtz berichtete von diesen Verschiebungen ausführlich in den »Messungen«, dem 90-Seiten-Aufsatz, dessen Redaktion er im Juni 1850 abschloss. Was in den »Messungen« nicht zur Sprache kam, war ein weiteres, parallel stattfindendes Driften, und es ist genau dieses Driften, das sich für die Geschichte der psychophysiologischen Zeitforschung als entscheidend erweisen sollte. Mit ihm schlägt sich jenes Ereignis nieder, das sich in späteren Forschungsmaschinen und an anderen Orten »vorlings« seiner selbst erinnern sollte: nicht als eine weitere Errungenschaft, für die Priorität beansprucht werden konnte, aber auch nicht als überzeugende Antwort auf eine genau gestellte Frage. Es verwirklicht sich vielmehr als eine exemplarische Öffnung, als materiell und semiotisch realisiertes Experimentalschema, das Entwürfe für die Lösung von Problemen bereitstellte, die in ihrer Konkretheit erst noch aufzuwerfen waren.

Parallel zu den genannten Verschiebungen änderten sich die biologischen Komponenten der Forschungsmaschine von Helmholtz nämlich noch in grundsätzlicherer Weise. Einige Wochen nach Abfassung des »Vorläufigen Berichts« begann Helmholtz, seine Zeitmessexperimente an Fröschen auch auf den Menschen auszudehnen, und neben den motorischen Nerven machte er dabei auch die sensiblen Nerven zu Bestandteilen seiner Forschungsmaschine. Schon Anfang April 1850, als du Bois-Reymond sich noch mit Siemens in Paris aufhielt, berichtete Helmholtz nach Berlin: »[Ich] habe Zeitmessungen an mir selbst und anderen Menschen angestellt, welche mir die Fortpflanzungsgeschwindigkeit in den motorischen und sensiblen Fasern des Menschen auf 50 bis 60 m festzustellen scheinen.«[211] *Exit the frog, enter the human*: das ist somit bereits im Frühjahr 1850 Realität – eine Realität, an der Olga Helmholtz wiederum aktiv beteiligt war. Diesmal fungierte sie nicht nur als Assistentin und Protokollantin, sondern in einer neuen Doppelrolle als Experimentatorin und Versuchsperson. Wie Helmholtz rückblickend schreibt, war sie nunmehr eine Laborkraft geworden, die »soweit in die Physiologie eingeweiht ist, daß sie Versuchsreihen über die Geschwindigkeit der Reizung in den Nerven an sich anstellen konnte«.[212]

Wie der frühere Übergang von der Chronographie zur Chronoskopie war allerdings auch das Herauswerfen des Froschs und das Eintreten des Menschen in die Forschungsmaschine mehr als eine einfache Ersetzung, mehr als eine Frage der Methode oder der Technik. Erneut handelte es sich um die Ergänzung und Erweiterung einer experimentellen Praxis, die zu einer Verlagerung des ganzen bis dahin verfolgten Forschungsunternehmens führte. Im Unterschied zu den Froschzeitmessungen arbeitete Helmholtz in seinen Menschenversuchen nicht mit hängenden Muskeln und freigelegten Nerven, die vom übrigen Organismus abgetrennt waren. Er bezog den ganzen Menschen ein, sowohl was die Anbringung der Kontakte zur elektri-

---

[211] Helmholtz an du Bois-Reymond, 5. April 1850, in *Dokumente einer Freundschaft,* S. 94. Bereits Ende März hatte Helmholtz von dieser Ausdehnung seiner Forschungsarbeit an seinen Vater berichtet. Siehe Helmholtz an A. F. J. Helmholtz, 29. März 1850, zit. n. Leo Königsberger, *Hermann von Helmholtz*, Bd. 1, S. 120.

[212] Helmholtz an du Bois-Reymond, 11. April 1850, in *Dokumente einer Freundschaft*, S. 112.

schen Reizung anging, als auch mit Blick auf die Umsetzung der Reizung in Kontraktionen. Wie genau sich diese Beibehaltung ihrer Einbettung in die Körperumgebung auf die Funktionsweise der Muskeln und Nerven auswirkte, konnte zwar nicht abgeschätzt werden. Trotz des deutlich geänderten Versuchsaufbaus orientierte sich Helmholtz aber eng an seinen früheren Froschexperimenten. So richtete er seine Aufmerksamkeit zuerst auf die motorischen Nerven des Menschen. Seine Experimentieranordnung änderte er zu diesem Zweck so ab, dass »kleine elektrische Schläge durch verschiedene Stellen des N[ervus] medianus an der inneren Seite des M[uskulus] bizeps« geleitet werden konnten. Dadurch entstanden, wie Helmholtz sichtlich beeindruckt an du Bois-Reymond schreibt, »die schönsten unwillkürlichen Zuckungen in den Fluxoren des Vorderarms«.[213] Die aus diesen Kontraktionen von Unterarm-Muskeln resultierenden Handbewegungen konnten dann zur Unterbrechung des zeitmessenden Stroms verwendet werden – analog zum Frosch-Wadenmuskel, der in der früheren Version der Helmholtz'schen Forschungsmaschine durch seine Kontraktionen einen Kontakt geöffnet hatte. Wenn nun nach dem bekannten Muster unterschiedliche Stellen des Mittelarmnervs gereizt und die entsprechenden Raum- bzw. Zeitdifferenzen festgestellt wurden, ließ sich aus diesen Variationen und den anschließenden Subtraktionen die Fortpflanzungsgeschwindigkeit in den motorischen Nerven des Menschen ableiten. So weit, so gut.

In einer weiteren Reihe von Versuchen entfernte sich Helmholtz dann aber vom Vorbild des Froschpräparats. Er wandte sich von den Bewegungsnerven des Menschen ab und setzte an dessen Empfindungsnerven an. Zunächst scheint es sich nur um eine Art Richtungsumkehrung zu handeln. Statt die Reizung von innen nach außen, vom Nerv zum Muskel zu verfolgen, wird sie nun auf ihrem gegenläufigem Weg, von außen nach innen betrachtet. Tatsächlich geht es aber um eine grundlegend veränderte Strategie. Denn dieser gegenläufige Weg führte von der Reizung einer Hautstelle, zum Beispiel an Nacken, Hand oder

---

[213] Helmholtz an du Bois-Reymond, 5. April 1850, ebd., S. 94.

Fuß, zur sich bewegenden Hand oder zum Mund zurück, verlief also von einem Außen über das Innen wieder zum Außen. Anders gesagt, in der zweiten Versuchsreihe wurde der gesamte menschliche Körper, samt Gehirn und Rückenmark, zum Bestandteil einer zeitmessenden Experimentieranordnung, die, wie Helmholtz sagt, diesen Körper »nothwendig mitbenutzen« muss,[214] um zu den beabsichtigten Zeitmessungen zu kommen. Auf der Ebene der wissenschaftlichen Praxis ist die mit dieser Umkehrung verbundene Öffnung des Helmholtz'schen Versuchsaufbaus das entscheidende Ereignis der psychophysiologischen Zeitforschung im 19. Jahrhundert. Mit dieser Öffnung wurde die Variations- und Subtraktionsmethode von der eng umschriebenen Dinglichkeit des Froschpräparats abgelöst und auf die Räumlichkeit des gesamten Menschenkörpers ausgedehnt. Die Oberflächenverhältnisse dieses Körpers sollten es, ganz entgegen der Erwartung von Johannes Müller, dem zeitmessenden Physiologen nun erlauben, einerseits auf Gehirn und Nervensystem, andererseits aber auch auf die Funktionen des Bewusstseins zuzugreifen. Von der Physiologie im engeren Sinne ging Helmholtz somit zu einer Experimentalpsychologie über, lange bevor für diesen Zweck Laboratorien eingerichtet wurden.

In den entsprechenden Versuchen wirkte der elektrische Strom als »erregende[r] Schlag« auf eine bestimmte Hautstelle ein, während die Versuchsperson »mit gespannter Aufmerksamkeit bereit [war], so wie [sie] den Schlag fühlt[e], den zeitmessenden Strom mit der Hand oder noch besser durch die Zähne zu unterbrechen«. Anschließend reizte Helmholtz eine andere Hautstelle, während die Versuchsperson den zeitmessenden Strom bei ›gespannter Aufmerksamkeit‹ erneut unterbrechen sollte. Aus den gefundenen Zeitdifferenzen und der jeweiligen Entfernung der Haustellen voneinander konnte er

[214] Hermann Helmholtz, »Ueber die Methoden, kleinste Zeittheile zu messen, und ihre Anwendung für physiologische Zwecke«, *Königsberger naturwissenschaftliche Unterhaltungen* 2/2 (1851): 169-189, auf S. 186.

dann die Fortpflanzungsgeschwindigkeit der Reizung in den sensiblen Nerven ableiten. Der Unterschied zur ersten Versuchsreihe an den motorischen Nerven bestand somit zum einen darin, dass nicht mehr bloß der Arm, sondern im Prinzip der gesamte Körper zur Ansatzstelle für Reizungen wurde. Statt die Platzierung der Elektroden lediglich an der Innenseite des Oberarms zu variieren, konnte nun mit den Differenzen zwischen Fuß und Brust oder zwischen Finger und Nacken gearbeitet werden. Der Vorteil war klar. Zwischen den Nervenstellen konnten größere Distanzen eingerichtet und dadurch »bessere Erfolge« in den Messungen erzielt werden. Zum anderen wurde jetzt allerdings nicht mehr mit unwillkürlichen Kontraktionen, sondern mit bewussten Reaktionen gearbeitet. Für die Durchführung genauer Messungen konnte das ein Nachteil sein. Noch mehr als bei seinen Versuchen am Froschpräparat musste Helmholtz darauf gefasst sein, bei seinen Zeitmessungen mit Störgrößen konfrontiert zu werden – von der individuellen ›Frische‹ der Versuchsobjekte über die Temperatur im Untersuchungsraum bis hin zur unterschiedlich gespannten Aufmerksamkeit. Trotzdem war er schon im April 1850 zu vielversprechenden Ergebnissen gekommen: »Die ganzen gemessenen Zeiten variieren an verschiedenen Tagen und bei verschiedenen Menschen, die Unterschiede der Zeit für Zehen und Kreuzbein oder für Finger und Nacken etc. sind aber konstant, so daß man sie mit großer Wahrscheinlichkeit auf die Nervenstrecken beziehen kann.«[215] Somit war es letztlich die für den Experimentator überraschende Beständigkeit der Messergebnisse, die den Zugang zu dem Gegenstand eröffnete, der gemessen wurde. Dieser Gegenstand fiel aber keineswegs mit den sensiblen Nerven zusammen. Er umfasste auch die Funktionen des Gehirns.

Warum dieses erneute Driften? Weshalb dehnte Helmholtz seine experimentellen Zeitmessungen am Frosch im Frühjahr 1850 auf den Menschen aus? Mindestens drei Gründe lassen sich nennen. Erstens technische: Angesichts des neuartigen

---

[215] Helmholtz an du Bois-Reymond, 5. April 1850, in *Dokumente einer Freundschaft*, S. 94-95.

Zeitmessverfahren, das er entwickelt hatte, ging es Helmholtz darum, dieses »auf möglichst viele Fälle« anzuwenden,[216] um die Produktivität des Verfahrens zu demonstrieren und seine Robustheit weiter zu explorieren. Zweitens epistemologische: Helmholtz war bestrebt, von »den einfachsten Verhältnissen« der Froschphysiologie zu den komplexeren Sachlagen der Humanphysiologie überzugehen,[217] nicht zuletzt um die Validität und damit die Relevanz seiner früheren Tierexperimente zu verdeutlichen. Drittens ästhetische: Wie Helmholtz durch die zögerliche Aufnahme seines »Vorläufigen Berichts« in Berlin und Paris hatte erfahren müssen, blieben die Ergebnisse der elektrophysiologischen Laborforschung selbst der qualifizierten akademischen Öffentlichkeit schwer vermittelbar. Du Bois-Reymond hatte frühzeitig auf diese Problemlage reagiert, indem er eine seiner ›Entdeckungen‹ von 1843, die sog. »negative Variation« des Muskelstroms bei Fröschen, auf das Gebiet der Humanphysiologie übertrug, um es dort zu veranschaulichen. Das war der Hintergrund für die Einrichtung und Durchführung des quasigymnastischen Versuchs, durch die Kontraktion der Armmuskeln einen Nadelausschlag am Galvanometer zu bewirken. Ende der 1840er Jahre hatte auch Helmholtz in Berlin entsprechenden Demonstrationen beigewohnt, und möglicherweise standen ihm diese Vorführungen noch vor Augen, als er in Königsberg mit seinen eigenen Menschenversuchen begann. Die fortgesetzte Arbeit an diesen Versuchen lief teilweise auch parallel zu der schriftlichen Ausarbeitung, die du Bois-Reymond an seinen »Versuchen an Menschen«[218] mit Blick auf die Veröffentlichung im Rahmen der *Untersuchungen über thierische Elektricität* vornahm. Noch im Februar 1852 schreibt du Bois-Reymond an Helmholtz: »Du wirst Dich wundern, wenn ich Dir sage, daß ich mich noch immer mit den Menschenströmen

[216] Helmholtz an A. F. J. Helmholtz, 29. März 1850, zit. n. Leo Königsberger, *Hermann von Helmholtz*, Bd. 1, S. 120.

[217] Helmholtz, »Ueber die Methoden«, S. 182.

[218] Du Bois-Reymond an Helmholtz, Mitte April 1852, ebd., S.129.

herumschlage.«[219] Echoartig antwortet Helmholtz darauf: »[M]eine Menschenzeitmessungen lassen viel hoffen.«[220]

In der Öffentlichkeit äußerte sich Helmholtz über seine Zeitexperimente am Menschen letztlich nur in einem populär gehaltenen Vortrag. Auch dies spricht für das ästhetische Motiv hinter diesen Versuchen. Die Rede, die er am 13. Dezember 1850 vor der Physikalisch-Ökonomischen Gesellschaft in Königsberg hielt, begann mit einer Präsentation der neuen »Methoden, kleinste Zeittheile zu messen«, in der auch der Prioritätsstreit nachgezeichnet wurde, der von Pouillet über Breguet und Wheatstone bis hin zu Siemens um die Frage der elektromagnetischen Präzisionszeitmessung geführt worden war. Anschließend berichtete Helmholtz über die in den »Messungen« ausführlich dargestellten Untersuchungen an den motorischen Nerven des Froschs, um im Schlussteil die Frage aufzuwerfen: »Wie verhält sich nun die Sache beim Menschen?« Die Antwort, die er an dieser Stelle auf diese Frage gab, konzentrierte sich auf die Versuchsreihen an den sensiblen Nerven des Menschen: »Die Nachricht von einem Eindruck, der auf das Hautende empfindender Nerven gemacht ist, pflanzt sich mit einer zu verschiedenen Zeiten und bei verschiedenen Individuen nicht merklich [v]ariirenden Geschwindigkeit von etwa 60 Mt. (180 Fuß) [in der Sekunde] nach dem Gehirn zu fort.« Das war die diskursive Entsprechung zur Durchführung von Zeitmessungsexperimenten, die den Körper des Menschen ›notwendig mitbenutzten‹. Dann ergänzte Helmholtz ein zweites, in seinen Briefen an du Bois-Reymond noch nicht erwähntes Ergebnis: »Im Gehirn angekommen, vergeht eine Zeit von etwa 1/10 Secunde, ehe der Wille auch bei der angespanntesten Aufmerksamkeit die Botschaft an die Muskelnerven abzugeben im Stande ist, vermöge welcher gewisse Muskeln eine bestimmte Bewegung ausführen sollen.«[221] Dies war eine neue Zwischenzeit, die die erweiterten Möglichkeiten der Zeitmessungsexperimente ver-

219 Du Bois-Reymond an Helmholtz, 9. Februar 1852, ebd., S.123.

220 Helmholtz an du Bois-Reymond, 24. März 1852, ebd., S. 128.

221 Helmholtz, »Ueber die Methoden«, S. 186.

deutlichte. Neben der Tätigkeit von Muskeln und Nerven konnte nun auch die Hirnaktivität in zeitlichen Begriffen erfasst werden. Damit war der Weg geebnet, um weitere psychophysiologische Strukturen und Funktionen über ihre (Zwischen-)Zeitlichkeit näher zu charakterisieren.

Die Telegraphen-Analogie

Wie die Rede von ›Nachricht‹ und ›Botschaft‹ anzeigt, bettete Helmholtz den Bericht über seine psychophysiologischen Zeitmessungen am Menschen in eine Analogie zur Telegraphie ein. Tatsächlich erklärte er, noch bevor er in seinem Vortrag vor der Physikalisch-Ökonomischen Gesellschaft mit dem Bericht über seine Untersuchungen begann, dass »die Nervenfäden nicht unpassend mit den electrischen Telegraphendräthen« zu vergleichen seien, »welche einmal augenblicklich jede Nachricht von den äußersten Grenzen her dem regierenden Centrum zuführen, und dann ebenso dessen Willensmeinung nach jedem einzelnen Theile des Ganzen zurückbringen, um daselbst in Ausführung zu kommen«.[222] Um 1850 war die Inanspruchnahme dieser Analogie keineswegs ungewöhnlich. Im frühen 19. Jahrhundert wurden die Signalisierstationen der optischen Telegraphie oft mit der Gestalt des menschlichen Körpers verglichen. In französischen Darstellungen von Telegraphencodebäumen wurden diese einer stilisierten Hermesfigur buchstäblich auf den Leib geschrieben, und ein Blatt von Goya, *Telégrafo* (1824-28), zeigt einen kopfstehenden Signalisierakrobaten, dessen Beine als Zeichengeber fungieren. Letztlich bestand schon seit 1809, seit der Anatom und Anthropologe Samuel Thomas von Soemmerring mit einem von ihm selbst entwickelten elektrischen Buchstabentelegraphen an die Öffentlichkeit getreten war, eine mit Händen greifbare Verbindung zwischen dem Gebiet der Nachrichtentechnik und dem der Hirn- und Nervenkunde. In den Schriften von Gustav Theodor Fechner, Johannes Müller und

---

[222] Ebd., S. 181.

anderen Physikern und Physiologen übersetzte sich diese Verbindung in eine konzeptuelle Analogisierung von (Telegraphen-)Kabel und Nerv.[223] Durch den engen Zusammenhang, der bei Wheatstone, Breguet und Siemens zwischen der Telegraphie und der Entwicklung der elektromagnetisch basierten Zeitmessung bestand, erhielt sie bei Helmholtz erneut einen handfesten Sinn. Wenn Helmholtz vom Telegraphen spricht, zieht er nicht nur einen Vergleich, sondern lässt auch eine Technik in seinen Text eingreifen, deren Grundlagen ihm aus eigener Anschauung und durch den Gebrauch im Labor vertraut waren. Und deswegen ist er sich auch vollständig darüber im Klaren, dass der Vergleich hinkt – genau darin liegt das ästhetische, das didaktische Kalkül. Was seine Zeitversuche am Menschen eindrücklich vor Augen führten, war ja gerade der Sachverhalt, dass die Fortpflanzung von Nervenreizungen *nicht* ›augenblicklich‹ geschieht, sondern deutlich langsamer, mit Verzögerungen und unter Einschaltung von »Zwischenzeiten«.[224] Wenn die materielle Kultur von Elektromagnetismus und Telegraphie also eine positive technische Voraussetzung für die präzise Zeitmessung im physiologischen Labor war, bildete sie im Vortragssaal die negative Folie, vor der die stockende »Sendung der Nachrichten« innerhalb des menschlichen Körpers eindringlich beschrieben werden konnte.

Die Analogie zur Telegraphie erfüllte noch einen weiteren Zweck. Helmholtz benutzte sie auch, um eine bestimmte Art von Struktur einzuführen. Denn mit Blick auf die Telegraphie ging es ihm nicht um das einfache Verhältnis eines Senders und eines Empfängers, die sich wie A und B gegenüberstanden, sondern um vielfältige Verzweigungen, die von einem Punkt ausgingen: eine Art Spinnennetz. Der Vortrag spricht hier von den Verhält-

---

[223] Christoph Hoffmann, »Helmholtz' Apparatuses. Telegraphy as Working Model of Nerve Physiology«, *Philosophia Scientiae* 7/1 (2003): 129-149. Siehe allgemein Laura Otis, *Networking. Communicating with Bodies and Machines in the Nineteenth Century*, Ann Arbor 2001.

[224] Helmholtz, »Ueber die Methoden«, S. 171.

nissen zwischen ›regierendem ›Centrum‹ und ›Grenzen‹, und zugleich von der Bildung einer ›Willensmeinung‹ in der Mitte und der ›Ausführung‹ entsprechender Handlungen in den Randbereichen. Damit wird nicht nur auf die geopolitische Ordnung des preußischen Staats und konkret auf die optische Telegraphenlinie von Berlin nach Koblenz angespielt, sondern ebenso auf den Aufbau des Organismus beim Menschen, vor allem die Anordnung von Hirn und Nerven. Helmholtz beruft sich bei diesem Vorgehen auf die antike Figur des Menenius Agrippa, der durch eine »kluge Vergleichung« von Körper und Staat angeblich einige revoltierende Plebejer beschwichtigen konnte.[225] Zugleich bringt er die Effekte dieser Strukturierung, auch deren beschwichtigendes Moment, im Aufbau seines Vortrags zur Geltung. Unmittelbar im Anschluss an die Einführung der Analogie zwischen staatlicher Telegraphie und menschlichem Körper benennt er nämlich, welches die »Hauptfrage« gewesen sei, die er mit seinen Untersuchungen zu beantworten versucht hatte: »Vergeht eine angebbare Zeit bei der Beförderung einer solchen Nachricht, welche von den entfernten Enden der empfindenden Hautnerven oder den Nervenausbreitungen in den Sinnesorganen nach dem Gehirne hineilt, oder einer solchen, welche der Wille vom Gehirn durch die motorischen Nervenfäden zu den Muskeln hinsendet?«[226] Das tatsächliche Vorgehen von Helmholtz, das vielschichtige Driften seiner Forschungsmaschine, das sich seit den Tagen der Potsdamer Froschzeichnungen beobachten lässt, wird mit dieser Darstellung buchstäblich auf den Kopf gestellt. Was im Dezember 1850 als Kapitalproblem an den Anfang eines Untersuchungsberichts gerückt wird, hat sich auf der Ebene der Laborpraxis als unvorhersehbarer Ausläufer eines ergebnisoffenen Prozesses manifestiert, durch den im

---

[225] Helmholtz, »Ueber die Methoden«, S. 171. Siehe dazu Titus Livius, *Römische Geschichte, Buch I-III*, Lateinisch und deutsch, hrsg. von Hans Jürgen Hillen, 2. Aufl., Düsseldorf und Zürich 1997, S. 235: »Indem Agrippa dann einen Vergleich anstellte, wie ähnlich der innere Aufruhr des Körpers dem Zorn der Plebs gegen die Patrizier sei, habe er die Menschen umgestimmt«.

[226] Helmholtz, »Ueber die Methoden«, S. 181.

Verlauf eines ganzen Jahres ein überaus komplexes Gefüge aus organischen und mechanischen, elektrischen und magnetischen, optischen und handschriftlichen Komponenten ausprobiert und erkundet wurde: zunächst mit Blick auf den Muskel, dann in Hinsicht auf die Nerven und schließlich auch in bezug auf das Hirn. In späteren Jahren sollte Helmholtz einräumen, in seinen Abhandlungen den Leser nicht mit seinen »Irrfahrten unterhalten, sondern ihm nur den gebahnten Weg beschrieben« zu haben, auf dem jetzt ohne Mühe das Ziel der experimentellen Untersuchung zu erreichen ist.[227] Ohne Zweifel liegt hier eine der Passagen vor, an denen dieser Wechsel in der Emphase vom Irrsal zur Bahnung greifbar wird.

Doch der Diskurs hat seine eigenen Folgerichtigkeiten, und so erscheint dort auch das Vorgehen zur Beantwortung der vorgeblichen Hauptfrage als planmäßig und kalkuliert: »Es wird einem Menschen ein ganz leichter elektrischer Schlag an irgend einer beschränkten Hautstelle beigebracht, und derselbe ist angewiesen, wenn er den Schlag fühlt, so schnell es ihm möglich ist, eine bestimmte Bewegung mit der Hand oder den Zähnen auszuführen, durch welche der zeitmessende Strom unterbrochen wird.«[228] Was auf diese Weise gemessen wird, ist die »Zwischenzeit der Reizung und der Muskelwirkung«, oder anders gesagt: die »Summe« jener Einzelprozesse, die »von der Reizung der sensiblen Nervenenden bis zur Bewegung des Muskels« ablaufen. Konkret beziffert wird diese Zwischenzeit auf insgesamt 0,125 bis 0,200 Sekunden. Was genau in dieser Spanne passiert, bleibt nicht nur an dieser Stelle ungeklärt. Helmholtz betont lediglich, dass der Zahlenwert der zugrundeliegenden Messungen innerhalb einzelner Beobachtungsreihen »hinreichend gut« übereinstimme: »Es ergibt sich z. B., daß eine Nachricht vom großen Zehen etwa 1/30 Secunde später ankommt, als eine vom Ohr oder Gesichte.« Auch hier bestimmt also das Wie des Messens in gewisser Weise das Was des Gemessenen. In einem weiteren Schritt wird dann die geringe

[227] Helmholtz, »[Rede]«, S. 54.

[228] Helmholtz, »Ueber die Methoden«, S. 187.

Streuung der Einzelergebnisse als vielversprechende Voraussetzung dafür präsentiert, aus den erhaltenen »Summen« von Zeit die Dauer von Teilaspekten des Reaktionsvorgangs abzuleiten. In diesem Zusammenhang geht Helmholtz einerseits davon aus, »dass die Vorgänge des Wahrnehmens und des Wollens im Gehirn in ihrer Dauer nicht wesentlich von dem Ort der getroffenen Hautstelle abhängen«. Andererseits ist er sich bewusst, dass die gemessenen Zeitsummen variieren, »besonders nach dem Grade der Aufmerksamkeit bei verschiedenen Personen und zu verschiedenen Zeiten bei derselben Person«. Nur bei »gespannter« Aufmerksamkeit würden die Summen »sehr regelmäßig«. War diese Voraussetzung erfüllt, konnte davon ausgegangen werden, dass bei der Reizung unterschiedlicher Hautstellen des menschlichen Körpers »nur das erste Glied« des Reaktionsprozesses verändert wurde: die Fortpflanzung in den sensiblen Nerven.

Noch bei der Erläuterung dieser Überlegungen kommt die Analogie zur Telegraphie ins Spiel: Sie erleichtert es, die gemessenen Zeitsummen in physiologischer Hinsicht aufzugliedern. So wird, wie Helmholtz erklärt, ein Teil der Zeit, die zwischen Reizung und Reaktion verstreicht, durch die »Sendung des Signals«, das heißt die Fortpflanzung der Reizung in den sensiblen Nerven verbraucht. Ein anderer Teil der Zeit, den er als genauso groß annimmt, werde für das »Hinlaufen der Botschaft« durch die motorischen Nerven zu den Muskeln benötigt. Aus seinen Froschexperimenten ergänzt er dann die Einsicht, dass eine Hundertstelsekunde vergehe, ehe sich der Muskel nach »Empfangnahme« der Botschaft überhaupt in Tätigkeit versetze. Dies war die Zwischenzeit, die in der »Deuxième Note« zur *temps perdu* werden sollte. In seinem Königsberger Vortrag war das aber alles. Demnach musste der verbleibende Rest jene Zeit sein, »welche im Gehirn vergeht, um die von den Empfindungsnerven empfangene Depesche an die motorischen abzugeben«. Dies war die Zehntelsekunde des Zerebralen, die er in seinem Vortrag zusätzlich zur Fortpflanzungsgeschwindigkeit der Nervenreizung als Ergebnis präsentierte: ein Rest, der nach der Subtraktion aller anderen »Zeiträume«, die mutmaßlich durchlaufen wurden, übrig blieb.

Der Wal

Im Schlussabschnitt seines Königsberger Vortrags unternimmt es Helmholtz dann, die Stelle und den Status seiner ›Menschenzeitmessungen‹ in der menschlichen Erfahrung zu bestimmen. Die physiologische Tatsache der zerebralen und nervösen Zwischenzeiten bekommt in dieser bemerkenswerten Passage einen fast poetischen Charakter. So wenig Zweifel aus Helmholtz' Sicht daran bestehen konnten, dass die Fortpflanzung von Reizungen in den Nerven und im Hirn mit einer vergleichsweise geringen Geschwindigkeit vonstatten ging, so offensichtlich war auch, dass dieser Sachverhalt weder dem gesunden Menschenverstand noch der aufmerksamen Selbstbeobachtung zugänglich war. Schon nach Einführung seiner ›Hauptfrage‹ hatte Helmholtz mit Blick auf den Zeitbedarf der vom Rande des Körpers kommenden Empfindungen und des in der Mitte ausgeübten Willens bemerkt: »Wir haben nie etwas der Art an uns selbst wahrgenommen.« Darauf kam er nun zurück. Zwar zeige die »tägliche Erfahrung«, dass »wir wegen der Fortpflanzungszeit des Schalles später hören als sehen« – man denke an ein Gewitter oder einen Kanonenschuss. Auch sei bekannt, dass schnell aufeinanderfolgende Licht- und Geräuscherscheinungen die Tendenz haben, »in eine« zu verschmelzen. Eine glühende Kohle, die rasch im Kreise gedreht wird, erscheine als »continuirliche[r] Feuerkreis«. Das waren zwar Anhaltspunkte für die eigentümlichen Unschärfen der menschlichen Zeitwahrnehmung. Doch der Sachverhalt, dass sowohl die Fortpflanzung von Nervenreizungen wie auch die Übermittlung von Willensbotschaften *innerhalb* des menschlichen Körpers Zeit beanspruchten, wurde dadurch kaum greifbarer, anschaulicher, konkreter. Die ›Summe‹ der Zeit, die zwischen der Empfindung eines Reizes und der Ausführung einer Bewegung lag, mochte zwar erfahrbar sein: beispielsweise als mehr oder weniger schnelle, mehr oder weniger gelungene Reaktion. Aber die Hirn- und Nervenzeiten, die Helmholtz als Teilabschnitte des Reaktionsvorgangs gemessen hatte, entzogen sich solcher Erfahrbarkeit. Sie konnten per definitionem nicht erfahren werden, weil sie fortwährend diesseits des menschlichen Erlebens verstrichen, ebenso unaufhaltsam wie unbemerkt. Mit Helmholtz formuliert: Die Zwischenzeiten siedelten sich in einer Region an, in der »die Aussagen unsrer eigenen Erfahrung keine Richtschnur abgeben können« – eine Art physiologisches Apriori, das nur über Präzisionszeitmessungen zugänglich und insofern fest mit dem anderen Schauplatz des Labors vertäut war.

Angesichts dieser Schwierigkeit überrascht es kaum, dass es am Ende des Vortrags erneut ein Experiment ist, das zur Erläuterung herangezogen wird. Diesmal geschieht dies allerdings nicht mit Blick auf quantitative Ergebnisse, sondern im Sinne eines qualitativen Erlebnisses aus dem Laboralltag, eines Erfahrungsberichts über Hindernisse in der Durchführung eines Experiments. Erst an dieser Stelle kommt Helmholtz nun auf seine Versuche an den motorischen Nerven des Menschen zurück, die ja eigentlich am Beginn seiner Menschenzeitmessungen gestanden hatten. Diese Versuche hatten, wie er nun einräumte, nicht zu »genauen Zahlenresultaten« geführt. Durch sie sei jedoch auf »andere hierher gehörende interessante Verhältnisse« verwiesen worden, insbesondere die Relation des Unwillkürlichen zum Willkürlichen, des Physisch-Unbewussten zum Psychisch-Bewussten. Die Zuckungen der Unterarm-Muskeln, die in der ersten Reihe der Menschenzeitversuche durch die elektrische Reizung des Nervus medianus hervorgebracht worden waren, und die daraus resultierenden Handbewegungen waren nämlich keineswegs als Reflexhandlungen zu verstehen, sondern glichen Handlungen, die dem Willen *durch die Zeit* entzogen waren. Tatsächlich habe sich herausgestellt, »daß diese Bewegungen vom Willenseinfluß deshalb ganz unabhängig sind, weil der Wille, durch die sensiblen Nerven von dem erfolgten electrischen Schlage benachrichtigt, nicht zeitig genug seine Wirkung auf die Muskeln ausüben kann.« Besonders deutlich war dies durch eine Versuchsreihe geworden, bei der die Aufgabe der Versuchsperson darin bestand, die durch die elektrische Reizung des Oberarms in eine bestimmte Position zuckende Hand in eben dieser Position zu halten. Das Halten der Position hatte sich als unmöglich erwiesen, weil die Hand »sehr schnell wieder [in ihre Ausgangslage] zurückfiel« – zu schnell für den Willen, um entgegenzusteuern. Das paradoxe Resultat war ein unhaltbares Halten. Der erklärte Wille, die Hand nicht mehr zu rühren, sie stillzustellen, lief ins Leere. Statt dessen zeigte sich eine schnelle Wiederholung der ersten Handbewegung: kein kontrolliertes Fixieren also, sondern ein kurzes, unvermeidliches Gezappel, als ob der Körper für einen Moment dem Willen enteilt gewesen und gleich darauf wieder eingeholt worden wäre.

Die Künstlichkeit des Beispiels sabotiert dessen Plausibilität: Wer unter den Zuhörern verfügte schon über vergleichbare Laborerfahrungen? Daher kehrt Helmholtz im letzten Absatz erneut zur Struktur des menschlichen Körpers zurück, nun allerdings nicht mehr in der Absicht, eine physiologische Tatsache anschaulich zu machen, sondern, gewissermaßen im Gegenteil, um den Mangel ihrer Anschaulichkeit zu veranschaulichen – und damit vielleicht auch eine Erklärung für die seit dem »Vorläufigen Bericht« aufgetretenen Vermittlungsschwierigkeiten zu geben. Helmholtz erklärte, die untersuchten Zeitverhältnisse der Hirn- und Nervenfunktion seien dem alltäglichen Bewusstsein deswegen nicht zugänglich, weil sie tief in der Anatomie des Menschen verankert seien. Das erscheint wie eine Beruhigung: »Glücklicher Weise sind die Strecken kurz, welche unsere Sinneswahrnehmungen zu durchlaufen haben, ehe sie zum Gehirn kommen, sonst würden wir mit unserem Selbstbewußtsein weit hinter der Gegenwart [...] herhinken.« Ein abschließender Blick auf die Vergleichende Anatomie sollte verdeutlichen, worin genau das Glück hier bestand: »Für einen ordentlichen Wallfisch ist es vielleicht schlimmer; denn aller Wahrscheinlichkeit nach erfährt er vielleicht erst nach einer Secunde die Verletzung seines Schwanzes, und braucht eine zweite Secunde um dem Schwanz zu befehlen, er solle sich wehren.« Allein aufgrund der Gegebenheiten seiner Anatomie konnte der Mensch sich schneller wehren. Doch für den Physiologen änderte dieser glückliche Umstand nichts daran, dass das menschliche Selbstbewusstsein de facto weiterhin hinter der Gegenwart herhinkte – nicht in großem Abstand, aber doch in messbarer Weise: bei der Ausführung von Willenshandlungen beispielsweise um eine zerebrale Zehntelsekunde. Ebenso änderte der Umstand der Anatomie für Helmholtz nichts daran, dass das Unwillkürliche nicht bloß das Reflexhafte war, sondern genauso das durch Reizungen in Gang gebrachte Motorische, das dem Empfundenen und dem Gewollten vorauseilte. Für die Alltagsmenschen, so räumte er allerdings ein, spiele das Wissen um solche ›interessanten Verhältnisse‹ keine Rolle. Sie könnten sich damit beruhigen, dass sie das Hinterherhinken des Selbstbewusstseins hinter der Gegenwart »nicht bemerken und in [ihrem] practischen Interesse nicht dadurch berührt werden«.[229] Alexander von Humboldt bestätigte das auf seine Weise. Nach der Lektüre des gedruckten Texts von Helmholtz' Vortrag zeigte er sich amüsiert und assoziierte eine Anekdote. An du Bois-Reymond schrieb er: »Der Wallfisch [...] erinnert mich an den Pariser Scherz über Chateaubriand's riesenlangen ehemaligen Sekretär, Mr de Valéry, als er Hofbibliothekar wurde. ›Er benötigt niemals eine Leiter, um ein Buch zu nehmen, und wenn Mr de Valéry im Schlamm watet, dann dauert es zwei Wochen, bis ihm der Schnupfen in den Kopf steigt.‹«[230] Die mit so großem technischem Aufwand gemessene Zwischenzeit wird hier dem vertraut erscheinenden Phänomen der Inkubation zu- und untergeordnet. Allerdings bleibt sie auch dabei in gewisser Weise eine Nachricht vom großen Zeh. Sie steigt von den nasskalten Füßen in die Nase.

---

229 Ebd., S. 181-189. Zum problematischen Status des Wals bei Melville und in der Vergleichenden Anatomie des 19. Jahrhunderts siehe Robert Stockhammer, »Warum der Wal ein Fisch ist. Melvilles *Moby Dick* und die zeitgenössische Biologie«, in Bernhard J. Dotzler und Sigrid Weigel (Hrsg.), *»fülle der combination«. Literaturforschung und Wissenschaftsgeschichte*, München 2005, S. 143-171.

230 Humboldt an du Bois-Reymond, 29. Juli 1851, in *Briefwechsel zwischen Alexander von Humboldt und Emil du Bois-Reymond*, S. 117.

An solchen Assoziationen verdeutlicht sich, dass die psychophysiologischen Zeitmessungen von Helmholtz zu einem bemerkenswert abstrakten Wissen führten, einem Wissen, das zwar die Grundlagen der menschlichen Erfahrung betraf, aber dennoch unausweichlich an die Szenerie des Labors gebunden blieb. Die Zeitmessungen gaben letztlich nämlich keinen näheren Aufschluss über das Phänomen, das sie zugleich in präziser Weise etablierten – die Fortpflanzung von Reizungen durch die Nerven und das Gehirn. Sie leisteten keinen Beitrag zur näheren Aufklärung der Wirkungsweise oder der »Mechanik« des Nervenagens, des Nervenprinzips, sondern machten allein plausibel, dass es sich um einen materiell fundierten Prozess und nicht um das Wirken eines imponderablen Fluidums, wie zum Beispiel der Elektrizität, handelte. Die aufgespürten Zwischenzeiten ließen sich auch nicht erfahren oder erleben, obwohl sie doch buchstäblich jeden Augenblick verstrichen. Durch das Zeitfenster, das Helmholtz mit seinen Experimenten zwischen der Nervenreizung und der Muskelwirkung geöffnet hatte, wurden also das Gehirn und das von ihm ausstrahlende Nervensystem sichtbar, blieben aber doch so dunkel und unzugänglich wie eine schwarze Sonne. Und insofern regte der Vortrag, der am 13. Dezember 1850 vor der Physikalisch-Ökonomischen Gesellschaft in Königsberg gehalten wurde, tatsächlich stärker die »Verwunderung« als das »Verständnis« an – ein durchaus gewollter Effekt, wie Helmholtz gegenüber du Bois-Reymond behauptete, der in diesem Punkt allerdings deutlich anderer Meinung war.[231]

Spätestens an dieser Stelle präsentieren sich die Menschenzeitmessungen von Helmholtz als wissenschaftliches Ereignis im starken Sinn, das heißt als ein in Labordingen und Laborzeichen, in experimentellen Aktionen und Reaktionen aktualisiertes Geschehen, das zugleich eine neue Welt hervorbringt, eine virtuelle Welt, eine Zukunft, die eine unabschließbare Folge von Variationen desselben Ereignisses umfasst. Im Anschluss an die

---

[231] Du Bois-Reymond an Helmholtz, 11. April 1851, in *Dokumente einer Freundschaft*, S. 112.

Philosophie von Deleuze hat man gesagt, das Ereignis existiere »nur in einer spezifischen Zwischen-Zeit, in einem spezifischen Zwischen-Raum«, in den leeren Zeiten des Zögerns und Wartens und den unfertigen Räumen, die aus zusammenhanglosen Orten und noch nicht besetzten Stellen bestehen.[232] Mit Blick auf die materielle und semiotische Praxis der Menschenzeitmessungen von Helmholtz ist dem hinzuzufügen, dass es an dieser Stelle die Zwischenzeiten sind, die ihrerseits zum Ereignis werden, zum eindringlichen Hinweis auf eine prekär-produktive Forschungsmaschine aus heterogenen Bestandteilen, deren Effekte sich nicht einfach auf den wissenschaftlichen Begriff bringen lassen und die auch deshalb zu weiteren Experimenten, weiteren Messungen anregen.

Die erklärte Absicht von Helmholtz war dies nicht. Zwei Tage nach seinem Vortrag, am 15. Dezember 1850, verfasste er eine »Mitteilung für die physikalische Gesellschaft in Berlin betreffend Versuche über die Fortpflanzungsgeschwindigkeit in den sensiblen Nerven des Menschen«, als ob er die Klammer, die er im Januar desselben Jahres mit dem »Vorläufigen Bericht« geöffnet hatte, auch wieder schließen wollte (Abb. 27). In dieser »Mitteilung« wird der wissenschaftliche Gehalt der Menschenzeitmessungen in Kurzform dargestellt – ohne jede Analogie, ohne jedes erläuternde Beispiel. Offenkundiges Vorbild dafür war der erste Kurzreport, der »Vorläufige Bericht«, den er Anfang 1850 an die Physikalische Gesellschaft und die Akademien in Berlin und Paris gesandt hatte, um seine Prioritätsrechte in Sachen Fortpflanzungsgeschwindigkeit zu wahren. Trotz aller Rezeptionsprobleme knüpfte er in der neuen »Mitteilung« explizit wieder an diesen Bericht an, um den Versuchsaufbau für die Menschenzeitmessungen kurz und wiederum unanschaulich zu beschreiben. Implizit greift er den »Vorläufigen Bericht« auf, indem er sich erneut auf eine nüchterne Wiedergabe von Techniken und Ergebnissen beschränkt. Auf vier Manuskriptseiten

[232] Joseph Vogl, »Was ist ein Ereignis?«, in Peter Gente und Peter Weibel (Hrsg.), *Deleuze und die Künste*, Frankfurt am Main 2007, S. 67-83, auf S. 75.

skizziert Helmholtz zuerst, wie er »Pouillets Methode« zur Messung der »Zwischenzeit zwischen der Reizung und dem Eintritte der Bewegung« angewendet hat. Konkret ging es dabei darum, die Empfindung eines elektrischen Schlages an einer beschränkten Hautstelle (Nacken, Gesicht, Finger, Schenkel usw.) durch eine auf die Wahrnehmung dieser Empfindung »möglichst schnell« erfolgende »Bewegung mit der Hand oder den Zähnen« zu messen. Wieder zeigt er sich von der geringen Streuung der dabei gefundenen Zeitwerte überrascht: »Bei gespannter Aufmerksamkeit des dem Experiment unterworfenen Individuums stimmen die in einer Beobachtungsreihe von 1 bis 1 1/2 Stunden Dauer gewonnen Messungsresultate so gut mit einander überein, wie man es vielleicht nicht erwarten sollte. Während die ganzen gemessenen Größen 0,12 bis 0,20 Sek. betragen, findet sich der wahrscheinliche Fehler jeder einzelnen Beobachtung in gut gelungenen Reihen zu 0,003 Sek., der ihrer Mittelzahl zu 0,001 Sek. oder selbst weniger.«[233] Wiederum wird auf die entscheidende Rolle der Aufmerksamkeit hingewiesen. Vor allem »leichtestes Unwohlsein« und »Ermüdung« führten zu »ganz unregelmäßige[n] Zahlen«. Und dann werden die gefundenen Ergebnisse auch zahlenmäßig präzisiert: »Es ergab sich aus dem Unterschied zwischen großen Zehen und Kreuzbein die Geschwindigkeit 62,1 $\pm$ 6,7 Mt. [in der Sekunde], zwischen Finger und Nacken die Geschwindigkeit 61,0 $\pm$ 5,1 Mt. [in der Sekunde].« Abschließend leitet Helmholtz, ähnlich wie in seinem zwei Tage zuvor gehaltenen populären Vortrag, unter Zugrundelegung dieser Zahlen die Zeit ab, die »für die Vorgänge des Wahrnehmens und Wollens im Gehirn« benötigt wird: 1/10 Sekunde. Mit Blick auf die besondere Art der Anforderung, der sich die Versuchsperson in diesen Zeitmessungen gegenüber sah, ergänzt er dann: »Natürlich bezieht sich dies nur auf die

---

233 Hermann Helmholtz, »Mittheilung für die physikalische Gesellschaft in Berlin betreffend Versuche über die Fortpflanzungsgeschwindigkeit der Reizung in den sensiblen Nerven des Menschen«, Archiv der Berlin-Brandenburgischen Akademie der Wissenschaften, NL Helmholtz 540 (1850), S. 2. Siehe dazu Klauß, »Die erste Mitteilung von H. Helmholtz«.

hier vorliegenden Fälle, wo der Entschluß gefasst ist, was geschehen solle, und nur auf das Signal gewartet wird. Wenn zur Zeit der Wahrnehmung des Signals die Gedanken mit anderem beschäftigt sind, und der Geist sich nun erst zurückruft, was für eine Bewegung auszuführen sei, so dauert es viel länger.« Damit wurde die entscheidende Rolle der gerichteten Aufmerksamkeit bei präzisen Menschenzeitmessungen unterstrichen – und ein Leitmotiv von späteren Untersuchungen dieser Art angestimmt, die Konzentration der Versuchspersonen im Labor. Im Unterschied zum »Vorläufigen Bericht« blieb Helmholtz' Mitteilung über die Fortpflanzungsgeschwindigkeit in den sensiblen Nerven des Menschen allerdings unveröffentlicht. Alles was zu seinen Lebzeiten von ihr publiziert wurde, war eine kurze Notiz in der Zeitschrift der Physikalischen Gesellschaft, den *Fortschritten der Physik*. In einer Liste der »Originaluntersuchungen«, die von Mitgliedern der Gesellschaft in den Sitzungen des Jahres 1850 vorgetragen wurde, findet sich der Eintrag: »20. Dec. *Helmholtz*. Ueber die Fortpflanzungsgeschwindigkeit der Nervenreizung in den sensiblen Nerven«.[234] Dass es sich dabei um die sensiblen Nerven des Menschen handelte, wird an dieser Stelle nicht eigens vermerkt.

---

[234] Anonymus, »Im sechsten und siebten Jahre des Bestehens der physikalischen Gesellschaft wurden folgende Originaluntersuchungen von Mitgliedern in den Sitzungen vorgetragen«, in *Die Fortschritte der Physik in den Jahren 1850 und 1851*, Berlin 1855, S. VII-VIII, auf S. VII.

7. Rückkehr zu den Linien

Comme moi la ligne cherche
sans savoir ce qu'elle cherche.
Henri Michaux

Was folgte, war ein weiteres Driften des experimentellen Prozesses und die Rückkehr zur Methode der Kurven. Das Driften führte diesmal von der Psychophysiologie zur Physik. Bei den Menschenzeitmessungen hatte es sich als erforderlich erwiesen, mit »starke[n] Apparate[n]« zu arbeiten, also mit großen Stromwiderständen, um die elektrischen Schläge so schwach zu halten, dass sie nur »eben merklich« waren.[235] Dadurch trat ein Problem in den Vordergrund, das bis dato noch gar nicht zu Buche geschlagen hatte: Wann genau übt ein Induktionsschlag eigentlich seine physiologische Wirkung aus? Quasi unmittelbar, also mit derselben hohen Geschwindigkeit, die dem elektrischen Strom eigen ist, oder mit einer durch die Spulen oder irgendeinen anderen Faktor bedingten Verzögerung? Helmholtz formulierte das so: Bei seinen Menschenzeitmessungen bestehe die Gefahr, dass »Zeitunterschiede den Nervenwirkungen« zugeschrieben werden, welche tatsächlich dem elektrischen Strom angehörten. Diese Problemstellung war Anlass für eine eigene Untersuchung, mit der er sich seit dem Winter 1850/51 beschäftigte. Anfang April 1851 schickte er die resultierende Mitteilung, »Ueber die Dauer und den Verlauf der durch Stromesschwankungen inducirten elektrischen Ströme«, an du Bois-Reymond, um sie – nach bekanntem Muster – bei der Akademie der Wissenschaften und der Physikalischen Gesellschaft in Berlin vorlegen und anschließend veröffentlichen zu lassen. Auch alles Weitere folgte dem vertrauten Schema. Schon kurze Zeit später, am 8. Mai 1851, wurde ein knapper Auszug aus der Arbeit in der Berliner Akademie verlesen, diesmal allerdings nicht von Johan-

[235] Helmholtz an du Bois-Reymond, 11. April 1851, in *Dokumente einer Freundschaft*, S. 111.

nes Müller, sondern von Johann Christian Poggendorff. Wenig später erschien die ausführliche Darstellung in einer wissenschaftlichen Zeitschrift, diesmal nicht dem *Archiv für Anatomie, Physiologie und wissenschaftliche Medicin,* herausgegeben von Müller, sondern den *Annalen der Physik und Chemie*, herausgegeben von Poggendorff.[236] Auch du Bois-Reymond reagierte in vertrauter Weise, mit einer Kritik, die ähnlich gelagert war wie beim »Vorläufigen Bericht«. Angesichts eines aus seiner Sicht weitgehend hermetischen Texts hatte du Bois-Reymond sich erneut mit der Notwendigkeit einer ›Wiedererfindung‹ konfrontiert gesehen: »Übrigens muß ich Dir bekennen, daß ich mit Deiner Darstellung gar nicht zufrieden bin. Ich habe Deine Abhandlung und den Auszug ein paar Mal durchgelesen, ohne zu begreifen, was Du eigentlich gemacht hattest und wie Du es gemacht hattest. Endlich erfand ich selbst die Methode, und nun verstand ich erst allmählich Deine Darstellung.« Fast schon ungehalten ergänzt er: »Du mußt, nimm es mir nicht übel, durchaus mehr Sorgfalt darauf verwenden, von Deinem eigenen Standpunkt des Wissens zu abstrahieren und Dich auf den Standpunkt derer zu stellen, die noch nicht wissen, um was es sich handelt und was Du ihnen auseinandersetzen willst.«[237] Eingefordert wurde somit einmal mehr eine ›induktorische‹ Art der Darstellung, das heißt eine Darstellung, die auf logisch und historisch folgerichtige Weise vom Nicht-Wissen zum Wissen führte. Doch auch das Muster von Helmholtz' Antwort erscheint als vertraut. Leicht enttäuscht, aber im Grunde kaum zu beeindrucken erwiderte er nach Berlin: »Was die Darstellung in dem Aufsatze betrifft, so hat sie mir gerade dieses Mal viele Mühe

[236] Hermann Helmholtz, »Über den Verlauf und die Dauer der durch Stromesschwankungen inducirten electrischen Ströme«, *Bericht über die zur Bekanntmachung geeigneten Verhandlungen der Königl. Preuss. Akademie der Wissenschaften zu Berlin* (1851): 287-290, sowie ders., »Ueber die Dauer und den Verlauf der durch Stromesschwankungen inducirten elektrischen Ströme«, *Annalen der Physik und Chemie*, 83 (1851): 505-540.

[237] Du Bois-Reymond an Helmholtz, 16. Mai 1851, in *Dokumente einer Freundschaft*, S. 113.

gemacht, und ich glaubte zuletzt, mit ihr zufrieden sein zu dürfen. Aber es ist richtig, je mehr man daran ausbessert, desto schwerer wird es oft zu verstehen. Übrigens war das Thema auch schlimm zu behandeln.«[238] Anders gesagt, es ist nicht die Schuld des Experimentators, wenn die wissenschaftlichen Dinge so kompliziert sind wie sie sind.

Parallel zu diesem erneuten Driften vollzog sich Helmholtz' Rückkehr zur Kurvenmethode. Diese Rückkehr kann als Wiederanknüpfen an die Potsdamer Froschzeichenmaschine und den anfänglich auch noch in Königsberg verwendeten ›einfachen Apparat‹ für physiologische Aufzeichnungen verstanden werden. Sie ist aber auch eine Erinnerung an Matteuccis Einsatz der Kurvenmethode zur Messung der Geschwindigkeit von Muskelkontraktionen. Die expliziten Gründe, die Helmholtz für diese Wende angab, waren freilich andere: epistemische, vor allem jedoch technische. Auch temporale Gesichtspunkte spielten eine Rolle, beispielsweise im Sinne der Zeit, die für die Durchführung von einzelnen Versuchsreihen erforderlich war. Wie Helmholtz im Dezember 1850 in seinem Vortrag vor der Physikalisch-Ökonomischen Gesellschaft in Königsberg erklärt hatte, war er nach dem vorläufigen Abschluss seiner Zeitmessexperimente an den motorischen Nerven des Frosches bestrebt gewesen, entsprechende Untersuchungen auch an warmblütigen Organismen durchzuführen, um die ›einfachsten Verhältnisse‹ der Tierphysiologie hinter sich zu lassen. Schon die im Frühjahr 1850 begonnenen Menschenzeitmessungen waren ein Vorstoß in diese Richtung gewesen. Sie beruhten ja auf der Einbeziehung des ganzen Körpers des Menschen in den Versuchsaufbau – mit dem wirklichen Vorteil, größere Nervenstrecken zugrunde legen zu können, und dem möglichen Nachteil, nun mit bewussten Reaktionen arbeiten zu müssen, nicht mehr nur mit unwillkürlichen Kontraktionen. Ein anderer Vorstoß in dieselbe Richtung wäre es gewesen, Experimente mit isolierten Nerv-Muskelpräparaten von warmblütigen Tieren, etwa Kaninchen, durchzuführen. Im Unterschied zu den kaltblütigen Froschpräpa-

---

[238] Helmholtz an du Bois-Reymond, 12. Juni 1851, ebd., S. 114-115.

raten waren solche Präparate allerdings deutlich weniger lange haltbar, das heißt an ihnen konnten »ausgedehnte Messungsreihen von 2 bis 3 Stunden Dauer«[239] nicht durchgeführt werden, wie es bei Anwendung der Pouillet-Methode erforderlich war. Die Methode der Kurven schien hier Abhilfe zu schaffen, weil sie schneller zu Resultaten führte. Zwar reichte die einmalige Aufzeichnung einer Muskelzusammenziehung nicht aus, um die Fortpflanzungsgeschwindigkeit der Nervenreizung zu messen. Vielmehr mussten zwei von unterschiedlichen Nervenstellen aus bewirkte Kontraktionen des Muskels so aufgezeichnet werden, dass aus ihrem Vergleich und dem Vergleich der entsprechenden Zeitsummen der Rückschluss auf diese Geschwindigkeit möglich wurde. Auch das Grundprinzip dieses Einsatzes der Kurvenzeichnung hatte Helmholtz bereits in seinem Königsberger Vortrag beschrieben: »Reizt man nach einander zwei verschiedene Nervenstellen, und fällt dabei der Augenblick der Reizung genau mit derselben Stellung der Spitze auf dem Cylinder zusammen, so entstehen zwei congruente Curven, die aber in horizontaler Richtung gegen einander verschoben sind, die Größe der Verschiebung entspricht der Fortpflanzungszeit der Reizung in der Nervenstrecke.« Insgesamt brachte dieses versetzte Übereinander- bzw. Ineinanderschreiben von Kontraktionskurven eine deutliche Zeitersparnis in der experimentellen Arbeit mit sich. Diese Ökonomie könnte »vielleicht auch«, wie Helmholtz am Schluss seines Vortrages allerdings nur noch vorsichtig ergänzte, ein Arbeiten mit Präparaten von warmblütigen Tieren erlauben. Das epistemische Motiv, von der Froschphysiologie zu den komplexeren Sachlagen einer Physiologie warmblütiger Organismen überzugehen, war an dieser Stelle gegenüber den technischen und temporalen Aspekten deutlich zurückgetreten. Die Kurvenmethode war schneller, das war das Entscheidende.

Implizit gab es noch andere Argumente für die Hinwendung zur Methode der Kurven. Sie können erneut als ästhetische bezeichnet werden. Im Unterschied zur Komplexität und

---

[239] Helmholtz, »Ueber die Methoden «, S. 185.

Abstraktheit der elektromagnetischen Zeitmessungen nach dem Pouillet-Verfahren versprach die Selbstaufzeichnung der Muskelbewegungen auf einem rotierenden Zylinder nämlich Resultate zu liefern, die über eine stärkere Anschaulichkeit als Zahlen und Tabellen verfügten. Nach den teils zurückhaltenden, teils ablehnenden Reaktionen, die seine ziffernzentrierten Mitteilungen in Berlin ebenso wie in Paris hervorgerufen hatten, zeigte sich Helmholtz im Herbst 1850 für dieses Versprechen empfänglich – trotz der grundlegenden Kritik, die er noch einige Wochen zuvor in den »Messungen« mit Blick auf die Friktionspotenziale der Kurvenmethode geleistet hatte. Mittlerweile hatte du Bois-Reymond aber ausführlich über seinen Aufenthalt in Paris Bericht erstattet und dabei auch die Probleme bei der Vermittlung der Helmholtz'schen Ergebnisse skizziert. Wiederum sind es temporale Faktoren, die in diesem Zusammenhang zu Buche schlagen – diesmal als die Zeit, die zum Zeigen eines physiologischen Sachverhalts erforderlich war. Hauptsächlich deswegen wollte Helmholtz eine Zeichenmaschine verwenden, um »jedermann durch einen Versuch in 5 Minuten die Tatsache der Fortpflanzungsdauer in den Nerven vor Augen legen zu können«.[240] Eine einzige, allgemein verständliche Geste sollte genügen, um die Reserviertheit der akademischen Öffentlichkeit zu überwinden: das *mettre sous les yeux* von gegeneinander verschobenen Kurven als zeitsparendes Argument. Die technischen Voraussetzungen dafür waren im September 1850 geschaffen worden. Bei Rekoss, dem Königsberger Instrumentenmacher, mit dem er auch bei der Konstruktion des Augenspiegels zusammenarbeitete, hatte Helmholtz zu diesem Zeitpunkt die Fertigung der Teile in Auftrag gegeben, die für die Umrüstung seiner Forschungsmaschine erforderlich waren: ein Glaszylinder, ein fein gelagerter Hebel, ein Stahlstift usw.

Im Dezember desselben Jahres konnte er mit seiner neu ausgestatteten Maschine »erst[e] Probeversuche an Frö-

---

[240] Helmholtz an du Bois-Reymond, 17. September 1850, in *Dokumente einer Freundschaft*, S. 106.

schen«[241] durchführen. Allerdings musste er feststellen, dass die dabei gefundenen Ergebnisse »noch nicht denselben Grad von Genauigkeit und Uebereinstimmung« aufwiesen wie die Experimente, die er mit dem Pouillet-Verfahren durchgeführt hatte. Die Methode der Kurven war noch weit davon entfernt, »von selbst«, also quasi automatisch oder mechanisch verlässliche Ergebnisse zu liefern. Diese Schwierigkeiten bekam Helmholtz in den kommenden Wochen jedoch offenkundig in den Griff. Im Frühjahr 1851 schreibt er an du Bois-Reymond, er mache seinen »rotierenden Zylinder für Menschen zurecht«, um die Durchführung von entsprechenden »zeitmessenden physiologischen Versuchen« vornehmen zu können.[242] Wie die Pouillet-Methode hatte die Kurvenmethode sich allem Anschein nach als so vielversprechend erwiesen, dass sie auch auf andere Fälle ausgedehnt werden sollte. Aber erst Monate später begann Helmholtz, von seinem Gebrauch der Methode der Kurven in detaillierter Form öffentlich zu berichten – zuerst im September 1851 in der knappen, von du Bois-Reymond übersetzten »Deuxième Note sur la vitesse de propagation de l'agent nerveux« (siehe dazu Kap. 1 und 2), und dann, knapp ein Jahr später, in einem ausführlichen und mit Abbildungen versehenen Aufsatz im *Archiv für Anatomie, Physiologie und wissenschaftliche Medicin*, der den Titel trägt »Messungen über Fortpflanzungsgeschwindigkeit der Reizung in den Nerven (Zweite Reihe)«. Die Experimente, die in diesen beiden Publikationen – der »Deuxième Note« und den »Messungen (Zweite Reihe)« – zur Sprache kommen, folgten nach wie vor einer vergleichsweise defensiven Strategie. Sie zielten nicht auf die Untersuchung von warmblütigen Organismen (weder Kaninchen noch Menschen), sondern arbeiteten weiterhin mit Nerv-Muskelpräparaten vom Frosch. Zudem waren die neuen Versuchsreihen nicht vordringlich auf die Messung von Zeit ausgerichtet, sondern galten der Verdeutlichung dessen, was in den früheren Versuchen eigentlich gemessen worden war. Helmholtz wiederholte frühere Experimente, wenn

[241] Helmholtz, »Ueber die Methoden«, S. 185.

[242] Helmholtz an du Bois-Reymond, 11. April 1851, S. 111.

auch mit kleinen Differenzen. Er führte seine chronoskopischen Versuche an den motorischen Nerven des Froschs nochmals im Register der Chronographie durch, ordnete dieses Nochmals aber den Zwecken der Verdeutlichung unter. Insofern war sein Einsatz der Kurvenmethode in der Tat ästhetisch, nicht vordringlich epistemisch motiviert. Und deswegen hielt auch der Titel des ausführlichen Aufsatzes nicht, was er versprach. Wie in der »Deuxième Note« berichtete er genau genommen nicht von ›Messungen über Fortpflanzungsgeschwindigkeit der Reizung in den Nerven‹, sondern vom Zeigen in der Physiologie.[243]

Die Maschine hinter den Kurven

Folgt man der ausführlichen Beschreibung in diesem Aufsatz – den »Messungen (Zweite Reihe)« – lässt sich die Veränderung der Forschungsmaschine von Helmholtz aufs Neue als Exit und Enter beschreiben: Galvanometer samt Ablese-Fernrohr wurden hinausgeworfen und durch einen »Zeichenzylinder« ersetzt, der seitlich am Froschgestell angebracht wurde. Das Gestell mit dem hängenden Nerv-Muskelpräparat blieb erhalten, ebenso der erste Stromkreis, mit dem das Präparat gereizt wurde. Was außerdem hinausgeworfen wurde, war der Stahlrahmen mit den Kontaktflächen und die Quecksilber-Schnittstelle sowie die Gewichtschale am unteren Ende dieses Rahmens. Stattdessen hing unten am Froschpräparat jetzt ein leiterförmiger Hebel, der horizontal in Richtung Glaszylinder geneigt war. Seitlich an diesem Hebel war ein feiner Stahlstift als »zeichnend[e] Spitze«[244] angebracht, mit dem die Kurven in die auf den Zylinder aufgetragene Rußschicht geritzt werden sollten. Was den Zylinder angeht, so handelte es sich dabei um, wie bereits zitiert, »ein passend abgeschnittenes Stück aus einem dicken, nahe cylindrischen Champagnerglase«, das von Rekoss »äusserst

---

[243] So hat im Anschluss an Olesko und Holmes auch de Chadarevian argumentiert, »Die ›Methode der Kurven‹ in der Physiologie«.

[244] Helmholtz, »Messungen (Zweite Reihe)«, S. 202.

genau« glattgeschliffen worden war. Angetrieben wurde dieser Glaszylinder durch ein Uhrwerk mit Kegelpendel. Uhrwerke mit »springendem Gang« waren für den Zweck der Kurvenaufzeichnung offensichtlich ungeeignet. Erforderlich war vielmehr ein Werk, das sich »ununterbrochen gleichförmig« drehte. Wie Helmholtz kritisch bemerkt, war es der »praktischen Mechanik« bisher aber noch nicht gelungen, dieses Problem »streng zu lösen«. Der Ausweg bestand darin, das Uhrwerk wenigstens in bestimmter Weise zu regulieren. Diese Regulierung sollte sicherstellen, dass etwaige Schwankungen im Gang des Uhrwerks nur langsam vor sich gehen konnten. Zu diesem Zweck wurde an der Achse, die den Zeichenzylinder trug, »eine schwere, mit Blei ausgegossene Schwungscheibe« angebracht: »Bei dem grossen Beharrungsvermögen dieser Scheibe ändert sich die Geschwindigkeit ihrer Drehung nur sehr langsam, wenn die treibenden Kräfte des Uhrwerks etwas grösser oder kleiner werden.« Es war also nicht das unten am Uhrwerk angebrachte Kegelpendel, das der Regulierung diente. Dieses fungierte, wie Helmholtz erklärte, nur als Mittel, um die Umdrehungszahl des Zylinders zu bestimmen, üblicherweise sechs Umdrehungen pro Sekunde. Das war die Betriebsgeschwindigkeit der Zeichenmaschine, mit der der Physiologe seine Kurven zeichnete, und er konnte sie an der Entfernung der sich drehenden Kugeln voneinander ablesen (Abb. 28).

Die konkrete Verfertigung der Kurven geschah in der folgenden Weise. An der Schwungscheibe unterhalb des Zylinders waren ein »senkrecht stehender Hebelarm« sowie ein »Daumen« angebracht, mit denen ein Kontakt geschlossen und die Reizung des Muskels bewirkt werden konnte. Diese schalterähnliche Vorrichtung war, wenn auch in knapperer Form, in der »Deuxième Note« als ›hervorstehender Zahn‹ beschrieben worden. Mit ihrer Hilfe wurde zunächst der »Punkt des Cylinders« markiert, der »dem Augenblicke der Reizung« von einer bestimmten Nervenstelle aus entsprach. Der Zylinder stand also zuerst still. Dann wurde er per Hand langsam so weit gedreht, dass der sogenannte »Daumen« an der Schwungscheibe den Kontakthebel berührte und der Muskel kontrahierte. Das Resultat war »eine einfache Verticallinie«, die nichts anderes als den Augenblick der Reizung markierte. Dann wurde der Zeichenstift vom Zylinder weggerückt, damit auch der ›Daumen‹ vom Hebel entfernt, und der Zylinder in Rotation versetzt, bis er die gewünschte Laufgeschwindigkeit erreicht hatte: »Sobald man bemerkt, daß die Schwungkugeln sich zu trennen anfangen, kann die Zeichnung ausgeführt werden.« Wieder wurde der Zeichenstift an den Zylinder angelegt, wieder schlug der ›Daumen‹ gegen den Hebel, und wieder wurde eine Kontraktion ausgelöst. Diesmal wurde ihr Verlauf auf dem Zylinder aufgezeichnet. Dann entfernte Helmholtz den Zeichenstift erneut vom Zylinder, hielt den Zylinder an und markierte die gezeichnete Kurve durch Häkchen, »um sie später sicher von der zweiten noch erst auszuführenden Curve unterscheiden zu können«. Für das Anbringen dieser kleinen Haken benutzte Helmholtz übrigens eine »Staarnadel«, also ein Instrument, das ihm aus der physiologischen Optik bzw. der Augenheilkunde vertraut war. Nach dem Markieren der Kurve wurde eine andere Nervenstelle in den Stromkreis eingeschaltet und das ganze Prozedere wiederholt – und zwar unter Zeitdruck. Denn je schneller die zweite Aufzeichnung vonstatten ging, »desto sicherer ist man, das zweite Mal die Reizbarkeit des Muskels nicht merklich verändert zu finden, was für das Gelingen des Versuchs eine wesentliche Bedingung ist«. Nur wenn garantiert war, dass die Nervenstelle als einzige Variable geändert worden war, stand fest, dass tatsächlich eine Zeitmessung durchgeführt wurde.

Nach Abschluss der zweiten Kurvenaufzeichnung ging es darum, die erhaltenen Kurven vom Glaszylinder abzulösen und zu fixieren. Wie im nicht veröffentlichten Ergänzungsabsatz der »Deuxième Note« beschreibt Helmholtz auch in den »Messungen (Zweite Reihe)« sein diesbezügliches Vorgehen in detaillierter Form. Für die Fixierung der Kurven rollte er den Zylinder »auf einer angehauchten Fischleimplatte« ab: »Durch das Anhauchen wird die Leimplatte etwas klebrig und hält den Russ des Cylinders fest, so dass sich die Zeichnung von der cylindrischen auf die ebene Fläche abwickelt. Das Leimblatt kann man mit der berussten Seite gegen ein nasses weisses Papier legen, wo es anklebt. Die Curven erscheinen dann weiss auf schwarzem Grunde, und sind sehr deutlich sichtbar.« Basierend auf den so erhaltenen Kurvenzeichnungen fertigte Helmholtz dann die handgezeichneten Vorlagen an, die den Reproduktionen auf der Tafel der »Messungen (Zweite Reihe)« zugrunde liegen. Die Annahme ist plausibel, dass die Kurvenzeichnungen, die dabei verwendet wurden, den in der Académie des Sciences erhaltenen ähnlich waren. Demnach werden die auf dem Weg in den Druck vorgenommenen Veränderungen der Kurven hier sehr deutlich. Sie greifen sozusagen da ein, wo die unveröffentlicht gebliebene »Explication des épreuves« mit ihrer Übersetzungs- und Umsetzungsarbeit aufgehört hatte: bei einer isoliert und idealisiert gezeichneten »Doppelcurve«, die durch griechische und arabische Buchstaben markiert und in eine Art kleines Koordinatensystem eingetragen worden war. Wie bei den Handzeichnungen, die dem Manuskript der »Deuxième Note« beilagen, sind die schließlich gedruckten Kurven auch vergrößert worden, obwohl ihre Breite auf der gedruckten Tafel der Breite der erhaltenen Folienstreifen erstaunlich nahe kommt. Wie Helmholtz erläutert, seien die Kurven während des Abzeichnens in ihren »verticalen Höhen [...] verdoppelt worden« – »der Deutlichkeit wegen«.[245] Eine noch wichtigere Veränderung bestand in ihrer Richtungsumkehrung. Die Verlaufsrichtung des aufgezeichneten Kontraktionsprozesses entsprach jetzt der gewohnten Leserichtung von links nach rechts, dementsprechend entfielen auch die Pfeile, die auf den Kartons der Kurven für die Académie noch notwendig gewesen waren. Erst an diesem Punkt galt also, dass »die Konventionen der lateinischen Schrift auch die Art der graphischen Darstellung« der physiologischen Kurven bestimmen: »Zweidimensionaler Auftrag auf Papier, Laufrichtung von links nach rechts«.[246]

---

[245] Helmholtz, »Messungen (Zweite Reihe)«, S. 202-214.

[246] Soraya de Chadarevian, »Die Handschrift der Natur. Selbstschreibende Geräte in der Physiologie des 19. Jahrhunderts, in *Der Druck des Wissens. Geschichte und Medium der wissenschaftlichen Publikation*, hrsg. von Michael Cahn, Berlin, S. 21-22, auf S. 22.

Auffallend bei den Kurvenabbildungen in den »Messungen (Zweite Reihe)« ist zudem, dass auch hier alle Zeitangaben auf der Abszisse fehlen. Trotz des Titels der Veröffentlichung ist die Zeitmessung, das lässt Helmholtz gleich zu Beginn der Kurven-Diskussion deutlich werden, nur ein untergeordneter Aspekt seiner Aufsatzpublikation in Müllers *Archiv*. Die Kurven wurden von ihm nicht zur Messung, sondern »zur Darstellung der Fortpflanzungszeit im Nerven gebraucht«, wie es ausdrücklich heißt.[247] Und die entscheidende Funktion dieser ›Darstellung‹ war es, sicherzustellen, dass zwischen den aufeinanderfolgenden Versuchen kein anderer Unterschied bestand als die Veränderung der Stelle, an der der Nerv gereizt worden war. Um diesen Punkt zu verdeutlichen, hatte die »Deuxième Note« zunächst darauf abgehoben, dass die Aufzeichnung von aufeinanderfolgenden Kurven vollkommen kongruent geschehe. Die »Messungen (Zweite Reihe)« verfahren genau umgekehrt. Hier zeigt Helmholtz zuerst, dass die Kurvenaufzeichnung *nicht* vollkommen kongruent geschieht, vor allem dann nicht, wenn man einen ebenfalls zeitbedingten Faktor außer Acht lässt, nämlich die »verminderte Reizbarkeit« des Muskels. Das war der dritte Aspekt der Zeitlichkeit der ›neuen Methode‹. Erstens war sie insgesamt deutlich schneller als die Zeitmessung mit dem Pouillet-Verfahren, zweitens konnte sie schneller die in Frage stehende physiologische Tatsache zeigen, drittens aber musste sie auch bei jedem Versuch so schnell wie möglich durchgeführt werden, um die Gleichförmigkeit der Kurven zu garantieren. Wenn man zwischen zwei Versuchen zu lange wartete oder zwischen dem ersten und dem zweiten aufgezeichneten Versuche zu viele Experimente ohne Aufzeichnungen anstellte, erhielt man keine übereinstimmenden Kurven. Statt dessen wurden, wie die erste von Helmholtz kommentierte Doppelkurve auf der Tafel zeigt, zwei versetzte Linien sichtbar, die zwar ähnlich geschwungen waren, sich in ihrer Höhe wie auch ihrer Breite aber deutlich voneinander unterschieden (Abb. 29), und zwar »durch die allmälige Abnahme der Reizbarkeit des Präparats«.

[247] Helmholtz, »Messungen (Zweite Reihe)«, S. 211.

An dieser Stelle wird damit nicht nur Zeit greifbar, sondern scheint sich auch ein weiteres Driften anzukündigen, ein Driften, das allerdings erst Jahrzehnte später zu größeren Projekten führen sollte: in der experimentellen Physiologie der *fatigue.*

Nach dieser Darstellung von (Kurven-)Differenz kommt es zur Repräsentation von Identität, einer verschobenen allerdings. Die nächste Abbildung auf der Tafel der »Messungen (Zweite Reihe)« zeigt neben der ersten Kurve eine zweite, »die in Bezug auf Stärke, Dauer und Verlauf der einzelnen Stadien der Zusammenziehung ganz gleich gewesen« ist (Abb. 30). An diesen parallel laufenden Kurven wird deutlich, dass die eine Kontraktion tatsächlich später als die andere eingetreten war, die verschobene Zeichnung also allein auf die Veränderung der gereizten Nervenstelle zurückgeführt werden konnte: »Da nun in beiden Fällen die Einrichtung des Apparats und die mechanischen Kräfte des Muskels ganz dieselben gewesen sind, so kann die Verspätung der Wirkung in dem einen Falle nur von der längeren Fortpflanzung im Nerven hergerührt haben«. ›Längere Fortpflanzung‹ ist dabei im räumlichen wie im zeitlichen Sinn zu verstehen, als eine weitere Strecke, die im Nerv zu durchlaufen ist, und als ein größerer Zeitraum, der dafür in Anspruch genommen wird. Somit wird deutlich, wie sehr es bei der Aufzeichnung der Kurven um die grundlegende Struktur der zeitmessenden Experimente von Helmholtz und die Voraussetzung für die Anwendung seiner Variations- und Subtraktionsmethode ging, um den Nachweis der Tatsache nämlich, dass die Wiederholung nur in einem genau umschriebenen Punkt differierte. In Helmholtz' Augen ist eben dies die entscheidende Leistung seiner Methode, »dass man in jeder einzelnen Zeichnung zweier zusammengehörigen Curven unmittelbar aus ihrer Gestalt erkennen kann, ob der Muskel in beiden Fällen gleichmäßig gearbeitet habe«.

Zwei zusätzliche Abbildungen werden zur Stützung dieses Arguments gebracht (Abb. 31). Auf ihnen sind die Häkchen wiedergegeben, die auf dem Glaszylinder von Hand mit einer Starnadel angebracht worden waren. Wie in der unveröffentlicht gebliebenen »Explications des épreuves« sollte damit auch an dieser Stelle signalisiert werden, dass unabhängig davon, ob zuerst eine Nervenstelle gereizt wurde, die vom Muskel weit entfernt war, oder ob – umgekehrt – als erstes ein sich nah am Muskel befindlicher Punkt des Nervs stimuliert wurde, es in beiden Fällen zu einer Verschiebung der gleichförmigen Kurven gegeneinander kam. Diese Verschiebung zeigte somit nichts anderes als die Verspätung der Kontraktion bei der Reizung von der entfernteren Stelle. Erneut erwies sich damit die mühselig hergestellte Gleichheit der Versuchsbedingungen als das leere Zentrum, um das herum sich die Aufzeichnungspraxis der ›neuen Methode‹ organisierte. Demgegenüber verbleibt das Problem der Messung im Hintergrund. Fast schon lässig erklärt Helmholtz dazu: »Was den absoluthen Wert der Fortpflanzungsgeschwindigkeit betrifft, so lassen sich die horizontalen Abstände der beiden Curven nicht mit sehr grosser Genauigkeit messen [...].« Anders als in der ersten, explorativen Kurve, die 1850 in den »Messungen« veröffentlicht worden war, ist auf den Abszissen der zwei Jahre später abgedruckten Doppelkurven keinerlei Zeiteinheit abgetragen. Das hält Helmholtz allerdings nicht von der Feststellung ab, dass die Werte der gemessenen Geschwindigkeit »ungefähr ebenso gross« wie bei der früher angewandten Pouillet-Methode seien. Grundlage dieser Aussage ist eine Vermessung der Kurven, bei der auch der Umfang des Zylinders (85,7 mm) und dessen Umdrehungszahl in Rechnung gestellt wurden. Ein Millimeter Länge der Kurvenzeichnung entsprach demnach 1/514 Sekunde. Berücksichtigte man nun noch den Abstand zwischen den beiden Stellen, an denen der Nerv bei den Aufzeichnungen der Kontraktionen jeweils gereizt worden war (nämlich 53 mm), ließ sich auf die Fortpflanzungsgeschwindigkeit im Nerv zurückschließen: 27,25 Meter in der Sekunde. Helmholtz kommentiert nicht die Zuverlässigkeit dieser Zeitbestimmung. Wie schon in der »Deuxième Note« bleibt die Zahl kommentarlos neben dem Ergebnis der früheren Messungen nach dem Pouillet-Verfahren stehen. Es folgt eine Erinnerung, mehr nicht: »Der wahrscheinlichste Werth aus den früheren Versuchen war 26,4 Meter.«[248]

Die Abbildung der vier Doppelkurven auf der Tafel, die den »Messungen (Zweite Reihe)« zugeordnet ist, sollte die einzige Veröffentlichung der Kurven durch Helmholtz bleiben. Im Frühjahr 1852 schrieb er noch einmal an du Bois-Reymond, dass er »den neuen Apparat für die Menschenzeitmessungen in Ordnung gebracht« habe. Offenbar plante er noch zu diesem Zeitpunkt, die Kurven-Methode für seine Untersuchungen an und mit menschlichen Versuchsobjekten einzusetzen. Aber entsprechende Experimente sind in den nächsten Jahren nicht durchgeführt und entsprechende Kurven nie veröffentlicht worden. 1854 erfolgte eine letzte auf der Methode der Kurve basierende Mitteilung aus Königsberg. Doch auch diese Mitteilung, »Ueber die Geschwindigkeit einiger Vorgänge in Muskeln und Nerven«, die nach abermaliger Vermittlung von du Bois-Reymond in der Berliner Akademie der Wissenschaften vorgetragen und ihrem *Bericht über die zur Bekanntmachung geeigneten Verhandlungen* veröffentlicht wurde, bezieht sich auf Versuche an Fröschen, und sie enthält wiederum weder Ergebnisse von präzisen Zeitmessungen noch irgendwelche Abbildungen. Was die vier Druckseiten bieten, sind vielmehr Beschreibungen von unterschiedlichen Phasen der Muskelkontraktion unter wechselnden Bedingungen: dem Eintreten einer sekundären Zuckung, der Reizung durch schnell aufeinanderfolgenden elektrische Schläge und der Auslösung von Reflexbewegungen. Zu letzteren heißt es beispielsweise, dass »die reflectirten Zuckungen erst nach verhältnismässig langen Zwischenzeiten eintreten«[249] – eine Formulierung, die als charakteristisch für den qualitativ-deskriptiven Tenor der Mitteilung genommen werden kann. Bemerkenswert ist etwas anderes. In ähnlicher Weise wie die

---

[248] Ebd., S. 212-216.

[249] Hermann Helmholtz, »Über die Geschwindigkeit einiger Vorgänge in Muskeln und Nerven«, *Bericht über die zur Bekanntmachung geeigneten Verhandlungen der Königlich Preußischen Akademie der Wissenschaften zu Berlin* 19 (1854): 328-332, auf S. 332.

»Deuxième Note« resümiert der erste Abschnitt dieser Mitteilung die bisherigen Ergebnisse zum zeitlichen Verlauf der Muskeltätigkeit im Rückgriff auf eine besondere, zuvor nicht verwendete Terminologie. Zwar wird mit Blick auf die Kontraktionsverzögerung nicht von ›verlorener Zeit‹ gesprochen. So weit reicht die Verwandtschaft dieser Texte nicht. Doch ist hier die Rede vom »Zeitraum der latenten Reizung« und der »Periode der latenten Reizung« – Formulierungen, mit denen ein in den 1830er und 1840er Jahren bei Johannes Müller oder etwa Hermann Lotze gängiger Terminus wieder aufgegriffen wird. Bei Müller und Lotze diente er unter anderem zur Beschreibung des Bewusstseinsfeldes, etwa bei einer bestimmten Anzahl von zugleich vorhandenen, aber nicht fokussierten Vorstellungen, oder zur Erörterung des Verhältnisses von Materie einerseits und Lebens- bzw. Seelenprinzip andererseits.[250]

Das Nachleben der Kurven

In der Folgezeit wandte sich Helmholtz anderen Themen zu. Den neuen Augenspiegel in der Hand, galt sein Interesse in den 1850er Jahren vordringlich der physiologischen Optik (1856 erschien der erste Teil seines *Handbuchs* zu diesem Thema), danach der physiologischen Akustik. Erst Ende der 1860er Jahre, nach dem Wechsel von Bonn nach Heidelberg, sollte er auf die Menschenzeitmessungen zurückkommen – allerdings auch dann, ohne irgendwelche Kurven zu veröffentlichen. So

---

[250] Ebd., S. 328 und S. 329. Siehe Müller, *Handbuch der Physiologie,* Bd. 1, S. 830-842, sowie ders., *Handbuch der Physiologie des Menschen für Vorlesungen*, Bd. 2, Coblenz 1840, S. 505-525, und Hermann Lotze, »Seele und Seelenleben«, in *Handwörterbuch der Physiologie mit Rücksicht auf physiologische Pathologie,* hrsg. von Rudolph Wagner, Bd. 3/1, Braunschweig 1846, S. 142-264, beispielsweise auf S. 203. Siehe auch Christoph Hoffmann, »Aufschub. Talbot, Helmholtz und das Ereignis der Latenzzeit«, in *Latenz. 40 Annäherungen an einen Begriff*, hrsg. von Stefanie Diekmann und Thomas Khurana, Berlin 2007, S. 31-34.

blieb es anderen vorbehalten, die ersten Kurven zu zeigen, die sich auf die Zeitverhältnisse beziehen, die im menschlichen Gehirn und Nervensystem verankert sind. Nach einer bemerkenswerten Pause, einer ›Zwischenzeit‹ von fast fünfzehn Jahren war es der Helmholtz-Schüler Rudolf Schelske, der als einer der ersten entsprechende Beispielkurven veröffentlichte, 1864, in seinen »Neuen Messungen der Fortpflanzungsgeschwindigkeit des Reizes in den menschlichen Nerven«. Zu dieser Zeit war Schelske nicht in Heidelberg, bei Helmholtz, sondern an der Universität Utrecht, in der Augenheilkunde, tätig. Wie er selbst erklärt, ging es ihm bei der Durchführung dieser neuen Menschenzeitmessungen zunächst um die Schließung einer technischen Lücke. Bislang waren die Zeitmessungen am Menschen nur mit der Pouillet-Methode vorgenommen worden. Schelske zufolge lag es »im Bereich des Wünschenswerthen«, entsprechende Zeitexperimente auch mit »der zweiten, graphischen, Methode« zu unternehmen – zum einen weil es unmöglich war, den anfänglich von Helmholtz benutzten Versuchsaufbau nach Pouillet »in der alten Weise als Ganzes« wiederherzustellen, »da Theile davon in Königsberg zurückgeblieben waren«, zum anderen aber, weil sich die Techniken der Kurvenzeichnung seit den frühen 1850er Jahren auch weiterentwickelt hatten. Gestützt auf neue Registrierapparate, vor allem aus dem Bereich der Astronomie, ging es Schelske nicht mehr um eine Kurvendarstellung, sondern um die Kurvenmessung der Fortpflanzungsgeschwindigkeit von Nervenreizungen. Die technische Maßnahme, die er zu diesem Zweck ergriff, erscheint als so einfach wie überzeugend. Neben der Aufzeichnung von Reizen und Reaktionen ließ er mit Hilfe des Elektromagnetismus auch die Sekundensignale eines Metronoms auf eine rotierende Trommel zeichnen. Mit Hilfe eines »kleinen Mikroskops« konnten diese zinnenförmigen »Doppelkurven«, die jeweils aus einer Reiz-Reaktions-Kurve und einer Zeit-Kurve bestanden, genau verglichen und die fraglichen Zeitspannen bis auf eine Tausendstelsekunde bestimmt werden (Abb. 32).[251] Andere Physiologen,

[251] Schelske, »Neue Messungen der Fortpflanzungsgeschwindigkeit«,

wie zum Beispiel Donders und nach ihm Marey, griffen zur selben Zeit auf Stimmgabeln zurück, um neben Reiz- und Reaktionsspuren eine genau bekannte Anzahl von Schwingungen pro Sekunde auf eine sich drehende Aufzeichnungsfläche zu kratzen – ein Verfahren, das in den 1840er Jahren offenbar wiederum in Paris entwickelt worden war, durch den aus Österreich stammenden Physiker Guillaume bzw. Wilhelm Wertheim.[252] Wenn dieses Nebeneinanderzeichnen von Reizen und Reaktionen einerseits und Zeitsignalen andererseits der einfachste Weg zur Verwandlung der Kurven in Zeitmessungen war, dann machte eben diese Art von Parallelaktion die Kurven aber in gewisser Weise auch überflüssig. Sobald nach der Auszählung oder Vermessung der Kurven ein Zeitwert notiert worden war, hatten die Zeichnungen ihren Zweck erfüllt. Zahlen genügten, die Kurven als Kurven wurden nicht mehr gebraucht. Am Vorgehen von Donders wird das beispielhaft deutlich. Bei seinen Untersuchungen zur physiologischen Zeit psychologischer Prozesse bewahrte der Physiologe zwar zahlreiche Datenblätter auf, auf denen er die Werte der jeweils gezählten Stimmgabelschwingungen notiert hatte, aber keine einzige Kurvenzeichnung. Durch die Auswertung der Zeitsignale waren diese Aufzeichnungen obsolet geworden.

Die Helmholtz-Kurven hatten dennoch ein Nachleben. Vor allem Marey zeigte sie in den Veröffentlichungen, in denen er auch den Begriff der »temps perdu« erläuterte, in *Du mouvement dans les fonctions de la vie* von 1868 ebenso wie in *La machine animale* von 1873 und *La méthode graphique*, 1878. Zwar erscheinen die Kurven in diesen Werken nicht in ihrer ersten (Druck-)Form, also nicht im Rückgriff auf die Tafel der 1852 erschienenen »Messungen (Zweite Reihe)« von Helmholtz. Sie wurden in leicht abgewandelter Gestalt veröffentlicht,

---

S. 153 und S. 173.

[252] Brief von Koenig an Donders, zitiert nach Franciscus Cornelis Donders, *Snelheid der Werking in 't Zenuwstelsel [ca. 1865]*, Universitätsmuseum Utrecht, Donders Nachlass, Do. 07.77, S. 4. Siehe dazu Schmidgen, »The Donders Machine«, S. 242.

die Marey an einer Stelle aus einem populären Vortrag entnahm, den du Bois-Reymond 1866 an der Royal Institution in London über die Zeitexperimente von Helmholtz, Schelske und Donders gehalten hatte. Zwei Jahre später, in Mareys Buch über die Bewegung in den Lebensfunktionen, tauchten diese seitlich verschobenen, ansonsten aber kongruenten Kurven nochmals ohne zeitmessende Begleitkurven auf. Marey beschreibt sie, ähnlich wie Helmholtz selbst, als eine an dessen Veröffentlichungen angelehnte »Darstellung« der Verspätung von aufeinanderfolgenden Muskelzuckungen, welche sich in Abhängigkeit vom Abstand der gereizten Nervenstellen ergibt (Abb. 33).[253] Allerdings zögerte er nicht, diese *représentation* durch Messungen zu ergänzen und damit letztlich auch zu ersetzen. Ähnlich wie Donders nahm auch Marey diese Messungen durch die Parallelaufzeichnung von Kontraktionen eines Muskels und Vibrationen einer Stimmgabel vor, allerdings nicht auf einem rotierenden Zylinder, sondern auf einer sich drehenden berußten Scheibe.[254] Die Kurven erscheinen dadurch ihrerseits als gekrümmt, als gebogen – ähnlich wie es wohl bei den frühen Zeitmessexperimenten von Matteucci der Fall gewesen war. Erst in den 1870er Jahren gibt es bei Marey auch den Einsatz des rotierenden Zylinders zur »Messung der Geschwindigkeit des Nervenprinzips« und den Abdruck entsprechend begradigter Zeichnungen (Abb. 34). Das bleibt aber ein Einzelfall. Allgemein gilt, dass Marey größeren Wert auf die »forme saisissante« seiner Kurven legt als auf Präzisionsmessungen.[255]

Die Wiederaufnahmen und Veränderungen der Helmholtz-Kurven bei Schelske, Donders, Marey und anderen bilden nun aber nur einen Teil der Ikonographie, die die Zeitexperimente

---

[253] Etienne-Jules Marey, *Du mouvement dans les fonctions de la vie*, Paris 1868, S. 418.

[254] Ebd., S. 428.

[255] Marey, *Du mouvement dans les fonctions de la vie*, S. 428. Zur Zylinderaufzeichnung mit Stimmgabel siehe ders., *La machine animale*, S. 42, sowie ders., *La méthode graphique*, Paris 1878, S. 147. Siehe dazu auch de Chadarevian, »Die ›Methode der Kurven‹«, S. 49, Anm. 47.

des Physiologen in Königsberg nach sich gezogen haben. Ihr anderer Teil führt uns zu der Forschungsmaschine zurück, die hinter dem »Vorläufigen Bericht« und den »Messungen« stand, also zu der vergleichsweise abstrakten und komplizierten Anwendung der Pouillet-Methode, mit der Helmholtz seit Oktober 1849 präzise Zeitmessungen an Froschpräparaten und am ganzen Menschen durchgeführt hatte. Von den Kurven, die seit Herbst 1850 mit einer Zeichenmaschine produziert worden waren, gelangen wir somit zu den Linien zurück, die eine Sehmaschine vom Frühjahr desselben Jahres nach- und andere, zukünftige Forschungsmaschinen vorzeichnen. Von der Repräsentation kommen wir aufs Diagramm zurück. Im Text des »Vorläufigen Berichts« hatte Helmholtz den Versuchsaufbau mit Froschgestell, Galvano-Chronometer und Ablese-Fernrohr ›maßlos dunkel dargestellt‹, wie du Bois-Reymond bemerkt hatte. Doch selbst auf der Tafel des 90-Seiten-Aufsatzes der »Messungen« hatte er diesen Aufbau nur in unterschiedlich stark fokussierten Teilaspekten gezeigt. Das Gestell und die Glasglocke wurden extrem detailliert abgebildet, der Galvanometer nur rudimentär, das Ablese-Fernrohr überhaupt nicht. In übersichtlicher Vollständigkeit führte er seine Experimentieranordnung in keiner Publikation vor. In der Folgezeit haben dann beides, die spezifische Fokussiertheit der veröffentlichten Zeichnungen von Helmholtz und die effektive Kompliziertheit des von ihm benutzten Versuchsaufbaus, zur Entstehung und Verbreitung von Bildern geführt, auf denen seine heterogene Forschungsmaschine zu sehen war – mit mehr oder weniger eingreifenden Veränderungen. Der explizite Zweck dieser Bilder bestand darin, eine Maschine sichtbar zu machen, die in ihren Leistungen und Funktionen beispielhaft für die Präzisionskultur der aufstrebenden Experimentalphysiologie war. Ohne es zu sagen reflektierten diese Visualisierungen aber auch die Schwierigkeiten, auf die Schelske, Donders und andere Physiologen trafen, als sie sich daran machten, die maschinellen Messergebnisse von Helmholtz unter gewandelten technischen Bedingungen zu reproduzieren. Genau durch diese Unsicherheiten der Rekonstruktion und Konstruktion lassen die fraglichen

Bilder aber den Spielraum greifbar werden, der an anderen Orten und zu späteren Zeitpunkten zur Fort- und Weiterführung der Helmholtz'schen Zeitexperimente beitragen sollte. Insofern sind sie als Annäherungen an das Diagramm zu betrachten, das zunächst nur durch die experimentelle Praxis in Königsberg definiert worden war. Sie zeigen eine Maschine aus organischen und nicht-organischen Bestandteilen, aus physiologischen und physikalischen Komponenten, der man das Prekäre ihres Funktionierens ebenso anzusehen meint wie ihre erstaunliche Produktivität.

Doch auch die Bilder sind bemerkenswert heterogen. Sie changieren zwischen der stilisierten Darstellung eines Stromkreislaufs und der naturalistischen Abbildung von Instrumenten und Präparaten. Sie fügen Schema und Zeichnung zusammen, stellen Übersicht und Ansicht gegeneinander. Den Anfang macht Carl Ludwig in seinem *Lehrbuch der Physiologie des Menschen* von 1852 (Abb. 35). Ludwig zeigt ein Geviert, in dem nur das Nerv-Muskelpräparat und die Galvanometernadel noch als gegenständlich zu erkennen sind, während alle anderen Bestandteile des Versuchsaufbaus in Linien und Pfeilen, Buchstaben und Zahlen aufgehen. Etwas weniger schematisch fällt die Figur im *Handbuch der angewandten Elektrizitätslehre* von Carl Kuhn aus (Abb. 36), das, ähnlich wie der Aufsatz von Schelske, in einem bemerkenswerten Abstand von rund fünfzehn Jahren nach den Veröffentlichungen von Helmholtz erscheint. Neben dem Präparat und dem Galvanometer werden dort die Induktionsspule, der Wippenschalter und der hängende Stahlrahmen in ihrer Materialität gezeigt. Wie schon bei Ludwig wird aber auch in diesem Fall auf eine Darstellung der Fernrohreinrichtung, die für das genaue Ablesen der Messwerte erforderlich war, verzichtet – wahrscheinlich um auch in diesem Fall nicht noch den menschlichen Experimentator in eine ohnehin komplexe Darstellung hereinzuziehen. Das gleiche gilt für das Bild, das sich in dem bereits erwähnten Vortrag findet, den du Bois-Reymond 1866 an der Royal Institution in London über die Zeitexperimente von Helmholtz gehalten hat, und das bei Marey ebenfalls reproduziert wird. Dieser Vortrag, »On the Time Required for the Transmission of Volition and Sensation through the Nerves«, lässt sich als ausführliche Reprise des erstmals 1850 in Paris unternommenen Versuchs von du Bois-Reymond lesen, die Bedeutung der Helmholtz'schen Zeitexperimente und damit auch die der Berliner Schule der Organischen Physik einem Publikum aus Physiologen und Nicht-Physiologen nahezubringen. Du Bois-Reymond zeigt diese Experimente ebenfalls als eine Kombination aus heterogenen Teilen – Stahlrahmen und Muskel, Kabel und Nerv –, ergänzt dabei aber eine Fokussierung auf die Kontaktstellen zwischen Elektrizität und Physiologie, die auch in seinem Vortrag ausführlich beschrieben werden. Vergleichbare Bilder, auf denen der Gefügecharakter, das fast schon Cyborghafte der Zeitexperimente von Helmholtz deutlich wird, finden in den folgenden Jahren Eingang in die Lehr- und Handbücher der Physiologie.[256]

Bei gesprochenem Wort und bedrucktem Papier wollte du Bois-Reymond es allerdings nicht bewenden lassen. In London führte er die Helmholtz'schen Zeitmessexperimente dem Publikum auch *in actu* vor. Das war der große Unterschied zu seiner ersten öffentlichen Bezugnahme auf diese Experimente, 1850 in Paris. Das Bild im veröffentlichten Text des Londoner Vortrags ist insofern auch als Darstellung eines Demonstrationsexperiments zu verstehen, das in der Royal Institution vorgeführt wurde. Dadurch gewinnt es zusätzliches Interesse, denn es zeigt nicht nur einfach einen Versuchsaufbau, sondern signalisiert daneben auch den Sachverhalt, dass das Experiment selbst zu einem Mittel des Zeigens geworden ist. In der Tat sollten die Zeitmessversuche von Helmholtz bis in die 1880er Jahre hinein ein fester Bestandteil des physiologischen Unterrichts von du Bois-Reymond bleiben – Seite an Seite mit den

---

[256] Emil du Bois-Reymond, »On the Time Required for the Transmission of Volition and Sensation through the Nerves« [April 13, 1866], *Notices of the Proceedings at the Meetings of the Members of the Royal Institution of Great Britain* 4 (1862-1866): 575-593. Für Lehr- und Handbücher siehe beispielsweise Marey, *Du mouvement dans les fonctions de la vie*, S. 415, sowie Conrad Eckhard, *Experimenalphysiologie des Nervensystems,* Gießen 1867, S. 136.

über Spiegelgalvanometer projizierten Lichtstrahlen und der Vorführung von Zuckungstelegraphen, Froschpistolen und anderen Demonstrationsmaschinen. Im Hörsaal seines 1877 in der Berliner Dorotheenstraße eröffneten Instituts fügten sich die Zeitmessversuche damit in den Zusammenhang eines Anschauungsunterrichts ein, in dem das »Selber-sehen« und »Sich-selber-überzeugen« zur wichtigsten Aufgabe des angehenden Physiologen avanciert war. Während Marey in *La méthode graphique* die Kurven zeigte, die er zur Messung der Fortpflanzungsgeschwindigkeit des Nervenprinzips hatte zeichnen lassen, und in diesem Zusammenhang die anfänglich von Helmholtz verwandte Pouillet-Methode auch als »wenig genau« kritisierte,[257] beharrte du Bois-Reymond in seinem Unterricht auf der Bedeutung einer heterogenen Forschungsmaschine, die 1850 in Königsberg erstmals die präzise Messung dieser Geschwindigkeit erlaubt hatte. Ungezählte Studenten zeichneten entsprechende Skizzenbilder in ihre Kolleghefte, allerdings wiederum im Rückgriff auf eine graphische Methode – der freihändigen Zeichnung (Abb. 37).

In seinem Unterricht wie auch in seinem Vortrag an der Royal Institution hob du Bois-Reymond das irritierende und interessante Moment der Zeitversuche von Helmholtz hervor. Er betonte die »Schönheit und den hohen wissenschaftlichen Wert« dieser Experimente und bemühte sich – wie Helmholtz selbst –, ihren Status und Stellenwert in der menschlichen Erfahrung zu verdeutlichen.[258] Dabei kam er auf das Beispiel des harpunierten Walfischs zurück, der erst eine »volle Sekunde«, nachdem er getroffen worden ist, zur Gegenwehr ansetzen kann. Doch der Berliner Elektrophysiologe wollte sich nicht vollständig auf die illustrative Kraft der Vergleichenden

[257] Marey, *La méthode graphique*, S. 145-146, sowie ders. »La méthode graphique dans les sciences expérimentales (1er article)«, *Physiologie Expérimentale. Travaux du laboratoire de M. Marey* (1875): 123-164, auf S. 151.

[258] Du Bois-Reymond, »On the Time Required for the Transmission«, S. 577.

Anatomie verlassen. Mit einem weiteren Beispiel begab er sich mitten hinein in die zunehmend technisierte und verwissenschaftlichte Lebenswelt des 19. Jahrhunderts. Um die Eigentümlichkeit der psychophysiologischen Zeitverhältnisse für sein Publikum prägnant zu fassen, wandte du Bois-Reymond sich der Erörterung von Geschwindigkeiten zu, die in den 1860er Jahren für andere »Körper« bzw. »Prinzipien« festgestellt worden waren: die Geschwindigkeit des elektrischen Stroms, die nach den Versuchen von Wheatstone 464.000.000 Meter in der Sekunde betrug, die des Lichts (nach Fizeau rund 300.000.000 Meter in der Sekunde), dann die des Schalls im Eisen, im Wasser und in der Luft, die einer Kanonenkugel, des Windes, die Geschwindigkeit einer Lokomotive (27 Meter in der Sekunde), die des Nervenprinzips (26 bis 30 Meter in der Sekunde) sowie die eines Steins, der von einer menschlichen Hand 24,5 Meter hoch geworfen wird (21,9 Meter in der Sekunde).[259] Als ob diese mehr oder weniger schnellen Geschwindigkeiten gebannt werden sollten, werden sie von du Bois-Reymond in der Raumform der Tabelle aufgeführt. Dieses Tableau, das den Grundstein für eine vergleichende Geschwindigkeitskunde des 19. Jahrhunderts bilden könnte, erscheint als einzigartiger Vorgriff auf die Übersichten, mit denen deutlich später – um 1890 – in den Handbüchern der photographischen Praxis auf die Grundbedingungen *echter*, das heißt »scharfer« oder »klarer Momentaufnahmen« hingewiesen wurde. Neben Entfernung und Belichtungszeit zählte dazu auch die Schnelligkeit des photographierten Prozesses. Sollte ein Bergsteiger oder ein

---

[259] Ebd., S. 588. Wie Hirsch und Schelske geht du Bois-Reymond an dieser Stelle davon aus, dass 26 bis 30 Meter pro Sekunde die richtigen Werte für die Fortpflanzungsgeschwindigkeit der Nervenreizung beim Menschen sind. Dies widerspricht den Ergebnissen von Helmholtz, der beim Menschen von 60 Metern pro Sekunde ausging. Der Versuch, diesen Widerspruch aufzulösen, motiviert in den 1860er und 1870er Jahren eine Reihe von weiteren Untersuchungen zur Psychophysiologie der Zeit, unter anderem bei Donders, de Jaager und Helmholtz.

Rennpferd abgelichtet werden, das Wachstum eines Fingernagels oder ein Kometenschweif?[260]

Obwohl du Bois-Reymond sich an dieser Stelle nicht ausdrücklich auf die Momentphotographie bezieht, geht es in seiner Darstellung und Vorführung der Zeitexperimente von Helmholtz um eine ähnliche Stillstellungstechnik, um ein Verfahren, das einen »Bildstop« bewirkt.[261] Um es näher zu erläutern, springt der Physiologe von der Biologie zur Technologie, vom Walfisch zur Lokomotive, und damit zu einem weiteren Cyborg, dem Lokführer. Die Perspektive, die dabei entworfen wird, ist zumindest ungewohnt. Vorausgesetzt wird ein Beobachter am Rande der Bahnstrecke, der zugleich einen fahrenden Zug und die Fortpflanzung der Reizung im Nerv eines menschlichen Körpers sehen könnte: »[Nehmen wir an], daß ein Maschinenführer auf der Lokomotive eines Schnellzuges, der eine Meile in der Minute fährt, seinen Arm in Richtung Kohlenwagen ausstreckt und seine Finger bewegt. Dann wird die Nervenreizung in den motorischen Fasern seines Arms an ihrem Platz bleiben oder jedenfalls nahezu, weil ihre Bewegung durch die des Zugs zunichte gemacht wird.« Die Geschwindigkeitsvergleichstabelle scheint

---

260 Siehe zum Beispiel Albert Londe, *La photographie moderne. Pratique et applications,* Paris 1888, S. 272, und Frédéric Dillaye, *La théorie, la pratique et l'art en photographie,* Paris 1891, S. 99.

261 Gilles Deleuze und Félix Guattari, *Was ist Philosophie?*, übers. von Bernd Schwibs und Joseph Vogl, 2. Aufl., Frankfurt am Main 1996, S. 136. Du Bois-Reymond erwähnt die Momentphotographie erst zu einem späteren Zeitpunkt. Siehe ders., »Naturwissenschaft und bildende Kunst. Zur Feier der Leibniz-Sitzung der Akademie der Wissenschaften zu Berlin am 3. Juli 1890 gehaltene Rede«, in *Reden von Emil du Bois-Reymond in zwei Bänden,* hrsg. von Estelle du Bois-Reymond, Bd. 2, 2. Aufl., Leipzig 1912, S. 390-425, auf S. 409. Die an dieser Stelle von du Bois-Reymond zitierte Schrift von Joseph M. Eder, *Die Momentphotographie*, Wien 1884, enthält auch eine vergleichende Geschwindigkeitstabelle (S. 9-10), wie die oben zitierten Werke von Londe und Dillaye. Zur Rede von du Bois-Reymond und zur Geschichte der Kinematographie siehe Friedrich Kittler, »Der Mensch, ein betrunkener Dorfmusikant«, in Helmar Schramm et al. (Hrsg.), *Bühnen des Wissens. Interferenzen zwischen Wissenschaft und Kunst*, Berlin 2003, S. 300-318.

das plausibel zu machen: Die Nervenreizung bewegt sich mit 26 bis 30 Metern in der Sekunde von der Lok in Richtung Kohlenwagen. Der Zug hingegen bewegt sich mit 27 Metern in der Sekunde (also knapp 100 Kilometern in der Stunde) in Gegenrichtung. Für einen außenstehenden Beobachter, der beides gleichzeitig und in gleichem Maße sehen könnte – den Zug ebenso wie die Nervenreizung –, würde also eine Aufhaltung der Reizung im Nerv sichtbar. Das erscheint unwahrscheinlich oder schwer nachvollziehbar? Du Bois-Reymond erklärt es noch einmal, nur etwas anders: »Dasselbe wird mit der Nervenreizung in den sensorischen Fasern des Heizers passieren, wenn er, auf dem Kohlenwagen stehend, seine Hand an der Lokomotive verbrennen sollte.«[262] Auch in diesem Fall werde die Fortpflanzung der Reizung, die entgegengesetzt zur Fahrtrichtung geschieht, durch die Fahrt des Zuges gleichsam aufgehoben. Der hypothetische Beobachter sieht an dieser Stelle also zwei Lokomotionsarbeiter, in denen Nervenreizungen bei voller Fahrt zum Halten kommen, einmal auf dem Weg vom Körperzentrum in die -peripherie, das andere Mal in Gegenrichtung. Ein Rasender Stillstand anno 1866 wird damit verdoppelt, als ob auf diese Weise genau das Kunststück bekräftigt werden sollte, für das die beiden Helmholtz-Kurven stehen: mit den Mitteln der Beschleunigung eine Entschleunigung hervorzubringen. Inmitten eines verallgemeinerten Voranschreitens markieren diese Kurven tatsächlich auf exemplarische Weise ein umgrenztes Stillstehen, ein Innehalten, eine Zwischenzeit.

[262] Du Bois-Reymond, »On the Time Required for the Transmission«, S. 589.

Schluss

Manche Leute haben gemeint, die Kunst einer Epoche der Hast müsse unbedingt kurz angebunden sein, so wie andere vor dem Krieg voraussagten, er werde nicht lange dauern. In ähnlicher Weise sollte, wie man gemeint hat, die Eisenbahn der Kontemplation ein Ende bereiten; es habe keinen Zweck mehr, der Zeit der Postkutsche nachzutrauern; und doch hat dann das Automobil ihre Aufgabe übernommen und gibt den Touristen von neuem die Möglichkeit, vor verlassenen Kirchen zu verweilen.

Proust

Proust und Helmholtz sind sich nie begegnet. Als der »Reichskanzler der Wissenschaften« 1894 in Berlin verstarb, war der angehende Schriftsteller gerade einmal 23 Jahre alt. Proust kam nie nach Berlin, und Helmholtz wollte nicht nach Paris. Er fuhr lieber nach England oder in die Vereinigten Staaten. Wahrscheinlich hat Proust nie auch nur eine Zeile Helmholtz gelesen. Die Rede von der »temps perdu« ist dem späteren Autor der *Recherche* allem Anschein nach über Marey zugestellt worden. Worin Helmholtz und Proust sich dennoch treffen, ist ein kreativer Gebrauch von Dynamisierungstechnologien, um sich im Innersten der sozialen und kulturellen Moderne von dieser distanzieren zu können. Der Physiologe und der Schriftsteller bedienen sich der Telegraphie und der Zeitungen, um zu bremsen und zu verzögern. Der eine definiert auf diese Weise einen experimentellen Rahmen, innerhalb dessen bis zum heutigen Tag an den Darstellungen und Messungen der psychophysiologischen Zeit gearbeitet wird. Der andere schuf einen Roman, der wie eine gotische Kathedrale sein sollte, vor der man endlos verweilen kann. So unterschiedlich ihre Verfahrens- und Vorgehensweisen waren, Helmholtz und Proust kommen übereinstimmend zu dem Schluss, dass das menschliche Verhalten und Erleben ein im Kern diskontinuierlicher Prozess ist, und beide erfahren, wenn auch in verschiedenem Sinn, dass die Zeichenwelt der Moderne eine Welt der Willkürlichkeit ist. Deswegen ist die Suche nach der verlorenen Zeit bei ihnen immer auch eine Suche nach den verlorenen Zeichen. Deleuze hat darin die Einheit der Proust'schen *Recherche* gesehen. In diesem einzigartigen Werk würden die Zeichen nicht zum Gegenstand eines abstrakten Wissens, sondern einer zeitlichen Lehre, einer dauernden *apprentissage*. Während dieser Lehr-Zeit ist allerdings auch zu begreifen, was Lernen überhaupt heißt: »Lernen bedeutet zunächst, einen Stoff, einen Gegenstand, ein Wesen so zu betrachten, als sendeten sie Zeichen aus, die zu entziffern, zu interpretieren sind.«[263]

Eine ähnliche Art von Einheit kennzeichnet die Texte und Bilder, mit denen Helmholtz von seinen Zeitexperimenten Rechenschaft ablegt. Auch in ihnen erscheint der Physiologe als Lehrling, als ein Interpret der Muskeln und Nerven, der Instrumente und Kabel, mit denen er an seinem Experimentiertisch in Königsberg hantiert. Zugleich ist das der Unterschied. Denn Helmholtz betrachtet nicht nur, er greift auch ein, er packt zu, er stellt zusammen und stellt her. Bevor sich der Experimentator ans Entziffern macht, »verziffert« er. Im Labor geht der Dechiffrierung immer eine Chiffrierung voraus. Vor der Interpretation liegt also eine andere Interpretation. Anders gesagt, noch bevor er sich an die Berechnung und Ausdeutung seiner Ergebnisse macht, bringt Helmholtz die Stoffe, Gegenstände und Wesen in seinem Untersuchungsraum dazu, zusätzliche und hoffentlich unerwartete Zeichen von sich zu geben. »Es gibt keinen Lehrling, der nicht ›Ägyptologe‹ irgendeiner Sache wäre«, sagt Deleuze mit Blick auf die *Recherche*. Das gilt für den Erzähler Marcel ebenso wie für den Schriftsteller Proust. Aber es trifft auch auf den Labor- und Lebenswissenschaftler Helmholtz zu. Nur dass er nicht nur ein Ägyptologe, sondern auch der Ägypter des Experiments ist.

---

[263] Gilles Deleuze, *Proust und die Zeichen*, übers. von Henriette Beese, Frankfurt am Main u.a. 1978, S. 8.

Mit Blick auf die Lebenswissenschaften des 19. Jahrhunderts ist oft herausgestellt worden, dass es durch Darwin unmöglich geworden ist, die Zeit lediglich als eine einförmige Chronologie voneinander unabhängiger Daten zu verstehen. Mit der *Origin of Species* sei die Zeit auf unwiderrufliche Weise zu jenem Vorgang geworden, der »das Universum zu dem gemacht hat, was es ist: ein Entwicklungsprozess, eine Veränderung des Einfachsten zum Hochkomplexen, eine ›Evolution‹, die aus der inneren Verkettung der Transformationen entsteht«.[264] Doch nicht nur in der Ausdifferenzierung unterschiedlicher Arten von Lebewesen verwandelte sich das Temporale in diesem Jahrhundert vom äußeren Parameter zum inneren Operator. Mit den Zeitexperimenten von Helmholtz wurde die Zeit auch im lebendigen Dasein der Organismen zur kritischen, zur ent-scheidenden Größe. Um 1850 baute der Organische Physiker in Königsberg eine erstaunliche Forschungsmaschine zusammen, die aus Froschmuskeln und Galvanometern, Batterien und menschlichen Versuchspersonen, Fernrohren, Holzgestellen und Glasglocken bestand. Mit ihrer Hilfe konnte er zeigen, dass die Koordination von Muskel, Nerv und Hirn beim Tier ebenso wie beim Menschen einem Zeitmuster folgt, das nicht durch Gleichzeitigkeit oder Kontinuität, sondern durch Lücken, Zwischenräume, *temps perdus* gekennzeichnet ist. Trotz der Schwierigkeiten, die der Mitteilung und Verbreitung dieses Funds entgegenstanden, kann seither kein Zweifel mehr daran bestehen, dass individuelle Organismen in ihrem jeweiligen Bezug zur Umwelt einem fortlaufenden Entzug von Zeit ausgesetzt sind. Aus Sicht der experimentellen Lebenswissenschaften müssen sie zu spät kommen, um überhaupt ein Bewusstsein von Pünktlichkeit haben zu können. Um voranzukommen, sind sie gezwungen, hinter sich selbst herzuhinken.

Die Helmholtz-Kurven stehen für die Einsicht in diesen physiologischen und psychologischen Sachverhalt. Aber sie illustrie-

---

[264] François Jacob, *Die Logik des Lebenden. Eine Geschichte der Vererbung,* übers. von Jutta Scherrer und Klaus Scherrer, Frankfurt am Main 2002 (frz. Orig. 1970), S. 168.

ren ihn nicht. Sie machen diesen Sachverhalt nicht sichtbar. Was also zeigen sie? Welches Phänomen oder welchen Prozess wird von diesen Kurven veranschaulicht, um auf den Anfang dieser Studie zurückzukommen? Die hier gegebene Antwort lautet, dass die Helmholtz-Kurven eine Grundvoraussetzung der psychophysiologischen Zeitmessexperimente zeigen: Zwei aufeinanderfolgende Versuchsdurchgänge, bei denen allein der Parameter »Nervenstelle« verändert wurde, während alle anderen gleich blieben bzw. möglichst gleich gehalten wurden, führen zu einer seitlich versetzten Aufzeichnung der Kontraktionskurven. Anders gesagt, die Helmholtz-Kurven dienen nicht dazu, die ›Ergebnisse‹, die Helmholtz in seinen Untersuchungen mit der Pouillet-Methode erhalten hatte, ›überzeugend darzustellen‹. Zweifellos waren die Kurven leichter zu erfassen als vergleichsweise nüchterne Reihen von Zahlen und insofern hatten sie auch eine größere Überzeugungskraft, zumindest bei denjenigen, für die Leichtigkeit ein entscheidendes Kriterium war. Helmholtz stellt mit seinen Kurven aber nicht Ergebnisse, sondern Voraussetzungen dar. Die Kurven bringen nicht Resultate in übersichtliche Form. Letztlich stehen sie nicht einmal für einen bestimmten physiologischen oder psychologischen Prozess. Die Helmholtz-Kurven zeigen eine spezifische Art von Experiment, ein Verfahren, eine Methode. Das Bild, das sie bieten, ist eines der experimentellen Abhängigkeit.

Im Anschluss an eine Unterscheidung, die Helmholtz im Anschluss an seine Zeitexperimente getroffen hat, lässt sich dieser Befund noch anders fassen. Die Helmholtz-Kurven, so könnte man sagen, fungieren eher als *Symbole* oder Zeichen denn als *Abbilder*. Denn ein Zeichen, das stand dem Physiologen auch ohne Saussure schon klar vor Augen, »braucht gar keine Art der Aehnlichkeit mit dem zu haben, dessen Zeichen es ist«.[265] In der Tat gibt es keine formale, perspektivische oder

---

265 Hermann Helmholtz, »Die Thatsachen in der Wahrnehmung« [1878], in ders., *Vorträge und Reden*, Bd. 2, 4. Aufl., Braunschweig 1896, S. 215-247, auf S. 222. Siehe aber bereits ders., »Ueber die Natur der menschlichen Sinnesempfindungen«, *Königsberger naturwissen-*

farbliche Übereinstimmung zwischen diesen Kurven und der Fortpflanzungsgeschwindigkeit der Nervenreizung. Sicherlich, es handelt sich um indexikalische Zeichen, um Abdrücke oder »Inskriptionen«, wie sich mit Marey *und* Latour sagen lässt. Aber eine anschauliche Ähnlichkeit zwischen diesen Kurven und der Bewegung, die sie aufzeichnen, existiert nicht. Eine Muskelkontraktion sieht nicht so aus wie die wellen- und dünenförmigen Linien auf der Rückseite einer Leimfolie, die im Archiv ihre bemerkenswerte Transparenz erhalten hat – von der Nervenreizung und ihrer Geschwindigkeit ganz zu schweigen. Eben deswegen, weil sie Indizes, *empreintes* sind, gibt es nicht diese Art der Similarität. Welchen Rückschluss erlaubte eine Spur im Sand auf das Aussehen eines Tiers? Was sagte ein Fingerabdruck über die Erscheinung eines Menschen?

In solchen Referenzverhältnissen mag einer der Gründe dafür liegen, dass Helmholtz in bezug auf seine Kurven an keiner Stelle von Anschaulichkeit oder Veranschaulichung spricht. Die Linien und Bögen, die er mit Hilfe seiner Maschine (und die Maschine mit seiner Hilfe) zeichnete, sollten einen schnelleren und besseren ›Ueberblick‹ über das in Frage stehende Phänomen geben. Sie waren, so möchte man ein letztes Mal mit Marey formulieren, nicht nur als *inscription* gedacht, sondern eben auch als Darstellung, als *représentation*.[266] Das heißt aber nicht, dass diese Kurven nicht auch ihre eigene Ästhetik hätten. Im Gegenteil. Nur fällt diese deutlich modernistischer aus als bisher angenommen. Sie hat nur wenig zu tun mit den Gesichtslinien der Romantik, mit anatomischen Körperformen oder erhabenen Landzügen. Vielmehr bringt sie eine Willkürlichkeit und Offenheit zur Geltung, die tief in das Dasein der Moderne eingeschrieben ist.

---

schaftliche Unterhaltungen 3 (1854): 1-20, auf S. 19: »Licht- und Farbenempfindungen sind nur Symbole für Verhältnisse der Wirklichkeit [...]«.

266 Der ganze erste Teil von Mareys *La méthode graphique* (S. 1-106) profiliert diese Unterscheidung zwischen Darstellung und Aufzeichnung.

Als Darstellung eines Laborverfahrens führen uns diese Kurven tatsächlich zu den Maschinen zurück, mit denen in physiologischen und psychologischen Untersuchungsräumen unterschiedlichste Arten von Zeichen hergestellt, empfangen und verbreitet wurden. Von der Kurvenzeichnung gelangen wir so zu den heterogenen Gefügen, mit denen Zeit präzise gemessen werden konnte – im Rückgriff auf Strom und Licht, Nervenaktionen und Muskelzuckungen, leichtgängige Telegraphentaster und träge, langsam ausschlagende Galvanometernadeln.

Die Räume, in denen die Arbeit an diesen Zeit-Zeichenmaschinen stattfand (und noch immer stattfindet), möchte man *Laborfraktale* nennen. Es sind Räume, die innerhalb eines Labors jene architektonischen Abschirmungen und technisch-medialen Verbindungen wiederholen, mit denen sich wissenschaftliche Unternehmungen von ihren alltäglichen Umgebungen absondern und abschirmen, um sich auf anderen Wegen mit ihnen wieder zu verbinden: über Briefe, Zeitschriften und Zeitungen, aber auch durch Leitungen, Röhren und andere Infrastrukturen.

Auch deswegen verliert jedes Zeichen an jeder Stelle Zeit, bei seiner Hervorbringung ebenso wie bei seinem Empfang, bei seiner Versendung ebenso wie bei seiner Zustellung. So erklärt sich, wenigstens zum Teil, die Eile, sobald die Hervorbringung eines entzifferbaren Zeichens gelungen ist – und die Geschichtsvergessenheit, wenn es um Mitteilungen darüber geht. Nicht nur der Raum, auch die Zeit erscheint hier merkwürdig fraktalisiert. Die temporalen Relationen, die in der Außenwelt dominieren, korrespondieren mit denen, die sich im Inneren manifestieren. Die Synchronisation der Uhren wird in einer Synchronisation von Körperteilen weiter- und fortgeführt. Am Rande eines ausgedehnten Netzes von Gleichzeitigkeiten lauern die Zeitforscher auf die kürzesten Nachrichten, Signale und Informationen, die sich noch quer durch den lebenden Körper mitteilen können. Was im Inneren als Zwischenzeit und *temps perdu* erscheint, schlägt sich im Außen als Stau, als Zögern und Stutzigkeit nieder, und umgekehrt.

Innerhalb solcher Konstellationen wird noch der Unterschied zwischen wissenschaftlichem und künstlerischem Experiment zu einem zeitlich bestimmten. So jedenfalls sah es Proust: »Der Gefühlseindruck ist für den Schriftsteller, was das Experiment für den Naturwissenschaftler ist, mit dem Unterschied, dass bei dem Naturwissenschaftler die Arbeit des Verstandes vorausgeht, bei dem Schriftsteller aber folgt.«[267] Helmholtz bestätigt und verallgemeinert diese Sichtweise, indem er Experimentieren und Leben miteinander verknüpft. Ihm zufolge ist das Experiment nicht nur das zentrale Erkenntniswerkzeug aller Wissenschaft vom Leben, sondern auch tief in den Körper, das Unbewusste des modernen Subjekts eingeschrieben: »Dieselbe grosse Bedeutung [...], welche das Experiment für die Sicherheit unserer wissenschaftlichen Ueberzeugungen hat, hat es auch für die unbewussten Inductionen unserer sinnlichen Wahrnehmungen. Erst indem wir unsere Sinnesorgane nach eigenem Willen in verschiedene Beziehungen zu den Objecten bringen, lernen wir sicher urtheilen über die Ursachen unserer Sinnesempfindungen, und solches Experimentiren geschieht von frühester Jugend an ohne Unterbrechung das ganze Leben hindurch.«[268]

Im Lebenslaboratorium des 19. Jahrhunderts verfügte das Sehen von Zeit über größere Genauigkeit als jedes Zeit-Schreiben. Allerdings war die Chronoskopie ungleich komplizierter und abstrakter als die Chronographie. Für Helmholtz war das nicht gleichbedeutend damit, dass sie auch künstlicher war. Gerade aufgrund ihrer Künstlichkeit näherte sich die Chronoskopie dem lebendigen Vorgang der menschlichen Wahrnehmung an. So ist es am Ende auch dieser experimentelle Prozess, auf den uns die Helmholtz-Kurven zurückverweisen.

---

[267] Proust, *Die wiedergefundene Zeit*, S. 278.

[268] Hermann Helmholtz, *Handbuch der physiologischen Optik*, Leipzig 1867, S. 452.

Abbildungen

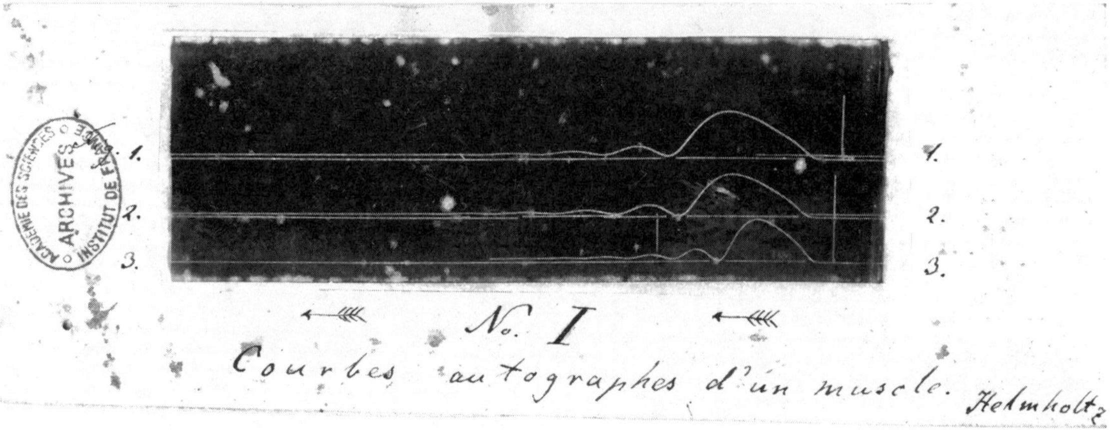

Abbildung 1: Helmholtz-Kurven Nr. I. »Autographische Kurven eines Muskels«. Es handelt sich um eine rechteckige, transparente Folie aus sogenanntem »Fischleim«, die auf einen Streifen aus weißem Karton aufgebracht wurde. Auf der Unterseite der Folie befindet sich der Abdruck von drei Kurvenzeichnungen. Diese Zeichnungen wurden durch ein zuckendes Nerv-Muskelpräparat vom Frosch über eine Stahlspitze auf einem rotierenden Glaszylinder hervorgebracht, dessen Oberfläche zuvor mit Ruß bedeckt worden war. Der Glaszylinder hatte einen Durchmesser von knapp 3 cm, war ursprünglich ein »Champagnerglas«. Die Pfeile unterhalb der Folie geben die ungewohnte »Leserichtung« an: Die Kontraktionsbewegung des Muskels ist von rechts nach links zu verfolgen.

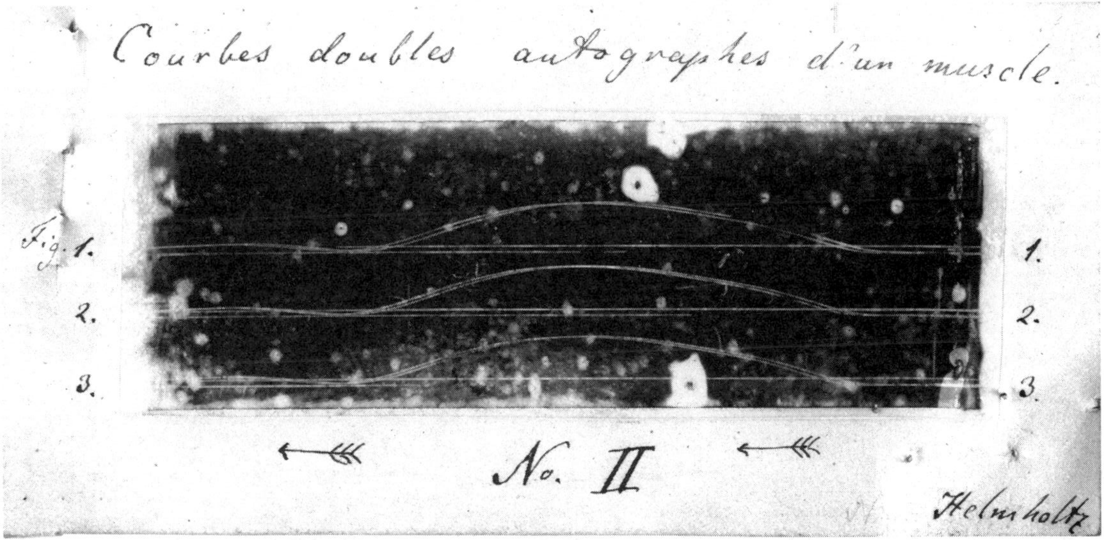

Abbildung 2: Helmholtz-Kurven Nr. II. »Autographische Doppelkurven eines Muskels«. Auf dieser Folie befindet sich der Abdruck von drei übereinander angeordneten Kurven, die jeweils doppelt gezeichnet wurden. Um diese »Doppelkurven« hervorzubringen, wurde jeweils die Stelle am Nerv variiert, von der aus das Muskelpräparat elektrisch gereizt wurde. Da alle anderen Variablen als konstant angesehen wurden, war davon auszugehen, von der minimalen seitlichen Verschiebung der Kurven gegeneinander auf die Zeit zurückschließen zu können, die die Reizung brauchte, um im Nerv von der einen Stelle zur anderen zu kommen.

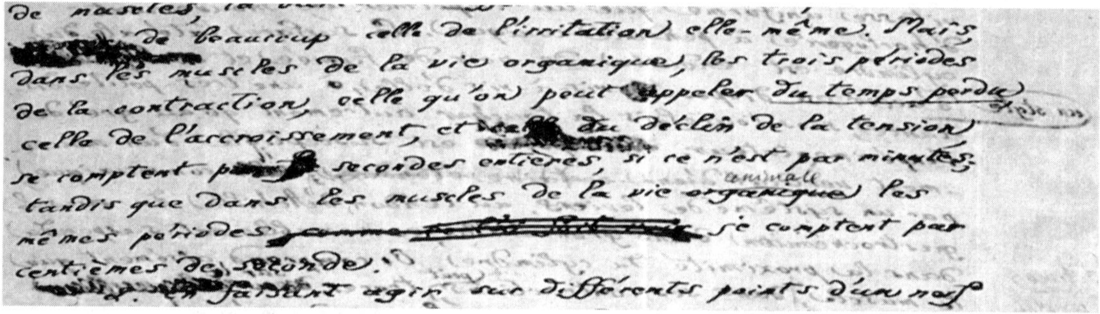

Abbildung 3: Im September 1850 schickte Helmholtz die beiden Folien mit den Kurvenzeichnungen an die Académie des Sciences in Paris und beschrieb in einer kurzen Mitteilung (»Deuxième Note«) seine neue Methode zur Aufzeichnung von Muskelbewegungen. Der französische Text für diese Mitteilung wurde von seinem Berliner Freund und Kollegen Emil du Bois-Reymond entworfen. In diesem Entwurf taucht der Ausdruck »temps perdu« auf. Durch Unterstreichung markiert, bezieht er sich auf die minimale Verzögerung zwischen der elektrischen Stimulation und der Kontraktion des Muskels, die erste Phase des insgesamt aufgezeichneten Prozesses: »...les trois périodes de la contraction, celle qu'on peut appeler du temps perdu, celle de l'accroissement, et celle du déclin de la tension...«.

Abbildung 4: Projektion eines schlagenden Forschherzens im abgedunkelten Hörsaal des Privat-Laboratoriums von Johann N. Czermak in Leipzig (1872). Seit den 1860er Jahren hatte sich der Purkinje-Schüler Czermak für einen physiologischen Anschauungsunterricht engagiert, der die Tatsachen der neuen Wissenschaft zu intensiver »Schaubarkeit« bringen sollte. Anfang der 1870er Jahre errichtete er in Leipzig aus eigenen Mitteln ein Labor, das über ein großes »Spektatorium« verfügte. Dieser ›Sehsaal‹ ermöglichte die Durchführung von physiologischen Demonstrationsversuchen vor etwa 500 Personen.

Abbildung 5: Projektions-Polygraph zum Gebrauch im Hörsaal (1868). Auch der französische Physiologe Etienne-Jules Marey bemühte sich frühzeitig, in seinen Vorlesungen ein »neues Bild des Lebens« zu präsentieren. Dabei benutzte Marey unter anderem Demonstrationsgeräte, mit denen Kurvenaufzeichnungen von physiologischen Phänomenen wie zum Beispiel dem Herzschlag annähernd in Realzeit projiziert werden konnten. Die Kurven konnten aus einer Entfernung von bis zu 15 Metern auf eine berußte Glasscheibe gekratzt werden, welche über einen Schieber durch eine Wunderlampe mit Projektionsobjektiv bewegt wurde und so ein entsprechend dynamisches Kurvenbild an die Wand projizierte.

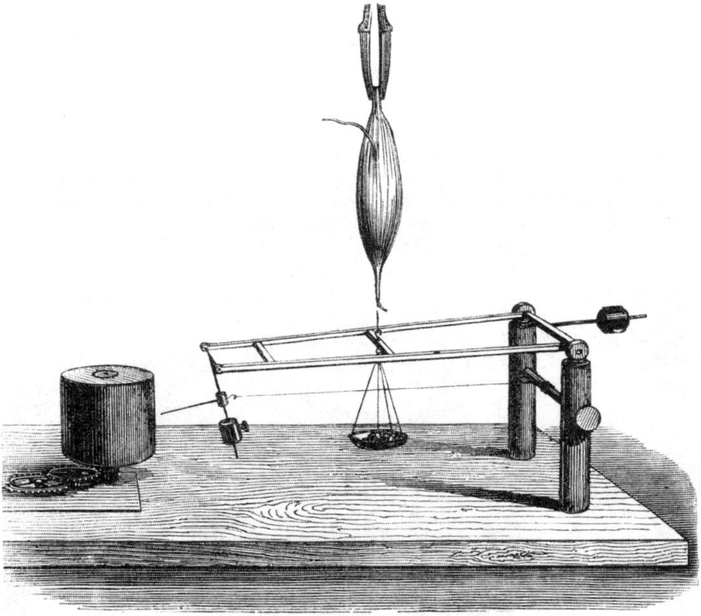

Abbildung 6: Mareys Darstellung des Muskelschreibers (»Myograph«) nach Helmholtz (1868). Diesem Instrument maß Marey besondere Bedeutung zu, denn allein in seinem Buch *Du mouvement dans les fonctions de la vie* reproduzierte er es dreimal in weitgehend identischer Form (S. 133, S. 224 und S. 417).
In der Mitte befindet sich ein Muskelpräparat vom Frosch, das oben von einer Zange gehalten wird. Von links reicht seitlich ein Draht in den Muskel herein, um diesen elektrisch reizen zu können. Unten am Muskelpräparat hängen ein Metallrahmen und ein Gewicht, um den Muskel zu straffen. Der Metallrahmen ist rechts an einer Achse befestigt ist, so dass er sich nach oben und unten bewegen kann. Links an ihm ist eine Stahlspitze angebracht, die bereit steht, auf den rotierenden und mit Ruß bedeckten Glaszylinder (ganz links) Muskelbewegungen aufzuzeichnen. Gegenüber der tatsächlich von Helmholtz verwendeten Vorrichtung ist das dargestellte Instrument allerdings stark vereinfacht (siehe auch Abb. 28).

Abbildung 7: Größenverhältnisse der graphischen Methode. Walter B. Cannon vor Kurvenaufzeichnungen im physiologischen Labor der Harvard Universität (1940). Nicht nur auf dem Papier vor Cannon, auch an der Tafel im Hintergrund sind Kurven zu sehen. Über dem Kopf des Physiologen steht dort »Observe«.
Bei dem Kymographen, den Cannon hier benutzt, handelt es sich um ein Gerät mit zwei Trommeln, die durch eine meterlange Papierschlaufe verbunden sind. Die Größe der einzelnen Trommel unterscheidet sich allerdings nur wenig von der, die in den 1880er Jahren üblich war. Marey arbeitete typischerweise mit Aufzeichnungszylindern von 25 cm in der Breite (oder Höhe) und 13 cm im Durchmesser. Der Glaszylinder von Helmholtz war dagegen nur ca. 3 cm hoch und maß 2,7 cm im Durchmesser.

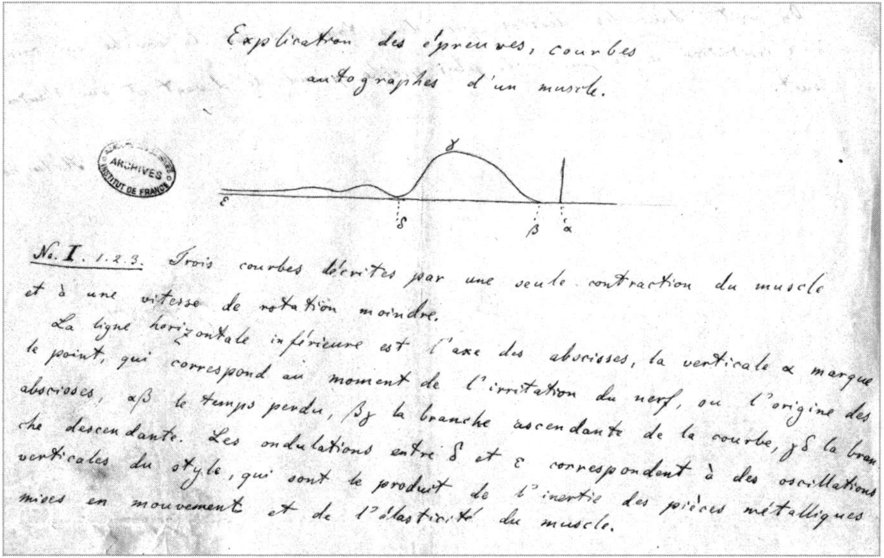
Explication des épreuves, courbes autographes d'un muscle.

ARCHIVES INSTITUT DE FRANCE

No. I. 1.2.3. Trois courbes décrites par une seule contraction du muscle et à une vitesse de rotation moindre.

La ligne horizontale inférieure est l'axe des abscisses, la verticale α marque le point, qui correspond au moment de l'irritation du nerf, ou l'origine des abscisses, αβ le temps perdu, βγ la branche ascendante de la courbe, γδ la branche descendante. Les ondulations entre δ et ε correspondent à des oscillations verticales du style, qui sont le produit de l'inertie des pièces métalliques mises en mouvement et de l'élasticité du muscle.

Abbildung 8: Einbindung der schematisch dargestellten Kurven Nr. I (siehe oben, Abb. 1) in das Begleitschreiben »Explication des épreuves« (1851). Zur Erklärung der Beispiele von Kurvenzeichnungen, die Helmholtz an die Académie des Sciences schickte, legte er einen einseitigen Text bei. In diesem Text werden die Kurven in idealisierter Form gezeigt. Mit Hilfe von griechischen Buchstaben werden einzelnen Phasen der Kontraktion unterschieden, die im Text näher erläutert werden. In dieser Zeichnung entspricht der Abstand zwischen α und β der *temps perdu*.

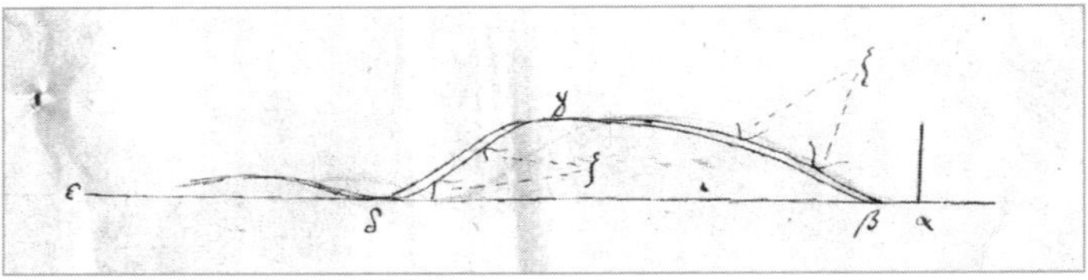

Abbildung 9: Schematische Darstellung der Kurven Nr. II (siehe oben, Abb. 2) in der »Explication des épreuves« (1851). Auch diese idealisierte Handzeichnung sollte dazu dienen, die aufgezeichneten Muskelkontraktionen besser »lesbar« zu machen. Der Zwischenraum zwischen den beiden nacheinander aufgezeichneten Kurven entspricht der Zeit, die eine Reizung von unterschiedlichen Stellen des Nervs aus durchlaufen muss. Mit dem Buchstaben ζ werden die von Helmholtz gesetzten Häkchen markiert, die zeigen, welche der beiden Kurven zuerst registriert wurde.

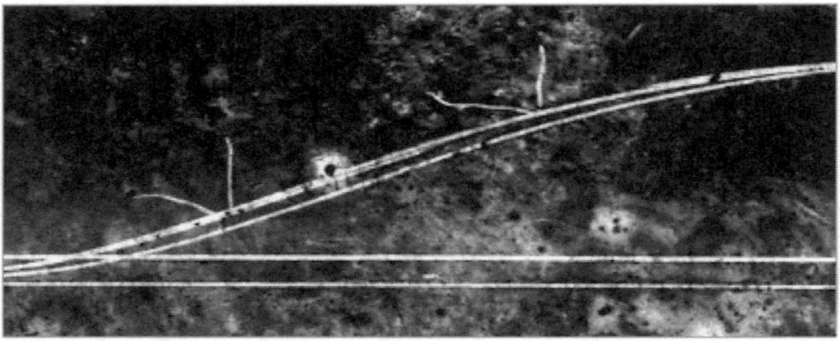

Abbildung 10: Ausschnittvergrößerung aus den Kurven Nr. II (siehe oben, Abb. 2). Es handelt sich um den links liegenden Teil der mittleren Doppelkurve (»Fig. 2«). Nicht erst Walter B. Cannon, schon Helmholtz zeichnete also direkt in seine maschinell aufgezeichneten Kurven. Deutlich sind hier die zwei Häkchen zu erkennen, die er mit Hilfe einer Starnadel auf der Glastrommel an der oberen Kurve angebracht hat, um die Reihenfolge ihrer Aufzeichnung festzuhalten.

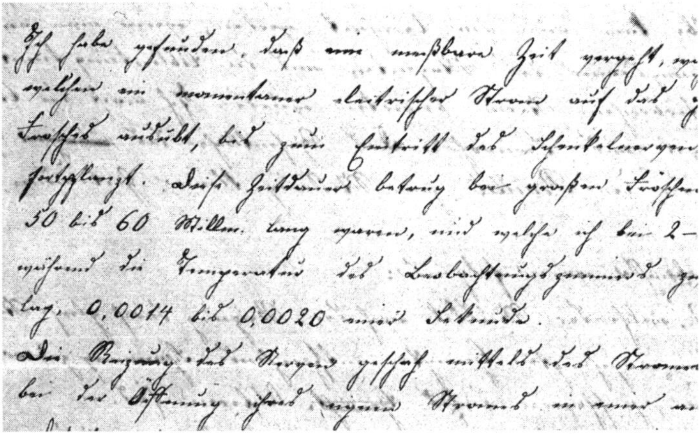

Abbildung 11: Ausschnitt aus der ersten Seite eines Manuskripts des »Vorläufigen Berichts« (1850). Helmholtz berichtet hier erstmals über die Ergebnisse der Messungen zur Fortpflanzungsgeschwindigkeit der Nervenreizung, die er mit Hilfe der Pouillet-Methode vorgenommen hatte. Geschrieben hat dieses Manuskript seine Ehefrau, Olga Helmholtz. Es beginnt: »Ich habe gefunden, daß eine meßbare Zeit vergeht...«

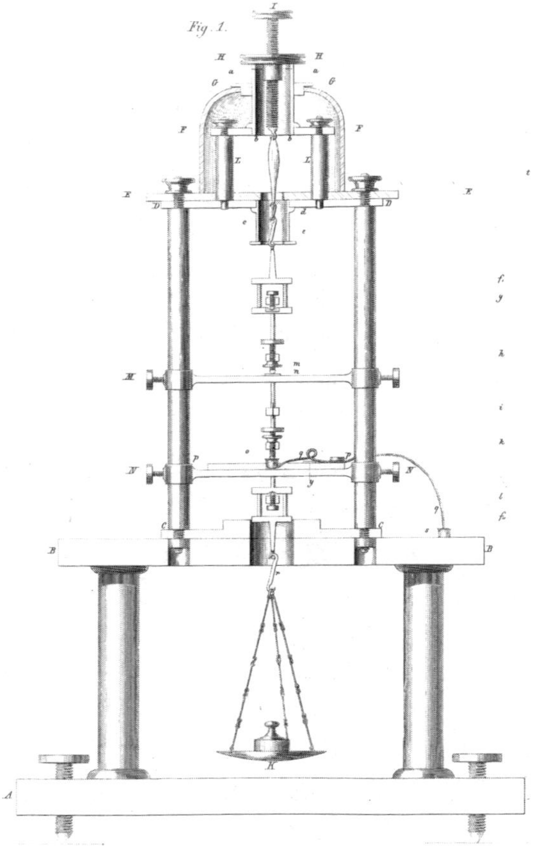

Abbildung 12: Froschgestell, Gesamtansicht (1850). In diesem Gestell brachte Helmholtz bei seinen experimentellen Zeitmessungen das Nerv-Muskelpräparat vom Frosch unter. Im Querschnitt ist erkennbar, dass das Gestell im Wesentlichen aus Brettern und Holzsäulen besteht. Das Muskelpräparat ist oben in eine Stellschraube eingehängt und wird durch eine Glasglocke von der Außenwelt abgeschirmt. Unten am Muskel hängt ein länglicher Stahlrahmen mit mehreren Kontakten und Stellschrauben, ganz unten ein Gewicht, um den Muskel zu spannen (zur näheren Erläuterung siehe Kap. 3).

Fig. 2.

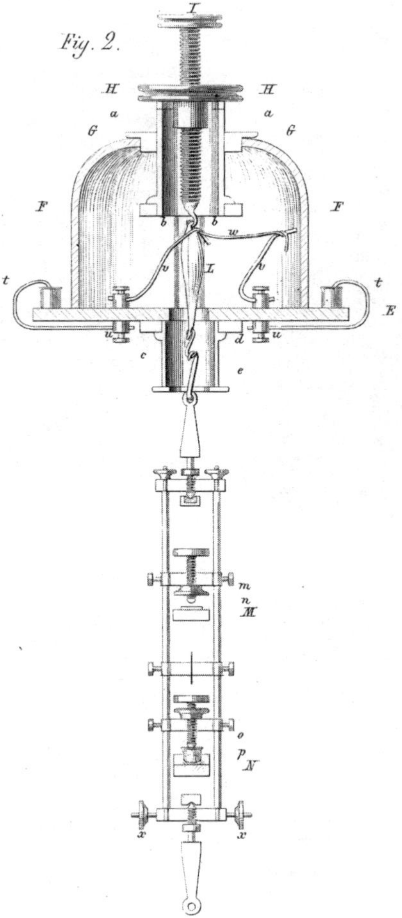

Abbildung 13: Froschgestell, Detailansicht von der Seite (1850). Unter der Glasglocke (F) befindet sich das Nerv-Muskelpräparat (L), das in die Stellschraube I eingehängt ist. Der oben am Muskel erkennbare Nerv (w) ist mit Kupferdrähten (v) verbunden. Unten am Muskel hängt der Stahlrahmen mit mehreren Kontakten und Stellschrauben, darunter die Quecksilberschnittstelle P und N, an der Helmholtz besonders lange gearbeitet hat (zur näheren Erläuterung siehe Kap. 3).

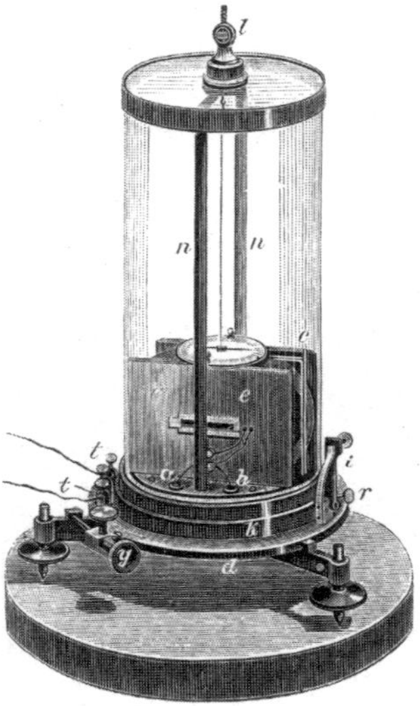

Abbildung 14: Galvanometer (1876). Die Abbildung zeigt einen Galvanometer für elektrophysiologische Präzisionsmessungen in der von du Bois-Reymond in den späten 1840er Jahren entwickelten Form.
Die wesentlichen Bestandteile befinden sich auch hier unter einer Glasglocke: die Spule mit den Drahtwindungen (a, b, c, e) sowie darüber der an einem Seidenfaden hängende Magnetstab. Auch Helmholtz setzte bei seinen Zeitmessungen einen solchen Strommesser ein. Es ist allerdings unklar, ob er dieses Instrument selber baute oder von einem Mechaniker anfertigen ließ.

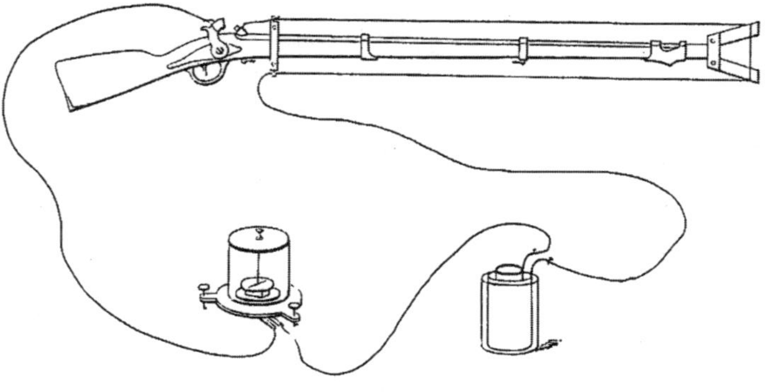

Abbildung 15: Anwendung der Pouillet-Methode zur Kurzzeitmessung in der Äußeren Ballistik (1852). Bei diesem Aufbau schloss das Abfeuern des Gewehrs den Stromkreis. Sobald die Kugel den über die Gewehrmündung gespannten Draht durchschlug, wurde der Stromkreis wieder unterbrochen. Ähnlich wie bei einem ballistischen Pendel konnte aus dem Ausschlagen der Galvanometernadel dann auf die verstrichene Zeit zurückgeschlossen werden.

Tab. I.

Abbildung 16: Beobachtungsraum von Gauß zur Durchführung von präzisen Messungen des Erdmagnetismus in Göttingen (1837). Im Zentrum steht der »Magnetometer«, ein langer Magnetstab, der an von der Decke herabkommenden Seidenfäden aufgehängt ist. Durch eine Holzkiste wird dieser Stab vor den Luftbewegungen in seiner Umgebung geschützt.
Zu festgelegten Zeitpunkten wird dann die Position des Magnetstabs genau bestimmt. Hierfür dient ein Fernrohr auf einem Stativ (vorne rechts). Es ist auf einen Spiegel ausgerichtet, der am vorderen Ende des Magnetstabs angebracht ist. Das Fernrohr ist so auf diesen Spiegel eingestellt, dass in ihm die Skala sichtbar wird, die unten am Stativ des Fernrohrs angebracht ist. Rechts neben dem Fernrohr steht eine Pendeluhr zur zeitlichen Koordinierung der Beobachtungen.

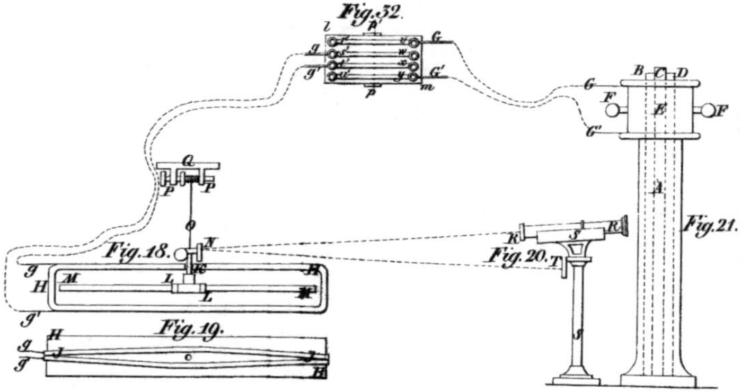

Abbildung 17: Bestandteile des Telegraphen nach Gauß und Weber in einer Darstellung von 1838. Das Empfangsgerät ist als Fig. 18 abgebildet. Es handelt sich um einen Magnetstab (M), der über einen Seidenfaden (O) an einer Stellschraube (Q) aufgehängt ist, die – ähnlich wie beim Magnetometer (siehe oben, Abb. 16) – an der Decke des Zimmers befestigt worden ist.
Durch Induktionsspulen (H) kann der Magnetstab (M) über das entfernt aufgestellte Sendegerät (Fig. 21), den Kommutator, nach rechts und links bewegt werden. Fig. 20 zeigt das auf einem Stativ angebracht Ablese-Fernrohr. Es ist auf einen Spiegel (N) ausgerichtet, der an der Mitte des Magnetstabes angebracht ist. In diesem Spiegel werden die Ausschläge des Stabes auf der Skala T beobachtet, die sich am Stativ des Fernrohrs befindet, und nach einem festgelegten Code in Nachrichten übersetzt.

B. Linker Muskel; Nervenstrecke 40 mm.; Ablenkung vorher 113,05, nachher 112,20, im Mittel 112,62.

No.	Ueberlastung.	Erhebungshöhe.	Differenz der Ausschläge bei Reizung der entfernteren Nervenstrecke.	Differenz der Ausschläge bei Reizung der näheren Nervenstrecke.
15	100	0,65	128,14	
16	—	0,70	133,40	
17	—	0,72		132,06
18	—	0,70		118,19
19	—	0,68	125,75	
20	—	0,68	119,80	
21	—	0,70		119,84
22	—	0,68		120,71
23	—	0,68	127,77	
24	—	0,68	133,53	
25	—	0,68		130,35
26	—	0,70		123,21
27	—	0,70	136,89	
28	—	0,75	129,28	
29	—	0,72		123,58
30	—	0,77		125,29
Mittel			129,25	124,15
Wahrscheinl. Fehler des Mittels .			± 1,15	± 1,09
Derselbe der einzelnen Beobachtung			± 3,258	± 3,097
Zeitdauer zwischen der Reizung und der Erhebung des Gewichts			0,03164	0,03039
Wahrscheinl. Fehler derselben .			± 0,00027	± 0,00026

Zeitunterschied wegen der Fortpflanzung: 0,00125 ± 0,00038
Fortpflanzungsgeschwindigkeit: 32,0 ± 9,7 Mt.

Abbildung 18: Reproduktion einer Seite aus Helmholtz, »Messungen über den zeitlichen Verlauf der Zuckung animalischer Muskeln und die Fortpflanzungsgeschwindigkeit der Reizung in den Nerven« (1850). In diesem 90-Seiten-Aufsatz beschrieb er ausführlich seine Anwendung der Pouillet-Methode zum Zweck der Kurzzeitmessung.
Tabellen wie diese dienten zur übersichtlichen Darstellung von Ergebnissen einzelner Versuchsreihen. In der ersten Spalte links steht die laufende Nummer der jeweiligen Versuchs, dann folgen Angaben zum Gewicht, das an den Muskel gehängt wurde, sowie zur Erhebungshöhe, die durch die Kontraktion erreicht wurde. In weiteren Spalten sind die abgelesenen Werte der Nadelausschläge am Galvanometer eingetragen. Unterhalb der Tabelle ist die Berechnung von Mittelwerten und wahrscheinlichen Fehlern aufgeführt.

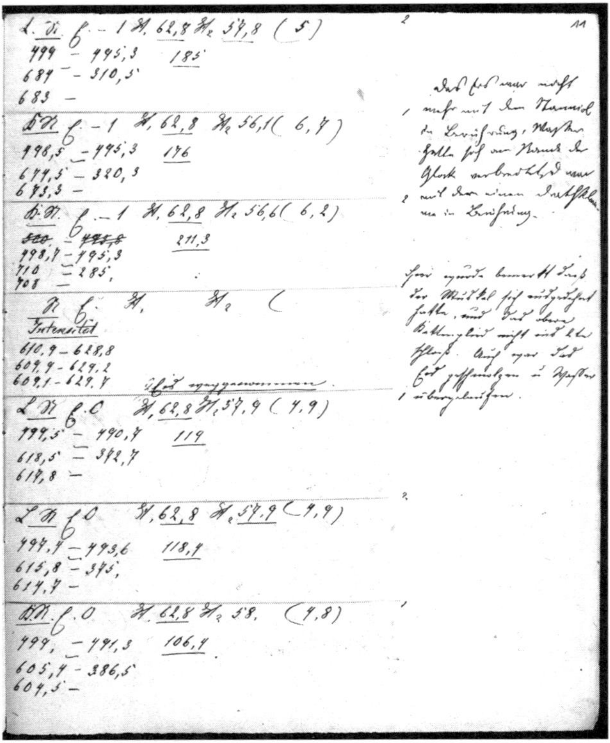

Abbildung 19: Reproduktion einer Seite aus dem Laborbuch, das Hermann und Olga Helmholtz im Zeitraum von März bis Juni 1850 gemeinsam geführt haben. Gegenstand dieses Laborbuchs sind experimentelle Zeitmessungen bei künstlich gekühltem Nerv. Der linke Bereich der Seite galt der Aufzeichnung der unterschiedlichen Zahlenwerte (Erhebungshöhe, Ausschlag der Galvanometernadel etc.). Rechts war Platz für erste Berechnungen und Kommentare. Zu einer Versuchsreihe vom 30. März 1850 schreibt Hermann (oben rechts): »Das Eis war nicht mehr mit dem Stanniol in Berührung, Wasser hatte sich am Bauch der [Glas-]Glocke verbreitet und war mit der einen Drathklammer [sic] in Berührung.«Unten ergänzt Olga: »Später wurde bemerkt, dass der Muskel sich ausgedehnt hatte und das obere Kettenglied nicht ins 2te schloß. Auch war das Eis geschmolzen und Wasser übergelaufen.«

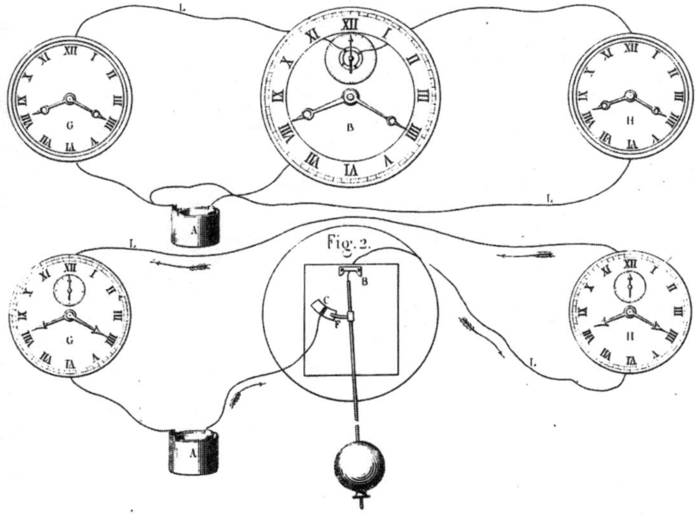

Abbildung 20: Darstellung eines Systems elektrischer Uhren (1852). Diese Abbildung aus dem Telegraphie-Handbuch des Abbé Moigno (2. Aufl.) orientiert sich an entsprechenden Einrichtungen von Alexander Bain. Sie zeigt den »Transmissionsmechanismus der Bewegung einer Uhr mit einer beliebigen Anzahl von Zifferblättern mit Zeigern.«
Im Zentrum steht die signalgebende Pendeluhr, links und rechts die von ihr gesteuerten Zifferblätter und Zeiger. A ist die Energiequelle, ein galvanisches Element. Die Rückansicht des gesamten Systems (unten) lässt erkennen, dass das Zeitsignal durch ein Pendel gegeben wird, mit dem ein Kontakt geschlossen und wieder geöffnet wird.

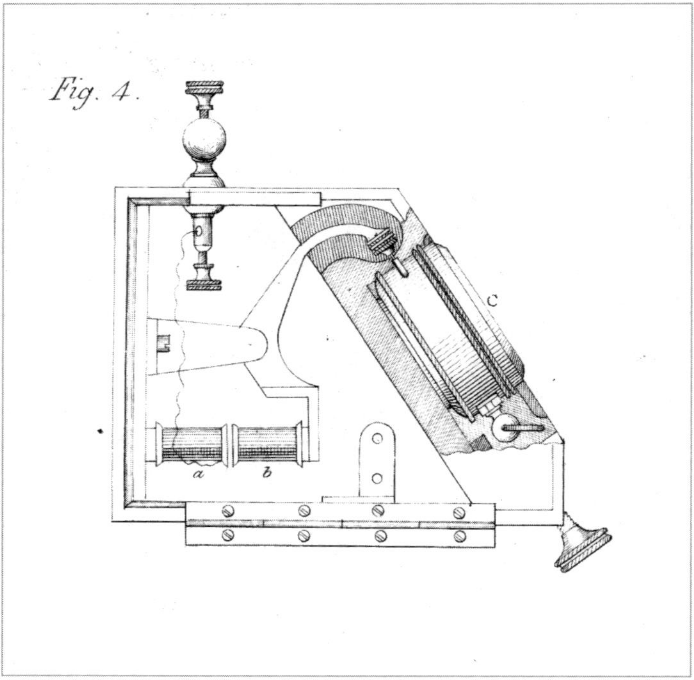

Abbildung 21: Darstellung des Chronometers von Breguet, den der italienische Physiker, Telegraphenexperte und Elektrophysiologe Carlo Matteucci bei seinen zeitmessenden Experimenten mit hängenden Muskelpräparaten vom Frosch verwendete (1847).
Ein Elektromagnet (a, b) steuert einen geschwungenen Arm oder Anker, der den Chronometer (c) in Gang setzt und wieder anhält. Der Chronometer ist hier von oben zu sehen. Weitergehende Erläuterungen finden sich im zugehörigen Text von Matteucci nicht.

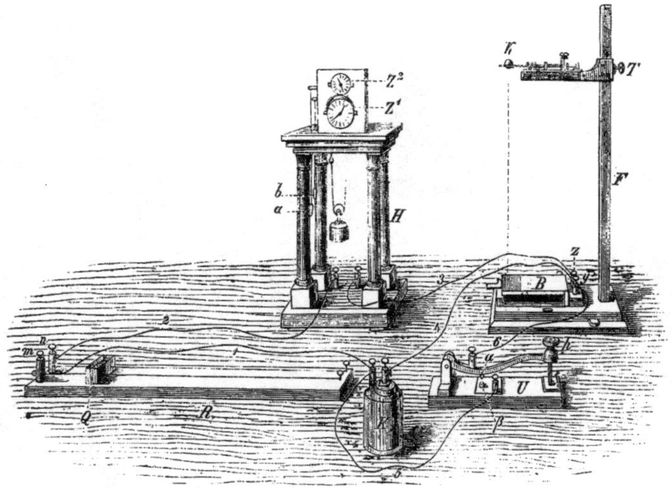

Abbildung 22: Reaktionsversuch mit Chronoskop von Hipp (1874). Diese Darstellung gibt die Anordnung an, die in den frühen 1860er Jahren durch den Neuenburger Sternwartendirektor und Zeitdienstleister Adolphe Hirsch eingeführt worden war. Sie bestand aus einem Chronoskop nach Hipp (H), einem Fallapparat (F), einem Telegraphentaster (U), einem galvanischen Element (K) und einem Rheochord (R).
Die Versuchsperson war aufgefordert, auf das Geräusch zu reagieren, das durch den Aufschlag der fallenden Stahlkugel (k) auf den Fuß des Fallapparats entstand. Unter dort dem angebrachten Brett (B) befand sich ein elektrischer Kontakt, so dass der mechanische Druck auf das Brett das Chronoskop in Gang setzte. Die Versuchsperson reagierte durch Loslassen des gedrückt gehaltenen Telegraphentasters. Dadurch wurde das Chronoskop gestoppt. Die gemessene Zeit wurde von Wundt und anderen Psychologen später als »einfache Reaktionszeit« bezeichnet.

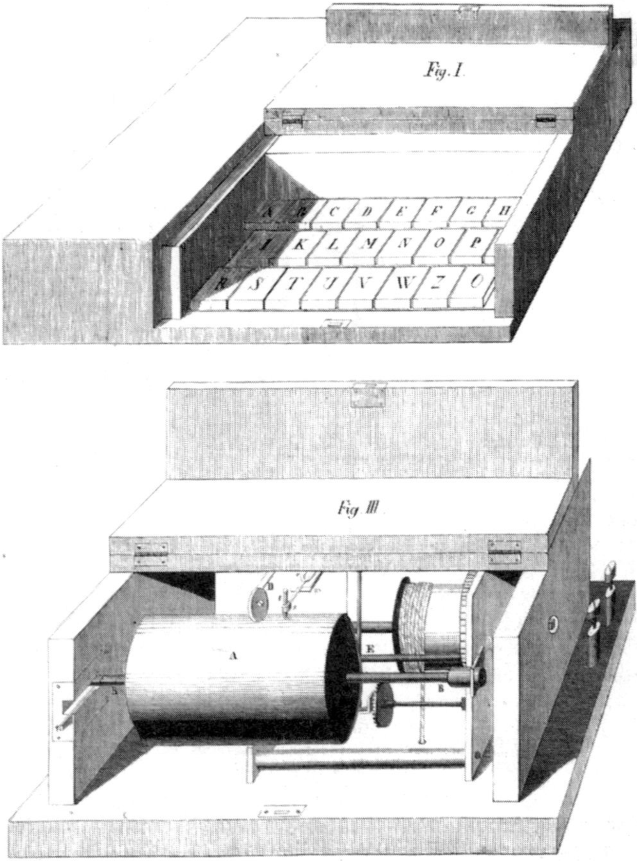

Abbildung 23: Zwei Ansichten des von Hipp nach »amerikanischem Vorbild« entwickelten Schreibtelegraphen (1852). Oben: Tastatur zur Übermittlung von 24 Buchstaben. Unten: Aufzeichnungstrommel, die durch den Chronoskop-Mechanismus angetrieben wurde.
Entscheidend für das Funktionieren des Geräts war die »außerordentliche Gleichmäßigkeit des Ganges bei dem Uhrwerke sowohl im Schreib- wie im Zeigerapparat«. Hipp erreichte sie durch Rückgriff auf die Präzisionsmechanik seines Chronoskops.

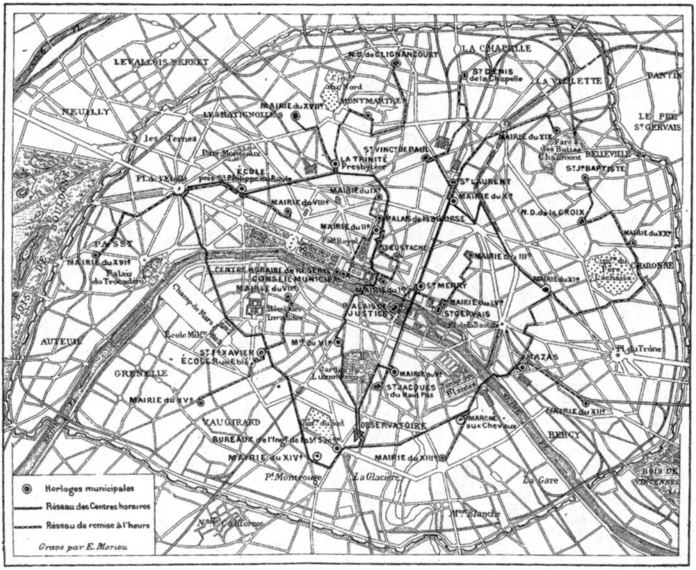

Abbildung 24: Kartenübersicht zur Verteilung der Zeit in öffentlichen Raum der Stadt Paris (1881). Die Stadt Paris richtete 1880 ein großflächig verteiltes System elektrischer Uhren ein. Ausgehend von der Sternwarte wurden Rathäuser und Schulen verschiedener Arrondissements mit telegraphischen Zeitsignalen versorgt.

Die Karte zeigt zwei Stromkreise: einen östlichen, der unter anderem die Rathäuser des 6. und des 12. Arrondissements miteinander verband; und einen westlichen, der die Rathäuser des 5., des 10. und des 11. Arrondissements sowie das *Hôtel de Ville* mit Zeit versorgte. Insgesamt weist die Karte mehr als 30 Standorte von städtischen Uhren aus.

Abbildung 25: Pneumatisch betriebene öffentliche Uhr in Paris, Place de la Madeleine, unweit von Prousts Wohnung am Boulevard Haussmann (1880).

Ebenfalls Anfang der 1880er Jahre wurde in Paris ein privat betriebenes System pneumatischer Uhren eingerichtet. Vorbild dafür war ein entsprechendes System, das in der Stadt Wien erfolgreich funktionierte. In Paris wurde die Pressluft teils durch neu verlegte Röhren, teils durch bereits vorhandene (das öffentliche Rohrpostsystem war seit 1879 in Betrieb) im städtischen Raum verteilt. Mit dieser Luft wurden die angeschlossenen Uhren in öffentlichen und privaten Räumen gesteuert.

Abbildung 26: Zentrale des *théâtrophone* in Paris (1892). Seit den 1890er Jahren wurde in Paris ein Service angeboten, der es ermöglichte, Theateraufführungen und Konzerte via Telephon in der eigenen Wohnung zu verfolgen. Seit 1913 war Proust Abonnent des »Theatrophons«.

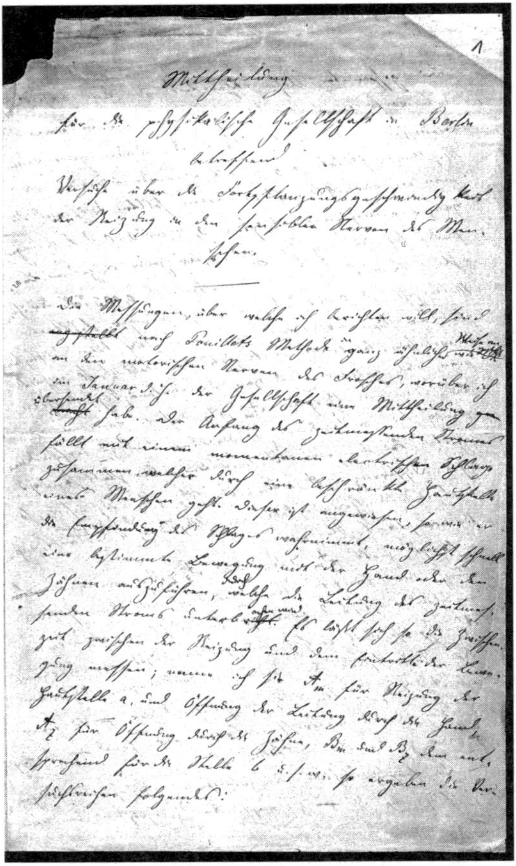
1

Mittheilung
für die physikalische Gesellschaft in Berlin
betreffend
Versuche über die Fortpflanzungsgeschwindigkeit der Reizung in den sensiblen Nerven des Menschen.

Die Messungen, über welche ich berichten will, sind

Abbildung 27: Erste Seite von Helmholtz' »Mittheilung/für die physikalische Gesellschaft in Berlin/betreffend/Versuche über die Fortpflanzungsgeschwindigkeit/der Reizung in den sensiblen Nerven des Men/schen«. Am 15. Dezember 1850 unterzeichnete Helmholtz diese Mitteilung, in der er erstmals genauere Angaben zu seine Zeitexperimenten an Menschen machte: »Die Messungen, über welche ich berichten will, sind nach Pouillets Methode in ganz ähnlicher Weise angestellt wie die an den motorischen Nerven des Frosches...«

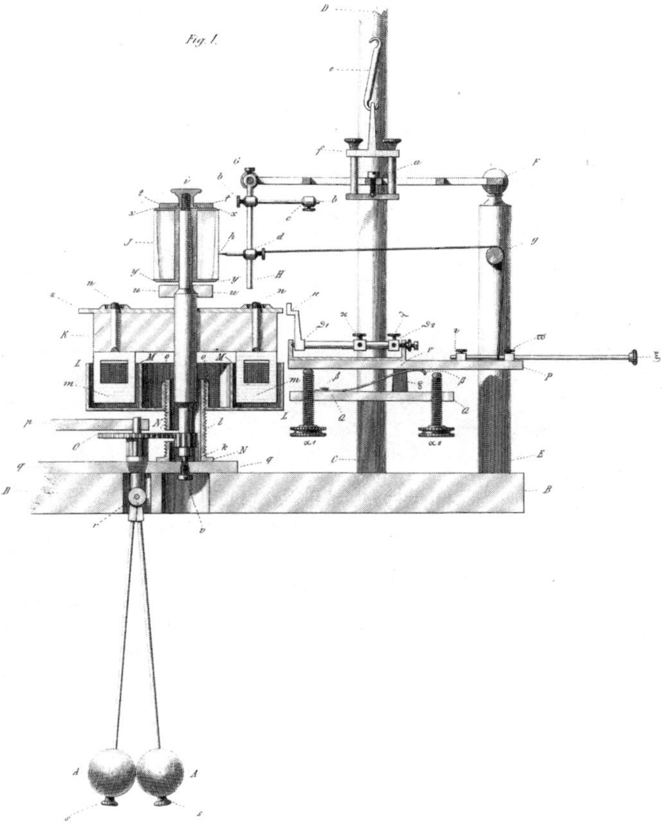

Abbildung 28: Darstellung zentraler Bestandteile von Helmholtz' Kurvenzeichenmaschine (1852). Im Mittelpunkt stehen Glaszylinder, Stahlspitze und Metallrahmen – eine detaillierte Seitenansicht des später auch bei Marey abgebildeten Myographen (siehe oben, Abb. 6).
Im Unterschied zur Darstellung von Marey sind in dieser Zeichnung unterhalb der Aufzeichnungstrommel das Schwungrad (schraffiert) und das Kegelpendel abgebildet, die die Gleichmäßigkeit der Trommeldrehungen gewährleisten sollen. Gut erkennbar ist auch der »Daumen« am Schwungrad (links), der die Kontraktionen des Froschmuskels auslöst. Demgegenüber fehlen in dieser Darstellung das Nerv-Muskelpräparat sowie das entsprechende Aufhängungsgestell.

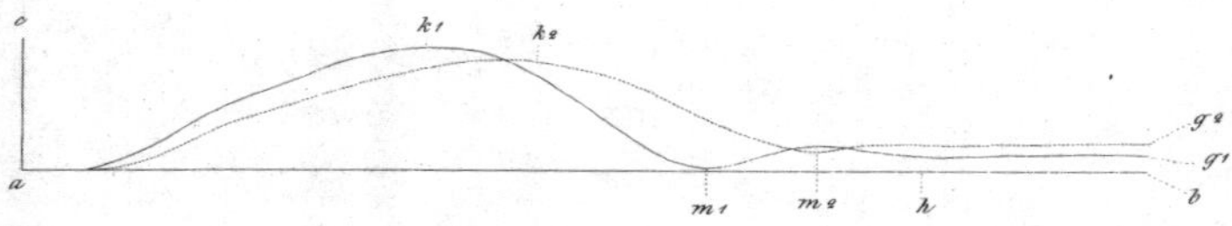

Abbildung 29: Nicht kongruente Doppelkurve von ermüdetem Nerv-Muskelpräparat (1852). In seinem Aufsatz von 1852, den »Messungen (Zweite Reihe)«, druckt Helmholtz erstmals die »Doppelkurven« ab, die er zur Verdeutlichung seiner Zeitexperimente hergestellt hatte.
Das Prinzip dieser Doppelkurven ist immer gleich (siehe oben, Abb. 1 und 2, sowie unten, Abb. 30 und 31): Gezeigt werden zwei aufeinanderfolgenden Kontraktionen eines Nerv-Muskelpräparats vom Frosch, wobei im zweiten Versuch jeweils die Stelle am Nerv variiert wurde, von der aus die elektrische Reizung des Muskelpräparats stattfand. Helmholtz ging davon aus, dass alle anderen Variablen konstant blieben, so dass von der minimalen seitlichen Verschiebung der Kurven gegeneinander auf die Zeit zurückgeschlossen werden konnte, die die Reizung brauchte, um im Nerv von einer Stelle zur anderen zu kommen. In dieser ersten Abbildung führt er vor Augen, wie diese Bedingung verletzt wird, wenn das Präparat vorzeitig ermüdet: der Kurvenverlauf ist nicht kongruent.

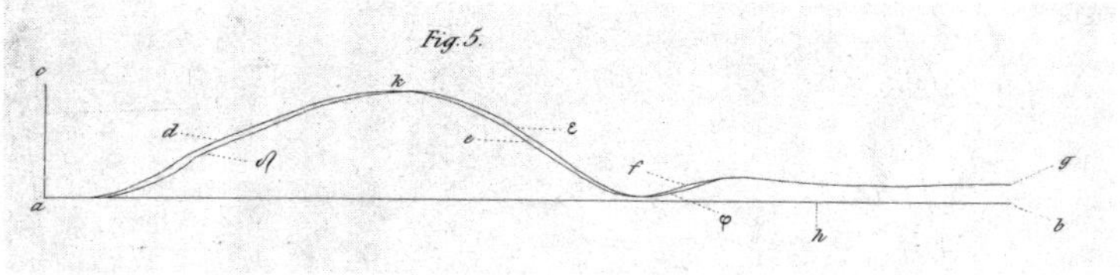

Abbildung 30: Kongruente Doppelkurven, die sich nur aufgrund der Reizung unterschiedlicher Nervenstellen horizontal gegeneinander verschoben haben (1852).
Idealerweise sollte die Aufzeichnung der Doppelkurven so aussehen. Beim Arbeiten mit frischen Präparaten war es möglich, weitgehend kongruente Kurven zu erhalten, deren Zwischenraum dementsprechend als Abbild eines Zeitunterschieds verstanden werden konnte.

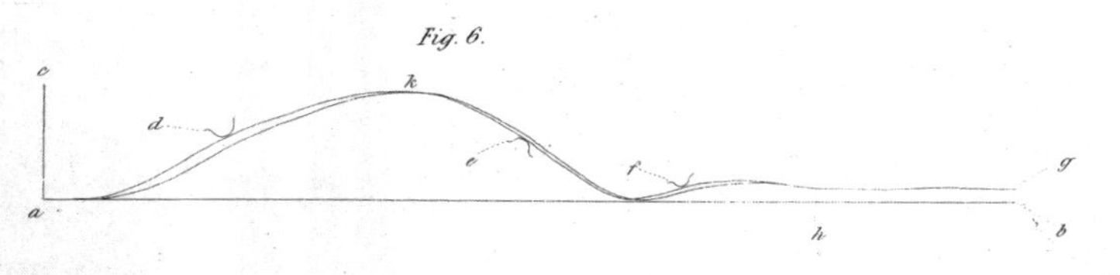

Abbildung 31: Kongruente Doppelkurve, bei der mit Häkchen gekennzeichnet ist, ob der Muskel zuerst von der entfernteren oder von der näheren Nervenstelle aus gereizt wurde (1852).
Mit diesen Markierungen verdeutlichte Helmholtz, dass der Zeitunterschied nicht davon abhängt, welche Nervenstelle zuerst gereizt wird.

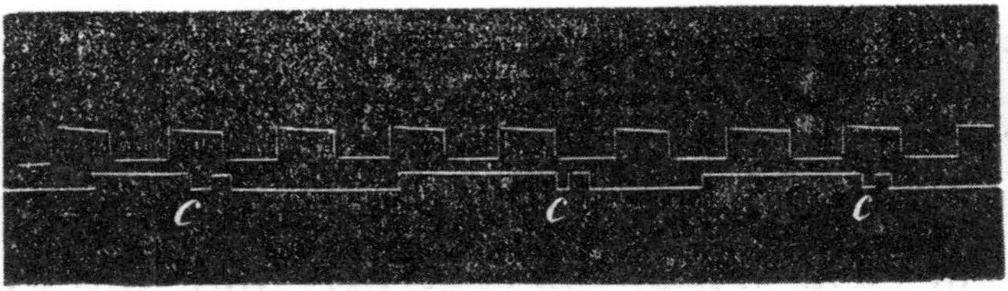

Abbildung 32: Kurvenaufzeichnung zum Zweck der Zeitmessung (1864). Neben Adolphe Hirsch war der Helmholtz-Schüler Rudolf Schelske einer der ersten, der die Versuche zur Fortpflanzungsgeschwindigkeit der Nervenreizung am Menschen wiederholte. Schelske bediente sich dabei der »graphischen Methode«, wie er sagt. Sie bestand darin, Reiz und Reaktion parallel zu Zeitsignalen auf einer Trommel zu registrieren.
Die obere Kurve ist die Aufzeichnung eines qua Metronom gegebenen Sekundensignals, das mit Hilfe eines Mikroskops in Bruchteile einer Sekunde unterteilt werden konnte. Die untere Kurve zeigt die Zeitdauer zwischen dem dargebotenen Reiz (c) und der registrierten Reaktion sowie, im Anschluss daran, die Vorbereitung des folgenden Versuchs, der beim nächsten »c« beginnt.

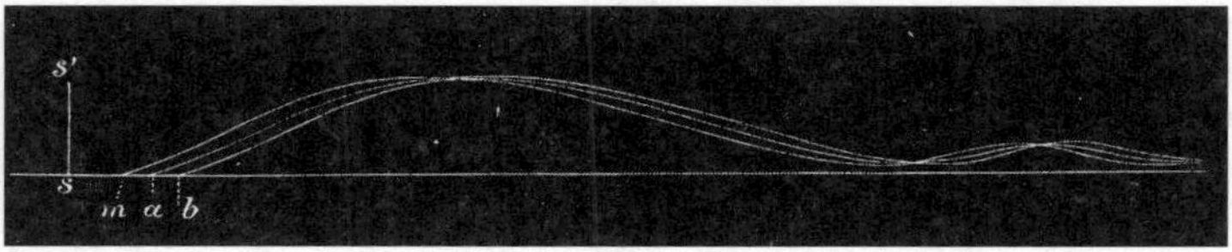

Abbildung 33: Abbildung einer Variante der Helmholtz-Kurven bei Marey (1868).

»Darstellung nach Helmholtz: Aufeinanderfolgende Verspätung von Muskelzuckungen, abhängig von der Stelle an der die Reizung stattfand. – *s,* elektrische Reizung. – *m*, Zuckung eines direkt gereizten Muskels. – *a*, Zuckung, die durch die Reizung des Nervs nah am Muskel hervorgebracht wurde. – *b*, Zuckung, die durch eine Reizung des Nervs an vom Muskel entfernter Stelle hervorgebracht wurde.«

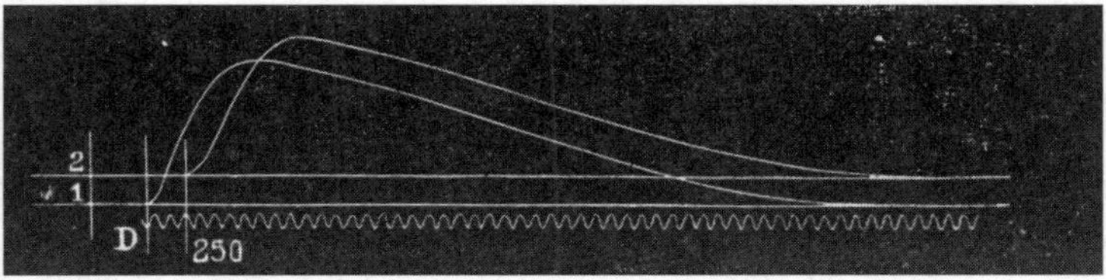

Abbildung 34: »Messung der Geschwindigkeit des Nervenprinzips« nach Marey (1878).

Zwei Kurven von Froschmuskelkontraktionen, die durch Reizungen an unterschiedlichen Stellen des Nervs hervorgebracht wurden, werden unten von einer Stimmgabelkurve begleitet, die 250 Schwingungen pro Sekunde macht. Die *temps perdu* erscheint hier als besonders deutlich markiert, denn die Zeitmessungen setzen erst nach ihrem Verstreichen, am Punkt D ein.

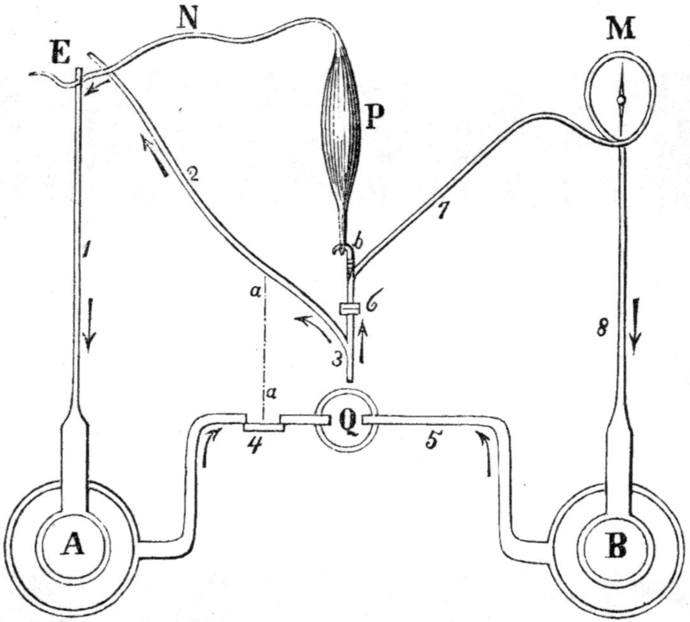

Abbildung 35: Ludwigs Darstellung des von Helmholtz benutzten Versuchsaufbaus zur präzisen Messung der Fortpflanzungsgeschwindigkeit der Nervenreizung (1852).

Mit diesem Schema rekonstruiert Carl Ludwig in seinem Handbuch der Physiologie des Menschen den Gebrauch, den Helmholtz in seinen Zeitexperimenten von der Pouillet-Methode gemacht hat. A und B sind die galvanischen Elemente, M die Nadel eines Galvanometers, P ein Froschmuskel, E N der zugehörige Nerv. Die Ziffern 1 bis 8 bezeichnen leitende Drähte, a und b isolierende Stäbchen, Q ist das Quecksilbernäpfchen, das die dauerhafte Schließung eines Kontakts erlaubt. Die Zeitmessungen werden ausgeführt, indem die Position des Drahtes 2 auf dem Nerv E N variiert wird: von der jetzigen Stelle zu einer Stelle, die näher am Muskel liegt. Durch den Vergleich der dabei gemessenen Zeiten und die Berücksichtigung der Strecke zwischen den beiden Nervenstellen lässt sich auf die Fortpflanzungsgeschwindigkeit der Reizung im Nerv zurückschließen.

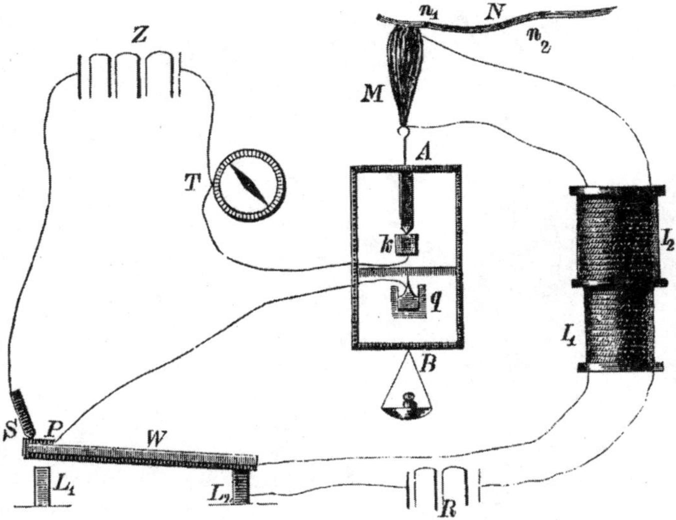

Abbildung 36: Kuhns Darstellung des von Helmholtz benutzten Versuchsaufbau zur präzisen Messung der Fortpflanzungsgeschwindigkeit der Nervenreizung (1866).
Dieses Schema aus einem Handbuch der Elektrizitätslehre sollte den Gebrauch veranschaulichen, den Helmholtz von Pouillets Methode zur Vermessung der Fortpflanzungsgeschwindigkeit von Reizen in Froschnerven machte. Der Aufbau kombinierte demnach zwei Stromkreise. Im ersten konnte durch die Batterie R, die mit den Induktionsspulen I1 und I2 verbunden war, das Nervenmuskelpräparat N/M gereizt werden. Der zweite Stromkreis verband den Galvanometer T mit der Batterie Z. Der Schalter S/P erlaubte es, die beiden Kreise zur selben Zeit zu schließen. Die Anordnung im Metallrahmen A stellte sicher, dass nach der Kontraktion des Froschmuskels der zeitmessende Strom dauerhaft unterbrochen wurde. Durch Anbringen einer Elektrode an verschiedenen Punkten des Nervs (n1, n2) konnte Helmholtz die Zeit erschließen, die der Nerv für die Leitung des Reizes brauchte.

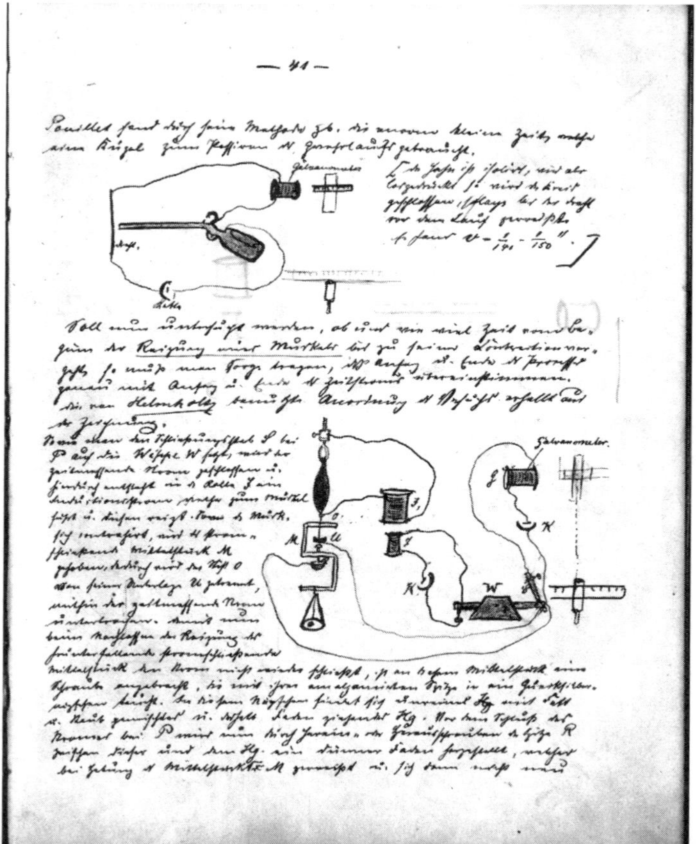

Abbildung 37: Darstellung des ballistischen Galvanometers nach Pouillet und der entsprechenden Versuchsaufbauten von Helmholtz in einer Mitschrift der Physiologie-Vorlesungen von du Bois–Reymond (1880/81). Diese Darstellung von Ernst Baege ist eine der ganz wenigen, auf der (am rechten Rand) der Gebrauch eines Ablese-Fernrohrs angedeutet ist.

Abbildungsnachweise

Abb. 1 und 2: © »Académie des Sciences – Institut de France«, Paris, Protokoll der Sitzung vom 1. September 1851.

Abb. 3: Archiv der Berlin-Brandenburgischen Akademie der Wissenschaften, Berlin. NL Helmholtz, 526, »Deuxième Note sur la vitesse de propagation de l' agent nerveux«, S. 1.

Abb. 4: Anonymus, »Czermak's physiologisches Privatlaboratorium und Amphitheater in Leipzig«, *Illustrirte Zeitung* 1556 (1873): 305-307, auf S. 305.

Abb. 5: Etienne-Jules Marey, *Du mouvement dans les fonctions de la vie. Leçons faites au Collège de France*, Paris 1868, S. 190.

Abb. 6: Ebd., S. 224.

Abb. 7: John Parascandola, Toby A. Appel und Daniel L. Gilbert (Hrsg.), *A Century of American Physiology. Based on an Exhibit Commemorating the Centennial of the American Physiological Society at the National Library of Medicine, February-April, 1987*, Ausstellungskatalog, Bethesda, MD 1987, Umschlagseite 1.

Abb. 8, 9 und 10: © »Académie des Sciences – Institut de France«, Paris, Protokoll der Sitzung vom 1. September 1851.

Abb. 11: Archiv der Berlin-Brandenburgischen Akademie der Wissenschaften, Berlin. NL Helmholtz 541, »Vorläufiger Bericht über die Fortpflanzungsgeschwindigkeit der Nerventhätigkeit«, S. 1.

Abb. 12 und 13: Hermann Helmholtz, »Messungen über den zeitlichen Verlauf der Zuckung animalischer Muskeln und die Fortpflanzungsgeschwindigkeit der Reizung in den Nerven«, *Archiv für Anatomie, Physiologie und wissenschaftliche Medicin* (1850): 276-364, Tafel.

Abb. 14: Elie de Cyon, *Atlas zur Methodik der Physiologischen Experimente und Vivisectionen*, Giessen / St. Petersburg 1876, Tafel XLIV.

Abb. 15: François Moigno, *Traité de télégraphie électrique, comprenant son histoire, sa théorie, ses appareils, sa pratique, son avenir, sa législation*, 2. Aufl., Paris 1852, Tafel XIII.

Abb. 16: Carl Friedrich Gauß und Wilhelm Weber (Hrsg.), *Resultate aus den Beobachtungen des magnetischen Vereins im Jahre 1836*, Göttingen 1837, Tafel I.

Abb. 17: Julius Hülsse, »Anwendung des Elektromagnetismus auf Telegraphie«, *Polytechnisches Zentralblatt* 4/1 (1838): 481-496, Tafel V.

Abb. 18: Hermann Helmholtz, »Messungen über den zeitlichen Verlauf der Zuckung animalischer Muskeln und die Fortpflanzungsgeschwindigkeit der Reizung in den Nerven«, *Archiv für Anatomie, Physiologie und wissenschaftliche Medicin* (1850): 276-364, auf S. 342.

Abb. 19: Archiv der Berlin-Brandenburgischen Akademie der Wissenschaften, Berlin. NL Helmholtz 547, [Laborbuch], S. 11.

Abb. 20: François Moigno, *Traité de télégraphie électrique, comprenant son histoire, sa théorie, ses appareils, sa pratique, son avenir, sa législation*, 2. Aufl., Paris 1852, Tafel XIX.

Abb. 21: Carlo Matteucci, »Electro-Physiological Researches. Seventh and Last Series. Upon the Relation between the Intensity of the Electric Current, and That of the Corresponding Physiological Effect«, *Philosophical Transactions of the Royal Society London* 137 (1847): 243-248, Tafel.

Abb. 22: Wilhelm Wundt, *Grundzüge der physiologischen Psychologie*, Leipzig 1874, S. 770.

Abb. 23: Anonymus, »Der neue Buchstaben-Schreibtelegraph des Mechanikus Mathias Hipp aus Reutlingen in Württemberg«, *Illustrirte Zeitung* 17: 491-492, auf S. 492.

Abb. 24: Alfred Niaudet, »L'unification de l'heure à Paris«, *La Nature* 9 (1881): 99-102, auf S. 101.

Abb. 25: Edouard Hospitalier, »Les horloges pneumatiques: La distribution de l'heure à domicile«, *La Nature* 8 (1880): 407-409, auf S. 409.

Abb. 26: Georges Mareschal, »Le théâtrophone«, *La Nature* 20 (1892): 55-58, auf S. 57.

Abb. 27: Archiv der Berlin-Brandenburgischen Akademie der Wissenschaften, Berlin. NL Helmholtz 540, »Versuche über die Fortpflanzungsgeschwindigkeit der Reizung in den sensiblen Nerven des Menschen (Mitth. Physik. Gesellschaft Berlin)«, S. 1.

Abb. 28 bis 31: Hermann Helmholtz, »Messungen über Fortpflanzungsgeschwindigkeit der Reizung in den Nerven«, *Archiv für Anatomie, Physiologie und wissenschaftliche Medicin* (1852): 199-216, Tafel.

Abb. 32: Rudolf Schelske, »Neue Messungen der Fortpflanzungsgeschwindigkeit des Reizes in den menschlichen Nerven«, *Archiv für Anatomie, Physiologie und wissenschaftliche Medicin* (1864): 151-173, auf S. 161 (Fig. 5).

Abb. 33: Étienne-Jules Marey, *Du mouvement dans les fonctions de la vie. Leçons faites au Collège de France*. Paris 1868, S. 418.

Abb. 34: Étienne-Jules Marey, *La méthode graphique dans les sciences expérimentales et principalement en physiologie et en médecine*, Paris 1878, S. 147.

Abb. 35: Carl Ludwig, *Lehrbuch der Physiologie des Menschen*, Bd. I, Heidelberg 1852, S. 115.

Abb. 36: Carl Kuhn, *Handbuch der angewandten Elektricitätslehre, mit besonderer Berücksichtigung der theoretischen Grundlagen*, Leipzig 1866, S. 1193.

Abb. 37: Ernst Baege, *Physiologie. Prof. Du Bois-Reymond, II. Theil W.S. 1881/82*, Bd. 2, S. 41. Humboldt Universität zu Berlin, Zentralbibliothek, Hist. Buchbestände, Hdschr. Koll. 310:2.

Die Abbildungen 3, 5, 6, 11-14, 18, 19, 22, 23 und 27-35 lassen sich auch im Internet unter vlp.mpiwg-berlin.mpg.de/library/images finden (Stand Dezember 2009).

Zeittafel

1842

Helmholtz, *De fabrica systematis nervosi evertebratorum*. Berlin.

1843

Helmholtz, »Ueber das Wesen der Fäulnis und Gärung«, *Archiv für Anatomie, Physiologie und wissenschaftliche Medicin*: 453-462.

Du Bois-Reymond, »Vorläufiger Abriss einer Untersuchung über den sogenannten Froschstrom und über die elektromotorischen Fische«, *Annalen der Physik und Chemie* 58: 1-30.

1844

23. Dezember. Pouillet teilt der Académie des Sciences in Paris mit, wie man mit Hilfe eines Galvanometers »äusserst kurze Zeiträume« messen kann.

1845

Helmholtz, »Ueber den Stoffverbrauch bei der Muskelaction«, *Archiv für Anatomie, Physiologie und wissenschaftliche Medicin*: 72-83.

14. Januar. Gründung der Physikalischen Gesellschaft zu Berlin. Gründungsmitglieder waren Wilhelm Beetz, Emil du Bois-Reymond, Ernst Brücke, Wilhelm Heintz, Gustav Karsten und Hermann Knoblauch.

20. Januar. In Reaktion auf die Mitteilung von Pouillet stellt Breguet der Académie des Sciences in Paris seinen zusammen mit Konstantinoff entwickelten »Apparat zur Messung der Geschwindigkeit von Projektilen an unterschiedlichen Punkten ihrer Flugbahn« vor.

7. März. Du Bois-Reymond regt in einer Sitzung der Physikalischen Gesellschaft in Berlin an, die Pouillet-Methode auf die Erforschung der Muskel- und Nervenaktivität anzuwenden.

14. April. In der Académie des Sciences in Paris wird ein Brief von Matteucci an Alexander von Humboldt über »neue Untersuchungen zum Froschstrom« verlesen.

20. Mai. Du Bois-Reymond entwirft einen Brief an von Humboldt, in dem er Prioritätsrechte gegen Matteucci für sich beansprucht, sendet den Brief allerdings nicht ab.

26. Mai. Charles Wheatstone berichtet vor der Akademie in Paris über elektromagnetische Chronoskope und bezichtigt Breguet (und Konstantinoff) des Plagiats.

3. Oktober. Werner Siemens schaltet sich in die Pouillet-Breguet-Wheatstone-Debatte ein. Vor der Physikalischen Gesellschaft in Berlin hält er den Vortrag »Ueber die Anwendung des elektrischen Funkens zur Geschwindigkeitsmessung«, in dem er die Priorität in Sachen elektromagnetisch basierte Kurzeitmessung für die Preußische Artillerie-Prüfungskommission reklamiert.

1846

Helmholtz, »Wärme (physiologisch)«, in *Encyklopädisches Handwörterbuch der medicinischen Wissenschaften*, Berlin, S. 523-567.

12. Dezember. In Marburg benutzt Carl Ludwig einen Kymographen, um Zirkulations- und Atmungsbewegungen bei Pferden und Hunden in Form von Kurven aufzuzeichnen (»erstes Stammeln des Herzens und des Blutes«).

1847

Helmholtz, *Ueber die Erhaltung der Kraft. Eine physikalische Abhandlung*, Berlin.

Ludwig, »Beiträge zur Kenntniss des Einflusses der Respirationsbewegungen auf den Blutlauf im Aortensysteme«, *Archiv für Anatomie, Physiologie und wissenschaftliche Medicin*: 240-302

10. Juni. Michael Faraday verliest vor der Royal Society in London eine Mitteilung von Matteucci, in dem dieser über Experimente zur Messung der Dauer von Muskelkontraktionen mit Hilfe des Elektromagnetismus und der Aufzeichnung von Kurven berichtet (im Februar 1847 von Matteucci in Pisa unterzeichnet).

Juli. Der erste Band des Jahrbuchs der Physikalischen Gesellschaft in Berlin erscheint, *Die Fortschritte der Physik im Jahre 1845*.

21. Juli. Helmholtz an du Bois-Reymond: »Es würde mir lieb sein, wenn Du mir den Aufsatz von Matteucci verschaffen könntest.«

23. Juli. Helmholtz hält in der Physikalischen Gesellschaft in Berlin seinen Vortrag »Ueber die Erhaltung der Kraft«.

1848

Du Bois-Reymond, *Untersuchungen über thierische Elektricität*, Erster Band. Berlin.

Helmholtz, »Ueber die Wärmeentwicklung bei der Muskelaction«, *Archiv für Anatomie, Physiologie und wissenschaftliche Medicin*: 144-164.

18. Juli. In einem Brief an seine Verlobte Olga von Velten erwähnt Helmholtz eine »Froschzeichenmaschine«, die es möglich macht, »sehr fein[e] und regelmäßig[e]« Kurven von Muskelbewegungen herzustellen.

1849

Du Bois-Reymond, *Untersuchungen über thierische Elektricität*, Zweiter Band, Erste Abtheilung. Berlin.

17. Mai. In den *Comptes rendus* der Académie des Sciences in Paris platziert von Humboldt eine Darstellung zu dem elektrophysiologischen Experiment von du Bois-Reymond, bei dem eine Versuchsperson durch Muskelanspannung im Arm eine Galvanometernadel zur Ablenkung bringt.

Ende August. Kurz nach ihrer Heirat übersiedeln Hermann und Olga Helmholtz nach Königsberg.

Oktober. Helmholtz berichtet an du Bois-Reymond, seine zunächst mit Hilfe der Kurven-Methode durchgeführten Untersuchungen zur Muskeltätigkeit mit einer »ganz neuen Methode« wieder aufgenommen zu haben. Gemeint ist das elektromagnetisch basierte Zeitmessverfahren nach Pouillet.

1850

Helmholtz, »Vorläufiger Bericht über die Fortpflanzungs-Geschwindigkeit der Nervenreizung«, *Archiv für Anatomie, Physiologie und wissenschaftliche Medicin*: 71-73.

Helmholtz, »Note sur la vitesse de propagation de l'agent nerveux dans les nerfs rachidiens«, *Comptes rendus hebdomadaires des séances de l'Académie des sciences* 30: 204-208.

Helmholtz, »Messungen über den zeitlichen Verlauf der Zuckung animalischer Muskeln und die Fortpflanzungsgeschwindigkeit der Reizung in den Nerven«, *Archiv für Anatomie, Physiologie und wissenschaftliche Medicin*: 276-364.

Helmholtz, »Ueber die Methoden, kleinste Zeittheile zu messen, und ihre Anwendung für physiologische Zwecke«, *Koenigsberger naturwissenschaftliche Unterhaltungen* 2: 169-189.

15. Januar. Helmholtz unterzeichnet den »Vorläufigen Bericht über die Fortpflanzungs-Geschwindigkeit der Nervenreizung« und schickt ihn nach Berlin, an du Bois-Reymond, von Humboldt und Johannes Müller.

21. Januar. Müller trägt den »Vorläufigen Bericht« von Helmholtz in der Preußischen Akademie der Wissenschaften vor.

1. Februar. Du Bois-Reymond trägt den »Vorläufigen Bericht« von Helmholtz in der Physikalischen Gesellschaft vor. Im folgenden wird der Bericht in drei Zeitschriften publiziert, zuerst dem *Bericht über die zur Bekanntmachung geeigneten Verhandlungen der Königlich Preussischen Akademie der Wissenschaften zu Berlin,* dann dem *Archiv für Anatomie, Physiologie und wissenschaftliche Medicin* und schließlich den *Annalen der Physik und Chemie.*

25. Februar. In der Übersetzung du Bois-Reymonds wird der Inhalt des »Vorläufigen Berichts« durch Vermittlung von Humboldts der Académie des Sciences in Paris mitgeteilt.

27. Februar. *Le National* bringt einen kurzen Bericht über die Mitteilung von »M. Helmottz« [sic].

15. März. Du Bois-Reymond reist nach Paris, um seine Arbeit vorzustellen und in die öffentliche Auseinandersetzung mit Matteucci einzutreten.

25. März. Du Bois-Reymond stellt der Pariser Akademie seine *Untersuchungen* vor, berichtet aber auch von Helmholtz' Zeitexperimenten.

30. März. Du Bois-Reymond stellt der Société philomatique seine *Untersuchungen* vor und berichtet erneut von Helmholtz' Zeitexperimenten.

Ende März/Anfang April. Helmholtz beginnt mit seinen »Menschenzeitmessungen«, das heißt der Ausweitung der Pouillet-Methode von Froschpräparaten auf den menschlichen Körper.

29. März bis 9. Juni. Labortagebuch von Hermann und Olga Helmholtz.

21. Mai. Du Bois-Reymond kehrt nach Berlin zurück.

28. Juni. Helmholtz schließt das Manuskript der »Messungen« ab, in dem die Anwendung der Pouillet-Methode ausführlich beschrieben wird.

Mitte September. Helmholtz gibt bei Egbert Rekoss in Königsberg einen Apparat für die Selbstaufzeichnung von Muskelbewegungen in Auftrag.

13. Dezember. Helmholtz berichtet vor der Physikalisch-Ökonomischen Gesellschaft in Königsberg über die neuen Methoden der Präzisionskurzzeitmessung, seine Anwendung dieser Methoden in Experimenten mit Froschpräparaten und Menschen sowie erste Probeversuche mit dem neuen Instrument zur Aufzeichnung von Kurven.

15. Dezember. Helmholtz verfasst eine Mitteilung für die Physikalische Gesellschaft in Berlin, in der er über seine Versuche zur Fortpflanzungsgeschwindigkeit in den sensiblen Nerven des Menschen berichtet.

20. Dezember. Helmholtz' Mitteilung über die »Menschenzeitmessungen« wird in der Physikalischen Gesellschaft in Berlin verlesen.

1851

Helmholtz, *Beschreibung eines Augenspiegels zur Untersuchung der Netzhaut im lebenden Auge*. Berlin.

Helmholtz, »Ueber die Dauer und den Verlauf der durch Stromesschwankungen inducirten elektrischen Ströme«, *Annalen der Physik und Chemie* 83: 505-540.

Helmholtz, »Deuxième Note sur la vitesse de propagation de l'agent nerveux«, *Comptes rendus hebdomadaires des séances de l'Académie des Sciences* 33: 262-265.

11. April. Helmholtz sendet seine Abhandlung über die Dauer und den Verlauf der Induktionsströme an du Bois-Reymond.

8. Mai. Poggendorff verliest den Auszug aus der »Induktionsschrift« in der Preußischen Akademie der Wissenschaften.

6. August bis 28. September. Helmholtz bereist die physiologischen Forschungsstätten an deutschsprachigen Universitäten und demonstriert »überall« seine Froschkurven.

1. September. Helmholtz' Bericht über den Einsatz der Kurven-Methode wird der Académie des Sciences in Paris vorgelegt. Der schriftlichen Mitteilung legt er zwei Kurvenzeichnungen bei

(siehe Abb. 1 und 2) sowie einen erläuternden Text, die »Explication des épreuves« (Abb. 9 und 10).

8. September. Die Pariser Akademie setzt eine Kommission ein, um die beiden Mitteilungen von Helmholtz zu untersuchen. Mitglieder sind neben Pouillet die Physiologen Pierre Flourens und François Magendie.

1852

Helmholtz, »Die Resultate aus den neueren Forschungen über thierische Elektricität«, *Allgemeine Monatsschrift für Wissenschaft und Literatur*: 294-309 und 366-377.

Helmholtz, »Messungen über Fortpflanzungsgeschwindigkeit der Reizung in den Nerven (Zweite Reihe)«, *Archiv für Anatomie, Physiologie und wissenschaftliche Medicin*: 199-216.

28. Juni. Habilitationsvortrag von Helmholtz in Königsberg, über die Natur der menschlichen Sinnesempfindungen.

1854

Helmholtz, »Ueber die Geschwindigkeit einiger Vorgänge in Muskeln und Nerven«, *Bericht über die zur Bekanntmachung geeigneten Verhandlungen der Königlich Preussischen Akademie der Wissenschaften zu Berlin*: 328-332.

Helmholtz, »Ueber die Natur der menschlichen Sinnesempfindungen«, *Koenigsberger naturwissenschaftliche Unterhaltungen* 3: 1-20.

12. Juni. Du Bois-Reymond legt der Preußischen Akademie der Wissenschaften in Berlin den Bericht von Helmholtz über die Geschwindigkeit einiger Vorgänge in Muskeln und Nerven vor.

1855

Auszüge aus den »Messungen«, die von dem Physiker Marcel Verdet zusammengestellt worden sind, erscheinen als »Mémoire sur la contraction des muscles de la vie animale et sur la vitesse de propagation de l'action nerveuse«, *Annales de chimie et de physique*, 43/3: 367-379.

1856

Juli. Helmholtz verlässt mit seiner Familie Königsberg. Er wechselt an die Universität Bonn.

Literaturhinweise

Die folgende Bibliographie gibt einen Überblick über die existierende Sekundärliteratur zu den Zeitexperimenten von Helmholtz und zur graphischen Methode. Sie führt also nicht noch einmal alle Texte auf, die im Haupttext zitiert und in den Fußnoten bereits vollständig ausgewiesen worden sind. Abweichend vom herkömmlichen Schema sind die beiden Abschnitte dieser Bibliographie chronologisch geordnet. Auf diese Weise eröffnet sie Einblicke in die Entwicklung der Helmholtz-Forschung sowie der wissenschafts- und kunsthistorischen Auseinandersetzung mit den vielfältigen Zeitspuren der experimentellen Physiologie.

1. Zu den Zeitexperimenten von Helmholtz

M'Kendrick, John Gray (1899). »Helmholtz in Königsberg – Measurement of the Rapidity of the Nervous Impulse«, in ders., *Hermann Ludwig Ferdinand von Helmholtz*, New York, S. 58-70.

Königsberger, Leo (1902). »Helmholtz als Professor der Physiologie in Königsberg vom Sommer 1849 bis Michaelis 1855«, in *Hermann von Helmholtz*, Bd. I, Braunschweig, S. 111-256.

Boring, Edwin G. (1935). »Psychophysiology in the First Half of the Nineteenth Century. The Volicity and Conduction of the Nervous Impulse«, in ders., *A History of Experimental Psychology*, New York, S.42-46.

Hoff, Hebbel E., und Leslie A. Geddes (1959). »Graphic Registration before Ludwig. The Antecedents of the Kymograph«, *Isis* 50/159: 5-21.

Hoff, Hebel E., und Leslie A. Geddes (1960). »Ballistics and the Instrumentation of Physiology. The Velocity of the Projectile and of the Nerve Impulse«, *Journal of the History of Medicine and Allied Sciences* 15/2: 133-146.

Hoff, Hebbel E., und Leslie A. Geddes (1960). »The Technological Background of Physiological Discovery. Ballistics and the Graphic Method«, *Journal of the History of Medicine and Allied Sciences* 15/4: 345-363.

Blasius, Wilhelm (1964). »Die Bestimmung der Leitungsgeschwindigkeit im Nerven durch Hermann v. Helmholtz am Beginn der naturwissenschaftlichen Ära der Neurophysiologie«, in *Von Boerhave bis Berger. Die Entwicklung der kontinentalen Physiologie im 18. und 19. Jahrhundert mit besonderer Berücksichtigung der Neurophysiologie*, hrsg. von Karl E. Rothschuh, Stuttgart, S. 71-84.

Olesko, Kathryn M., und Frederic L. Holmes (1993). »Experiment, Quantification, and Discovery. Helmholtz's Early Physiological Researches, 1843-1850«, in *Hermann von Helmholtz and the Foundations of Nineteenth-Century Science*, hrsg. von David Cahan, Berkeley u.a., S. 50-108.

Chadarevian, Soraya de (1993). »Die ›Methode der Kurven‹ in der Physiologie zwischen 1850 und 1900«, in *Die Experimentalisierung des Lebens. Experimentalsysteme in den biologischen Wissenschaften 1850-1950*, hrsg. von Hans-Jörg Rheinberger und Michael Hagner, Berlin, S. 28-49 (leicht geändert auch als »Graphical Method and Discipline. Self-Recording Instruments in 19th-Century Physiology«, *Studies in History and Philosophy of Science* 24 [1993]: 267-291).

Holmes, Frederic L., und Kathryn M. Olesko (1994). »The Images of Precision. Helmholtz and the Graphical Method in Physiology«, in *The Values of Precision*, hrsg. von Norton Wise, Princeton, S. 198-221.

Brain, Robert M., und M. Norton Wise (1994). »Muscles and Engines. Indicator Diagrams and Helmholtz's Graphical Methods«, in *Universalgenie Helmholtz. Rückblick nach 100 Jahren*, hrsg. von Lorenz Krüger, Berlin, S. 124-145.

Klauß, Klaus (1994). »Die erste Mitteilung von H. Helmholtz an die Physikalische Gesellschaft über die Fortpflanzungsgeschwindigkeit der Reizung in den sensiblen Nerven des Menschen«, *NTM (N.S.)* 2: 89-96

Debru, Claude (2001). »Helmholtz and the Psychophysiology of Time«, *Science in Context* 14/3: 471-492 (dt. in *Lebendige Zeit*, hrsg. von Henning Schmidgen, S. 97-118).

Nicolas, Serge, und Ludovic Ferrand (2001). »La psychométrie sensorielle au XIXe siècle«, *Psychologie et Histoire* 2: 148-173.

Schmidgen, Henning (2002). »Of Frogs and Men. The Origins of Psychophysiological Time Experiments, 1850-1865«, *Endeavour* 26/4: 142-148.

Finger, Stanley, und Nicholas J. Wade (2002). »The Neuroscience of Helmholtz and the Theories of Johannes Müller. Part 1. Nerve Cell Structure, Vitalism, and the Nerve Impulse«, *Journal of the History of the Neurosciences* 11: 136-155.

Schmidgen, Henning (2004). »Die Geschwindigkeit von Gedanken und Gefühlen. Die Entwicklung psychophysiologischer Zeitmessungen, 1850-1865,« *NTM (N.S.)* 12: 100-115.

Wise, M. Norton (2007). »What Can Local Circulation Explain? The Case of Helmholtz's Frog-Drawing-Machine in Berlin«, *Journal for the History of Science and Technology* 1: 15-73.

Wise, M. Norton (2008). *Neo-Classical Aesthetics of Art and Science. Hermann Helmholtz and the Frog-Drawing Machine*, Uppsala.

2. Zur »graphischen Methode«

Panconcelli-Calzia, Giulio (1935). »Zur Geschichte des Kymographions«, *Zeitschrift für Laryngologie, Rhinologie, Otologie und ihre Grenzgebiete* 26: 196-207.

Funkenhouser, H. Gray (1937). »Historical Development of the Graphical Representation of Statistical Data«, *Osiris* 3: 269-404.

Giedion, Sigfried (1948). *Mechanization Takes Command. A Contribution to Anonymous History*, New York (dt. 1982).

Hoff, Hebbel E., Leslie A. Geddes und Roger Guillemin (1957). »The Anemograph of Ons-en-Bray. An Early Self-Registering Predecessor of the Kymograph with Translations of the Original Description and a Biography of the Inventor«, *Journal of the History of Medicine and Allied Sciences* 12/4: 424-448.

Hoff, Hebbel E., und Leslie A. Geddes (1962). »The Beginning of Graphic Recording«, *Isis* 53: 287-310.

Frizot, Michel (1977). *E. J. Marey 1830-1904. La photographie du mouvement*, Ausstellungskatalog, Vorwort von Pontus Hultén, Paris.

Borell, Merilley (1986). »Extending the Senses. The Graphic Method«, *Medical Heritage* 2: 114-121.

Dagognet, François (1987). *Etienne-Jules Marey. La passion de la trace*, Paris.

Frank, Robert G. (1988). »The Telltale Heart. Physiological Instruments, Graphic Methods, and Clinical Hopes 1854-1914«, in *The Investigative Enterprise. Experimental Physiology in Ninenteenth-Century Medicine*, hrsg. von William Coleman and Frederic L. Holmes, Berkeley u.a., S. 211-290.

Rabinbach, Anson (1990). *The Human Motor. Energy, Fatigue, and the Origins of Modernity*, New York (dt. 1990).

Chadarevian, Soraya de (1991). »Die Handschrift der Natur. Selbstschreibende Geräte in der Physiologie des 19. Jahrhunderts«, in *Der Druck des Wissens. Geschichte und Medium der wissenschaftlichen Publikation*, hrsg. von Michael Cahn, Berlin, S. 21-22.

Braun, Marta (1992). *Picturing Time. The Work of Etienne-Jules Marey (1830-1904)*, Chicago u.a.

Daston, Lorraine, und Peter Galison (1992). »The Image of Objectivity«, *Representations* 40: 81-128 (dt. 2002, in *Ordnungen der Sichtbarkeit*, hrsg. von Peter Geimer, Frankfurt am Main, S. 29-99).

Cartwright, Lisa (1995). *Screening the Body. Tracing Medicine´s Visual Culture*, Minneapolis.

Hankins, Thomas L., und Robert J. Silverman (1995). »Science Since Babel. Graphs, Automatic Recording Devices, and the Universal Language of Instruments«, in dies., *Instruments and the Imagination*, Princeton, NJ, S. 113-147.

Douard, John W. (1995). »E.-J. Marey's Visual Rhetoric and the Graphic Decomposition of the Body,« *Studies in History and Philosophy of Science, Part A* 26/2: 175-204.

Brain, Robert M. (1996). *The Graphic Method. Inscription, Visualization, and Measurement in Nineteenth-Century Science and Culture*, PhD, University of California, Los Angeles.

Brain, Robert M. (1998). »Standards and Semiotics«, in *Inscribing Science. Scientific Texts and the Materiality of Communication*, hrsg. von Timothy Lenoir, Stanford, CA, S. 249-284 (dt. 2007, in *Electric Laokoon,* hrsg. von Michael Franz et al., S. 200-223).

Hankins, Thomas L. (1999). »A Particular History of Graphs«, *Isis* 90: 50-80.

Mannoni, Laurent (1999). *Etienne-Jules Marey. La mémoire de l'œil*, Mailand.

Brain, Robert M. (2002). »Representation on the Line. Graphic Recording Instruments and Scientific Modernism«, in *From Energy to Information. Representation in Science and Technology, Art and Literature*, hrsg. von Bruce Clarke und Linda Dalrymple Henderson, Stanford, S. 155-177 (dt. 2007, in *Bild und Gestalt,* hrsg. von Frank Stahnisch und Heijko Bauer, Münster u.a., S. 125-148).

Schäffner, Wolfgang (2003). »Mechanische Schreiber. Jules Etienne Mareys Aufzeichnungsmaschinen«, in *Europa. Kultur der Sekretäre*, hrsg. von Bernhard Siegert und Joseph Vogl, Zürich u.a., S. 221-235.

Prodger, Philipp (2003). *Time Stands Still. Muybridge and the Instantaneous Photography Movement*, New York.

Didi-Huberman, Georges, und Laurent Mannoni (2004). *Mouvements de l'air. Etienne-Jules Marey, photographes des fluides*, Paris.

Borck, Cornelius (2005). *Hirnströme. Eine Kulturgeschichte der Elektroenzephalographie*, Göttingen.

Borck, Cornelius, und Armin Schäfer (Hrsg). (2005). *Psychographien*. Zürich / Berlin.

Schmidgen, Henning. (2005/2007). »The Donders Machine. Matter, Signs, and Time in a Physiological Experiment, c.1865,« *Configurations* 13/2: 211-256.

Felsch, Philipp (2007). *Laborlandschaften. Physiologische Alpenreisen im 19. Jahrhundert*, Göttingen.

Schäffner, Wolfgang (2007). »Bewegungslinien. Analoge Aufzeichnungsmaschinen«, in: *Electric Laokoon. Zeichen und Medien, von der Lochkarte zur Grammatologie*, hrsg. von Michael Franz et al., Berlin, S. 130-145.

Métraux, Alexandre (2007). »Wahrnehmungsmaschinen. Wie Charles Cros das Sehen digitalisierte«, in: ebd., S. 153-171.

Amelunxen, Hubertus von, Dieter Appelt und Peter Weibel (Hrsg.). (2008). *Notation. Kalkül und Form in den Künsten*, Ausstellungskatalog, Berlin / Karlsruhe.

Rieger, Stefan (2009). *Schall und Rauch. Eine Mediengeschichte der Kurve*, Frankfurt am Main.

Dank

Die Helmholtz-Kurven sind mir während der Arbeit an einer größeren Studie zur Geschichte der Hirnzeitmessungen im 19. und 20. Jahrhundert begegnet. Der Anblick dieser Schrift-Bilder, die auf faszinierende Weise zwischen Transparenz und Dunkelheit changieren, hat mich rasch gepackt. Die Folge war eine Unterbrechung und eine Aufhaltung des Arbeitens an der größeren Studie. Insofern verdankt sich auch die Entstehung des vorliegenden Buches einer »verlorenen Zeit«.

Vor mehr als zehn Jahren war ich als Psychologe damit beschäftigt, Versuchspersonen in einem Krankenhaus vor Bildschirme zu platzieren, ihnen Kopfhörer aufzusetzen und die Anweisung zu geben, durch schnelles Drücken von Knöpfen oder Tasten auf visuelle und akustische Signale zu reagieren. Oder sie bekamen einen Bleistift in die Hand gedrückt und ein Formblatt vorgelegt, auf dem sie Schriftzeichen erkennen und markieren sollten, während ich, mit einer Stoppuhr bewaffnet, die dafür erforderliche Zeit zu bestimmen versuchte. Im Archiv sollte ich mich überraschend in einer vergleichbaren Situation wiederfinden, allerdings mit vertauschten Rollen. Jetzt war ich es, der an einem Tisch saß, ein Formblatt vor sich hatte, und – die Lupe in der Hand – aufmerksam gespannt auf das wartete, was da kommen sollte. Gibt es Reaktionszeitexperimente, bei denen die Vorbereitung des schließlich dargebotenen Reizes mehr als hundert Jahre zurückliegt? Gibt es Reaktionszeiten, deren Länge sich nicht an Zehntel- und Hundertstelsekunden, sondern an Wochen und Monaten bemisst? Und gibt es Reaktionen, für deren Ausführung es erforderlich ist, mehr als 300.000 Mal auf eine Tastatur zu drücken?

Dass diese Fragen in Gestalt des vorliegenden Buch beantwortet werden, wäre ohne die Unterstützung, die ich während dieser Zwischenarbeit von vielen Seiten erfahren habe, nicht möglich gewesen. An erster Stelle möchte ich mich bei den Archiven und Bibliotheken bedanken, die ich benutzen durfte: dem Archiv der Académie des Sciences in Paris, dem Archiv der Berlin-Brandenburgischen Akademie der Wissenschaften zu

Berlin (BBAW), dem Universitätsmuseum Utrecht, der Staatsbibliothek zu Berlin, der Bibliothek der Humboldt-Universität zu Berlin sowie der Bibliothek des Max-Planck-Instituts für Wissenschaftsgeschichte.

Durch eine Kooperation zwischen dem Virtuellen Labor und dem Archiv der BBAW wurde es möglich, eine repräsentative Auswahl von Dokumenten aus dem Helmholtz-Nachlass (Briefe, Manuskripte, Labortagebücher) zu digitalisieren und über das Internet zugänglich zu machen, unter vlp.mpiwg-berlin.mpg.de/library. Ebenfalls über das Virtuelle Labor ist die Mehrzahl der in diesem Buch zitierten Veröffentlichungen von Helmholtz, du Bois-Reymond, Marey usw. verfügbar. Allen, die seit Jahren an der Digitalisierung entsprechender Bestände beteiligt sind, sei herzlich gedankt, hier besonders Kaja Kruse, die auch die Bilddateien für den vorliegenden Band betreut hat.

Seit Beginn der Arbeit an diesem Buch habe ich einer Reihe von Personen von meinem Vorhaben erzählt und sie um ihre Meinung oder ihren Rat gefragt. Für herzliche Ermunterung, offene Antworten und subtile Zurückhaltung möchte ich Tim Lenoir, Laura Otis, Bernhard Siegert und Hans-Jörg Rheinberger sowie Bernhard Dotzler, Bob Brain, David Cahan und Norton Wise danken. Zweifellos wäre meine Rekonstruktion der Zeitexperimente von Helmholtz deutlich bruchstückhafter ausgefallen, wenn ich sie nicht immer wieder mit einer Reihe von Physikhistorikern hätte diskutieren können. Für Gelegenheiten dazu möchte ich mich bei Jochen Büttner, Shaul Katzir und Christian Joas bedanken. Für Kommentare, Kritik und Korrekturen möchte ich denjenigen danken, die die Mühe auf sich genommen haben, einzelne Kapitel oder sogar das ganze Manuskript zu lesen: Matthias Flaig, Jan Bovelet, Gabriel Finkelstein und Dieter Hoffmann sowie Manfred Laubichler, Christian Reiss und besonders Skúli Sigurdsson. Bei Tom Lamberty und allen anderen Merves bedanke ich mich schließlich dafür, dass sie diesem Buch mit Begeisterung und Engagement zum Leben verholfen haben.

Alle lieferbaren Titel
finden Sie im gut sortierten Buchhandel und
unter
www.merve.de

Wir senden Ihnen gerne
ein aktuelles Gesamtverzeichnis zu.

Nachricht an:

Merve Verlag, Crellestraße 22, 10827 Berlin

Tel.: +49-30-784 84 33

Fax: +49-30-788 10 74

merve@merve.de

genügt.